Darwin's Devices

Darwin's Devices
다윈의 물고기

존 롱 지음
노승영 옮김

플루토

이 책을 어머니, 아버지, 앤, 샘, 메리언, 태머신, 마들렌에게 바친다.

《다윈의 물고기》가 한국어로 번역되어 영광입니다. 국제로봇연맹의 2017년 보고서에 따르면 한국은 제조업 분야에서 노동자 1만 명당 산업용 로봇이 631대로, 전세계 로봇산업을 선도하고 있습니다. (한국보다) 더 큰 시장에 치중하는 사람들에게는 뜻밖의 뉴스일지도 모릅니다. 하지만 인천에 로봇랜드 테마파크가 개장하면 로봇에 대한 한국인의 열정과 재능을 전세계인이 알게 될 겁니다.

저는 수생동물을 사랑하는 사람으로서 한국인 과학자들과 공학자들이 로봇 물고기 분야에서 세계 최고의 연구성과를 올리고 있음을 잘 알고 있습니다. 고백건대 저는 한국의 아이로AIRO 사에서 만든 지능형 해양로봇 미로MIRO를 좋아합니다. 생물다양성 옹호자의 한 사람으로서 저는 미로에서 진행한 상업적 진화를 높이 평가합니다. 미로는 환경에 적응하여 여러 종으로 진화했으며 심지어 같은 종 안에서도 여러 유형으로 갈라졌습니다. 게다가 미로는 제 내면의 인지과학자가 인지검사를 해보고 싶을 만큼 자율적인 행동을 보여줍니다. 말이 나왔으니 말인데 제 내면의 생물학자는 여러 종류의 미로를 실시간으로 진화시켜 고대의 물고기, 최초의 척추동물이 어떻게 진화했는지에 대한 아이디어를 검증해보고 싶습니다.

이런, 제가 너무 흥분했군요. 여러분이 이 책에서 보게 될 것이 바로 이 작업입니다. 저는 전기 양이나 로봇 물고기를 꿈꾸지는 않지만, 뇌, 몸, 행동, 진화를 모형화하는 로봇을 제작하여 물고기와 척추동물에 대해 알아낸 것을 여러분과 나눌 수 있는 기회가 생겨서 무척 기쁩니다. 이것은 새로운 발견법이며 오래 전에 사라진 생명체의 역동적 과정을 재구성하고 생명력을 불어넣는 과학적 방법입니다. 이 방법을 이용하면 결코 진화하지 않은 것과 아직 진화하지 않은 것도 탐구할 수 있습니다.

《다윈의 물고기》를 번역한 노승영 씨에게 감사드립니다. 그는 저의 관용표현과 비유를 집요하게 파고들었으며, 과학적 세부내용을 제대로 전달하는 일에도 정성을 다했습니다. 인지과학을 전공한 그의 배경이 이 책에서 한껏 발휘되었으리라 믿습니다.

존 롱

배서대학, 2017년

CHAPTER **1**

왜 하필 로봇이지?

저는 생물학자입니다. 로봇을 연구하죠.

내가 하는 연구를 이런 식으로 사람들에게 설명하려고 할 때마다 난감했다. 오랜 친구이자 동료에게 미국 국립과학재단에서 로봇 제작으로 생물학 연구비를 받았다는 말을 꺼냈더니, 그 친구가 내 말을 가로막고 물었다.

"로봇이 생물학과 무슨 상관이야?"

나는 이 질문을 피할 길이 없음을 똑똑히 알고 있었다. 내 지도학생이나 나 자신이 우리의 새롭고 신기한 연구를 생물학자들에게 소개할 때마다 이 질문이 맨 먼저 터져나올 터였다.

뭐가 문제일까?

우선 생물학자들은 로봇을 연구하지 않는다. 이들이 연구하는 것은 생물, 그리고 생물의 환경과 진화사다. 이들에게 기계는 열대우림에서 나무 꼭대기에 올라가는 도구, 생체역학적 속성을 측정하는 기구, 산호초에서 물고기를 잡기 위한 이동수단일 뿐이다. 내 친구가 잘라 말했듯 기계는, 특히 로봇은 그의 관점에서 볼 때 생물학과 아무 상관이 없다. 하지만 내 관점에서는 상관이 있다.

나는 연구비 신청서에 쓴 문구로 반격을 시도했다.

"멸종한 척추동물을 모형화하는 데 로봇을 이용하지."

내가 한 말은 대답이라기보다는 희망사항에 가까웠으므로 그는 오른쪽 눈썹을 치켜들며 상냥하게 대꾸했다.

"그렇군. 잘 되길 바랄게."

그것으로 대화는 종료되었다. 더 나은 대답을 찾아야 했다.

로봇이 (나에게) 아무리 멋지더라도 그 늠름한 자태만으로는 생물학에서의 쓸모를 입증하기에 부족했다. 이것은 나만의 고민이 아니었다. 나야 연구비를 받았으니 그렇다 쳐도 우리 실험실의 학부생들은 괴짜 교수 밑에서 연구한다는 소문이 나는 걸 원치 않을 것이다. 그래서 오랜 논의 끝에 해법을 찾아냈다. 실제로 우리가 마주치는 생물학자들의 절반 가량은 이 답변에 수긍했다.

우리는 생물계의 두 모형, 즉 컴퓨터에서 작동하는 모형과 로봇에서 작동하는 모형이 같다고 대답했다. 어쨌든 둘 다 기계니까. 이미 컴퓨터는 모형화, 신경망, 포식자·피식자 상호작용, 바이러스 진화, 배회하는 티라노사우루스를 비롯해 생물학의 거의 모든 분야에서 쓰이고 있다. 사실 전산생물학computational biology은 현재 각광받는 분야이며 '학계에서 일자리를 얻기 위해 선택해야 할 분야'를 다트판으로 만든다면 50점짜리 가운데, 불스아이다.

로봇이란, 여기서는 이동로봇을 일컫는데, 한마디로 스스로 움직이는 컴퓨터다. 로봇은 명령(소프트웨어)을 실행하여 결과를 내놓는 기계다. 물론 컴퓨터의 결과물과 로봇의 결과물은 달라 보인다. 컴퓨터에서 출력되는 이진수 비트는 숫자를 나타내며 화면 색깔에서부터 수학식, 전자책까지 모든 것을 이 숫자로 표현할 수 있다. 로봇의 출력은 행동으로 나타나지만 행동의 바탕에 깔린 모든 것은 컴퓨터와 똑같이 비트다.

그렇다고 해서 로봇과 컴퓨터가 다르지 않다는 말은 아니다. IBM 수석 엔지니어 제프 스태튼은 컴퓨터를 뒤집으면 로봇이 된다고 말했다. 이 말의 요점은 다음과 같다. 오늘날의 컴퓨터는 네트워크로 연결되어 있고 대부분 다른 컴퓨터에서 입력을 받아 결정을 내리기 때문에 사람들은 자판을 두드릴 일이 별로 없는 데 반해, 로봇은 안에 컴퓨터가 들어 있지만 자신의 센서를 통해 수집한 정보만을 토대로 스스로 결정을 내린다는 것이다. 로봇이 보내고 받는 메시지는 물리적이다. 이동로봇은 여느 컴퓨터와 달리 자율적으로 행동할 수 있다. 자율로봇에게는 있지만 컴퓨터에는 없는 것을 일컬어 행위자성^{agency}이라 한다.

행위자성이란 외부 시점에서 보기에 스스로 행동하는 것처럼 보이는 생물이나 인공물에 대해 인간 관찰자가 부여하는 성질이다. 인공지능과 인지과학 분야에서 행위자는 생물일 수도 있고 기계일 수도 있다. 인간은 행위자다. 우리 개 쿠카도 행위자다. 사람이 숨어서 줄을 잡아당겨 조작하고 있지 않는 한, 로봇도 행위자다.

자율로봇은 감각 입력으로 세상을 지각하고, 어떻게 움직일지 결정하고, 움직임을 통해 세상에 대한 지각을 갱신하는 행위자다. 행위자가 무엇을 지각하느냐와 행위자가 어떻게 움직이느냐 사이

14

에서 이뤄지는 끊임없는 피드백을 동료 켄 리빙스턴과 나는 '지각·행위 피드백 루프'라고 부른다. 한 행위자 안에서 여러 개의 지각·행위 루프가 동시에 작동하여 서로 조합되거나 융합되거나 경쟁하기도 한다. 우리는 행위자가 움직이고 주변환경과 상호작용하는 것을 '행동'이라고 정의한다.

행위자의 행동은 계산의 결과다. 리빙스턴은 늘 이렇게 말한다.

"행동은 행위자와 환경의 상호작용에서 일어난다."

이 정의에 따르면 행동은 자율로봇에게는 있지만 컴퓨터에는 없는 것이다. 이런! 방금 우리가 처음 대답(컴퓨터와 로봇은 다르지 않다)의 논리를 반박해버린 건가? 그렇기도 하고 아니기도 하다. '아닌' 이유는 자율로봇이 행위자성의 일환으로 컴퓨터를 내장하고 있기 때문이다. '그런' 이유는 로봇이 단순히 움직이는 컴퓨터 이상의 것이기 때문이다.

로봇이 생물학과 무슨 상관이냐는 동료의 질문에 대한 최종 답변은 '자율적 행위자성'이다. 이 덕분에 우리는 생물이 어떻게 행동하는지에 대한 모형을 만들 수 있다. 물론 모형의 제작은 또 다른 질문을 낳는다.

대부분의 생물학자가 자신이 기계를 연구해서는 안 된다고 생각하는 것에 더하여 많은 생물학자는 자신이 모형을 연구해서도 안 된다고 생각한다. 컴퓨터를 이용하든 로봇을 이용하든, 모형이나 시뮬레이션을 생물학자들이 비판하는 것은 그것이 기껏해야 생물계의 외면적 행동을 단순히 흉내만 내는 인위적 계에 불과하다는 이유에서다. 이 논리에 따르면 모형은 근본적 인과현상의 (참이거나 정확한) 표상이 되지 못하는데, 그 이유는 모형의 기저에 깔린 기능 메커니즘이 원래 체계에서 작동하는 메커니즘과 다르기 때문이다. 사이버네틱스의 창시자 노버트 위너는 이렇게 말했다고 전해진다.

"고양이에 대한 최상의 모형은 고양이다."

이 말이 고양이를 연구하려면 고양이를 연구하는 수밖에 없다는 뜻은 아니지만, 어떤 사람들은 그런 결론으로 직행한다.

반면에 나와 동료들은 이런 고양이 비판을 염두에 두고서 모형에 대한 또 다른 결론으로 직행하는데, 그것은 모형을 만들 때 신중을 기해야 한다는 것이다. 자신이 무엇을 하려고 하는지, 어떻게 할 것인지, 나쁜 모형과 좋은 모형을 어떻게 구별할 건지 신중하게 설명해야 한다. 나쁜 모형은 고양이와 전혀 닮지 않았을 것이며, 따라서 고양이 아닌 것을 만드는 능력 말고는 입증하는 것이 거의 없을 것이다.

에든버러대학의 생물학자이자 생물로봇공학의 창시자 중 한 사람인 바버라 웨브에 따르면 좋은 모형은 목표를 명시적으로 정의하고 그 목표를 달성하는 모형이다. 어떤 모형은 대상이 되는 계처럼 행동하는 것을 목표로 한다. 이 경우 로봇과 생물학적 대상의 행동이 비슷하거나 완벽하게 일치하면, 이를테면 고양이처럼 걷거나 고양이처럼 야옹거리면 좋은 모형이다.

실제 예를 들자면 햄프셔대학의 동물행동학자 세라 파튼은 다람쥐가 다른 다람쥐의 행동에 어떻게 반응하는지 연구하고 싶어서 꼬리를 튀기며 자세를 조정하는 로봇 다람쥐를 만들었다. 파튼의 입장에서 좋은 다람쥐 모형은 진짜 다람쥐를 속여 마치 진짜 다람쥐에게 반응하듯 로봇에게 반응하도록 할 수 있어야 한다. 다행히 속임수는 성공했다.

행동의 측면에서 말하자면 파튼의 로봇 다람쥐는 자세와 꼬릿짓에 대한 좋은 모형이다. 반면 다리 움직임에 관여하는 신경운동 메커니즘에 대해서는 나쁜 모형이다. 하지만 신경운동 메커니즘을 모형화하는 것은 파튼의 목표가 아니었다. 만일 그랬다면 파튼의 신경운동 메커니즘 모형을 평가하는 기준은 다른 다람쥐의 꼬릿짓을 얼마나 잘 유도하느냐가 아니라 근육과 신경에서 동원하는 기저의 기능 메커니즘과 얼마나 일치하느냐일 것이다. 인공 근육이 진짜 근육처럼 특정 길이에서 짧은 시간 동안만 최대 근력을 냈다면 파튼은 로봇 다람쥐가 진짜 다람쥐를 속이든 못 속이든 그 메커니즘을 정확히 모형화한 것이다.

이렇듯 목표가 다르면 모형도 달라져야 한다. 웨브는 일곱 가지 목표를 제시한다. 모형은 방금 살펴본 행동과 메커니즘뿐 아니라 추상성, 매체, 일반성, 수준, 특히 우리에게 중요하게는 모형이 가설(내가 생물계에 대해 내놓은 아이디어)을 검증하는지 여부를 구체적으로 보여준다.

웨브는 여러분이 고양이의 특정 측면에 관심이 있고 진짜 고양이에 대해 최대한 많은 정보를 얻었다면 고양이를 모형화해도 좋다고 생각한다. 위너도 같은 입장일 것이다. 하지만 웨브에 따르면, 여러분의 목표가 고양이에 대해 더 많이 아는 것이라면 그저 근사할 뿐인 모형을 만들려는 유혹을 피해야 한다. 구체적 대상이 있어야 한다. 단지 고양이를 닮은 무언가를 만들려고 해서는 안 된다.

웨브의 비판은 적응행동adaptive behavior과 인공생명artificial life이라는 두 매혹적인 분야를 겨냥했다. 두 분야에서는 많은 연구자들이 애니맷animat이라는 인공동물을 모형화한다. 애니맷이 일반적 동작·인지 원리를 보여주기는 하지만, 웨브에 따르면 적응행동과 인공생명 접근법은 실제 동물에 대한 구체적 가설을 검증하는 데는 거의 소용이 없다. 웨브가 보기에 생물학적 가설을 검증하겠다며 애니맷을 만드는 생물학자들은 대부분 헛물만 켠다.

적응행동과 인공생명에 대한 웨브의 비판은 내 동료의 회의론과 일맥상통한다. 내 동료는 생물학자의 입장에서 바라본 모형의 가치에 대해 웨브의 논점 중 두 가지를 직관적으로 간파했다. 첫째 모형은 구체적인 생물을 대상으로 삼아야 한다. 둘째 모형은 대상 계에 대한 가설과 관계가 있어야 하며 그 가설을 검증할 수 있어야 한다.

물론 웨브의 비판에 따르면 회의론자들에 대한 우리의 반응에는 문제가 있다. 우리가 로봇을 쓸 수 있는 것은 로봇이 기본적으로 컴퓨터이기 때문이다. 만일 컴퓨터 모형이 생물학적으로 적절하지 않을 수 있다면 로봇도 마찬가지일 가능성이 있다. 그래서 우리는 비판에 대해 이렇게 반격했다. 내 동료의 질문이 틀렸다고, 적어도 우리처럼 고지식한 사람들이 이해하기에는 너무 모호하다고 말이다. 회의론자는 "왜 하필 로봇이지?"가 아니라 "당신의 모형은 어떤 과학적 목적을 가지고 있으며, 당신의 모형은 왜 물리적으로 구현된 로봇의 형태인가?"라고 물어야 한다. 하지만 그러면 여러분은 내게 이렇게 물을 것이다. 생물학자가 어쩌다 로봇에 집착하게 되었느냐고.

답은 간단하다. 물고기가 좋아서였다.

물고기가 좋아서

어릴 적 텔레비전에서 자크 쿠스토의 바닷속 다큐멘터리를 처음 본 뒤로 줄곧 물고기가 좋았다. 헤엄치는 물고기와 수생 척추동물의 물자취를 따르다 보니 대학, 대학원을 거쳐 교수까지 되었다. 물고기 연구에는 직접 부딪치면서 배워야 할 것이 많다.

나는 듀크대학의 스티브 웨인라이트와 필드박물관의 마크 웨스트니트와 함께 스쿠버 다이빙을 하며 90킬로그램짜리 청새치의 추진 진동을 비디오테이프에 담았다. 마크, 시카고대학의 멜리나 헤일, 캘리포니아대학의 맷 맥헨리와는 무지개송어, 아미아고기, 긴부리꼬치고기, 아프리카비처허파고기가 회피 기동할 때의 근육 움직임을 소형 장비로 측정했다.

재닐리아 연구 캠퍼스의 와이엇 코프와는 와이엇이 훈련시킨 아마존 아로와나가 물속에서 어떻게 솟구쳐 공중에서 먹이를 낚아채는지 고속으로 촬영해 연구했다. 리나 쿠브에먼즈와 톰 쿠브와는 마운트 데저트 섬 생물학연구소에서 미끌미끌한 분홍색 먹장어의 생체역학을 연구하여 척주脊柱* 없이 헤엄치는 법을 배웠다. 또 캘리포니아대학의 매리앤 포터와는 곱상어 등뼈의 역학적 성질은 측

---

* 척추동물의 목에서 꼬리까지 뻗은 유연성 있는 뼈들의 연쇄를 일컬으며, 척주를 이루는 각각의 뼈들을 척추 또는 척추골이라고 한다.

정하여 골격이 어떻게 힘을 전달하는지 밝혀냈다.

나는 살아 있는 진짜 물고기를 좋아하고, 20여 년의 연구를 통해 물고기의 형태와 구조가 어떠한지, 물고기가 어떻게 움직이는지, 어떻게 진화했는지에 대해 많은 것을 알아냈다. 하지만 진짜 물고기가 자신의 비밀을 전부 보여주지는 않는다. 어떤 연구방법을 동원해도 관찰하고 측정할 수 있느냐 없느냐에 따라 제약을 받을 수밖에 없다. 장비나 기술이 없을 때도 있다. 연구에 알맞은 물고기가 없을 때도 있다. 큰청새치를 예로 들어보자.

녀석들은 포획되면 죽기 때문에 실험실에서 연구하는 것이 불가능하다. 그러니 우리가 바닷물 속에 잠수한 것은 좋아서가 아니었다(바다잠수는 비용이 많이 들고 위험하다). 선택의 여지가 없었기 때문이다. 우리는 청새치를 멀찍이서 촬영할 수밖에 없었고 몇 가지 의문에는 답을 얻지 못했다. 물론 꼭 그래야만 했던 것은 아니다. 다른 방법으로 청새치를 연구할 수도 있었다. 하지만 그랬다면 또 다른 의문들을 포기해야 했을 것이다.

청새치가 헤엄칠 때 몸속에서 무슨 일이 일어나는지 알고 싶다고 해보자. 스탠퍼드대학의 바버라 블록은 공학자와 생리학자를 모아 만든 소형 장비를 보트에서 갈고리와 밧줄로 끌어당긴 청새치 몸속에 재빨리 삽입했다. 이 장비에는 컴퓨터, 전원공급 장치, 송신 시스템이 들어 있어서 데이터를 수집하고 신호를 선박이나 위성에 전송한다. 블록은 청새치가 바닷속을 마음대로 돌아다니는 동안 체온, 근육 활동, 속도를 측정할 수 있다. 하지만 블록의 접근법으로 생리학적 데이터는 얻을 수 있을지라도 청새치 등뼈의 생체역학에 대해서는 아무것도 알아낼 수 없다. 이것이야말로 우리가 연구하고 싶었던 것인데 말이다.

등뼈는, 척주라고도 하는데 동물의 머리에서 꼬리까지 이어져 있으며 척추동물의 중요한 특징이다. 척추동물에는 양서류, 조류, 어류, 포유류, 파충류가 있으며 약 5만 8,000종에 이른다. 어류는 등뼈가 있어서 몸이 짧아지지 않고 휘어질 수 있다. 등뼈는 에너지를 저장하고 용수철처럼 탄력 있게 방출하는 능력을 비롯해 중요한 역학적 성질을 몸 전체에 부여하기도 한다. 이러한 특징을 파헤치다 보니 결국 인공지능과 로봇의 세계에 발을 들여놓게 되었다.

현장에서 실험실로

블록과 청새치를 처음 만난 것은 1986년이다. 듀크대학 크누트 슈미트니엘센 밑에서 갓 박사학위를 딴 블록은 스티브 웨인라이트 실험실의 박사과정 신입생이던 내게 실험실에서도 청새치 척주의 생체역학을 연구할 수 있다고 장담했다. 나인스 스트리트 베이커리 빵집에서 커피 한 잔 사주겠다는 핑계로 입학 첫날 나를 실험실 밖으로 불러내서는 청새치의 장점을 구구절절 읊었다.

블록이 차에서 설명한 바에 따르면 청새치는 물고기를 통틀어 바다에서 가장 훌륭하고 가장 빠르고 가장 근사한 포식자다. 블록은 주차장에 차를 대면서 "다랑어가 빠르다고 생각해요?"라고 짐짓 묻더니 "그런데 청새치는 다랑어를 잡아먹는다고요!"라고 자답했다. 빵집까지 걸어가는 동안 블록은 군불을 지폈다. 포세이돈제일교회 목사 같은 목소리로 블록은 "청새치 척주 본 적 있어요?"라고 물었다. 나는 어떻게 대답해야 할지 알고 있었다.

"아니요, 청새치 척추는 본 적 없어요. 어떻게 생겼어요?"

블록은 청새치 등뼈의 신비를 내게 소개해주었다.

"평범한 경골어류와 달리 작은 뼈들이 진주목걸이처럼 연결된 모양이 아니에요. 청새치의 척추는 나무토막처럼 생겼어요. 가로 2.5센티미터, 세로 15센티미터의 긴 소나무 널빤지처럼요. 뼈들이 서로 겹치는데, 아교질 결합조직으로 접착돼서 하나의 거대한 용수철을 이루고 있죠."

잠시 뜸을 들이다가 이렇게 덧붙였다.

"이 용수철은 에너지를 저장하고 방출해요. 청새치가 빠르게 헤엄치고 높이 솟구치는 것은 이 덕분이죠."

할 말이 생각나지 않아 터벅터벅 발걸음을 옮겼다. 이미지만이 맴돌았다. 청새치가 흰 물결 위로 뛰어올라 회전하는 장면, 겁에 질린 다랑어가 목숨을 건지려고 헤엄치지만 용수철을 장착한 청새치의 폭발적 추격을 피하지 못하는 장면이 머릿속에 떠올랐다. 블록은 잠시 기다리다가 커피와 머핀 값을 치르고는 나를 테이블로 데리고 갔다. 먹으라고 손짓하며 내가 몽상에서 깨어날 때까지 기다렸다. 그러고는 답을 아는 질문을 던졌다.

"그럼, 관심 있어요?"

내 입에서는 "있고 말고요!"라는 말이 터져나왔다.

흥분이 가라앉자 과학연구의 (가혹까지는 아니더라도) 엄연한 현실이 나를 기다리고 있었다. 나는 그 뒤로 웨인라이트 실험실에서 말 그대로 그리고 은유적으로 좀처럼 잡히지 않는 청새치를 뒤

쫓으며 5년을 보냈다. 나는 척주의 역학적 성질, 그러니까 경직도(척주가 휨세기를 얼마나 견디는지와 탄성에너지를 얼마나 많이 저장하는지와 관계가 있다)와 에너지 손실(척주가 휨속도를 얼마나 견디는지와 탄성에너지를 얼마나 많이 열로 잃는지와 관계가 있다) 같은 성질을 측정하고 싶었다.

경직도가 에너지 손실에 비해 크면 등뼈는 용수철과 같은 작용을 하며 경직도가 에너지 손실에 비해 작으면 등뼈는 브레이크와 같은 작용을 한다. 척주의 경직도와 에너지 손실을 다양한 움직임과 속도에서 측정할 수 있다면 웨인라이트가 말하는 '역학적 설계'(여기서는 청새치가 척주의 역학적 성질을 어떻게 활용하여 헤엄치고 솟구치는가)를 이해하는 실마리를 얻을 수 있을 터였다.

청새치 검사장비를 기성품으로 살 수 없었기에(이런 건 존재하지 않으니까) 맞춤형 척주 벤딩머신$^{bending\ machine}$을 직접 설계하고 제작하고 조정해야 했다. 이 과제를 도와준 나의 DIY 스승은 (역시 듀크대학에 있는) 스티븐 보겔이었다. 그는 설계 브레인스토밍을 돕고 DC 브러시리스 모터$^{DC\ brushless\ motor}$와 서보 모터$^{servo\ motor}$ 구별하는 법을 가르쳐주었다. 벤딩머신이 완성되자 블록과 웨인라이트는 나와 벤딩머신을 하와이 섬의 태평양어자원연구소로 데려다주었다.

섬의 카일루아코나 방향에 있는 가파른 화산재 해변에서는 낚시꾼들이 심해 청새치를 낚는 광경이 보인다. 나는 현지 생선가게에 가서 모자를 벗고는 버리는 척주가 있으면 주십사 하고 부탁하곤 했다. 척주를 얻으면 척추골 두 개와 그 사이의 관절로 이루어진 운동분절motion segment 하나하나에 역학검사들을 하느라 잠을 이루지 못했다. 나는 청새치가 다랑어를 쫓으려고 터보 버튼을 눌렀을 때처럼 빈도와 강도를 달리하며 분절을 휘었다. 뼈관절에서 어느 부분이 척주 경직도와 에너지 손실의 변화를 일으키는지 알아내려고 각 관절과 위아래 척추골의 크기와 모양을 측정했다. 비누칠하고 헹구는 일의 반복이었다. 나는 몇 주에 걸쳐 청새치 여섯 마리의 척주를 검사했다(청새치의 길이는 1.2~2.1미터, 몸무게는 16~90킬로그램이었다).

청새치는 등뼈를 어떻게 사용할까?

듀크대학에 돌아와 각 관절에 걸리는 휨움직임bending motion과 이에 저항하여 각 관절에서 생기는 휨돌림힘bending torque의 관계를 결정하는 뉴턴 운동방정식에 원시 데이터를 입력했다. 관절 위치의 범위와 휨빈도, 휨세기를 살펴보는데, 매우 흥미로운 패턴이 눈에 띄었다. 청새치가 헤엄치는 동영상을 찍어 확인했을 때는 꼬리가 몸에서 가장 유연한 부위인 줄 알았는데 실제로는 척주에서 가장 뻣뻣한 부위라는 점이 놀라웠다.

웨인라이트와 이야기를 나누고서 깨달았는데, 이 결과가 직관과 어긋난 것은 관절 기둥을 일련의 뼈덩어리와 마찰 없는 경첩으로 생각했기 때문이다. (블록이 이야기한) 겹치는 뼈들 때문에 관절(경첩)이 매우 딱딱하다면 등뼈가 휠 때 관절 자체가 에너지를 저장할 수 있을 듯했다.

하지만 관절이 펴질 때 탄성에너지를 방출할 수 있을까? 바로 여기서 에너지 손실이 일어나는데, 청새치는 한 번 더 재주를 부린다. 우리는 용수철의 이미지를 머릿속에 그리고서 청새치가 빨리 헤엄치면서 꼬리치기 진동수가 증가할수록 척주가 더더욱 용수철과 비슷해져 속도를 내는 데 필요한 탄성에너지를 더 많이 저장하고 방출할 것이라 생각했다. 즉 척주가 더 뻣뻣해지고 에너지 손실이 감소할 줄 알았다. 결과는 정반대였다.

헤엄치는 청새치의 생물학적 조건에서 이 의문을 해결하기 위해 우리는 역학적 성질에 대한 정보들을 청새치 내부에서 진행되(리라 생각되)는 심적·개념적 모형에 입력했다. 추측하건대 청새치의 유영*속도가 빨라지면 역학적 행동에 맞게 척주가 조정되어 그냥 용수철에서 브레이크 달린 용수철로 점차 바뀔 것 같았다. 이 용수철-브레이크 메커니즘은 자동차의 완충기가 작동하는 방식과 똑같다. 용수철은 도로 턱에 저항하면서 부드럽게 눌렸다가 바퀴를 도로 위에 다시 내려놓는다. 이와 동시에 브레이크(완충기의 제진기制振器)는 액체를 이용하여 용수철의 움직임을 완화함으로써 자동차가 턱을 넘다가 통통 튀어오르지 않게 한다.

합리적으로 들리지 않는가? 단 한 가지 문제는 자동차의 등뼈가 동역학적으로 움직이는 동물의 등뼈처럼 작동할 필요가 없다는 점이다. 우리가 하와이에 가서 물속에서 헤엄치는 청새치를 촬영한 것은 이 때문이다. 우리는 살아 있는 청새치가 몸을 어떻게 움직이는지, 얼마나 빨리 꼬리를 흔드는지, 등뼈를 얼마나 많이 휘는지 알

---

* 이 책에서 '유영swimming'은 모든 종류의 헤엄을 일컫는다.

고 싶었다. 그러면 청새치가 헤엄칠 때 척주가 어떻게 작동하는지 정확히 추측할 수 있을 터였다. 하지만 등뼈가 얼마나 휘는지 직접 측정할 수도 없었고, 척주를 휘는 근육이 어떻게 작동하는지 알아낼 수도 없었다. 이 문제와 관련하여 청새치가 몸을 꿈틀거리며 주위의 물과 상호작용하면서 발생시키는 복잡한 힘도 측정할 수 없었다.

청새치는 생체역학적 접근법의 문제점을 보여주는 전형적인 예다. 우리가 맞닥뜨린 어려움은 청새치를 실험실에 가져와 측정장치를 삽입할 수 없다는 것만이 아니었다. 그렇게 해도 여전히 문제가 남았다. 이를테면 살아서 헤엄치는 상어가 척주를 휘는 힘을 직접 측정하기 위해 뼈대에 변형계strain gauge를 삽입하면 주변 근육이 파열되어 상어의 움직임이 달라질 수 있다. 게다가 측정 정확도도 낮다. 브라운대학의 엘리자베스 브레이너드와 브라이언 나우루지가 실시간 CAT(컴퓨터 단층촬영) 스캔을 했더니 물고기의 추간관절 움직임은 대부분 미세해서 정확히 측정하기가 힘들었다.

물고기에 미친 과학자는 무슨 일을 할까?

이 시점에서 청새치 등뼈에 대한 최상의 모형은 청새치 등뼈가 아니다. 살아 있는 청새치에서 등뼈를 연구할 수 없으니 남은 방안은 세 가지였다. 첫째 관두고 다른 프로젝트를 진행한다. 암울하게 들리긴 하지만, 때로는 이 방법이 최선이다. 수많은 의문에 훌륭한 답을 내놓는 종(모델 생물)을 찾고 싶을 때 다른 종으로 갈아타는 것은 흔한 대처방법이다. 둘째 의문을 풀 수 있는 새 장비나 실험절차를 만든다. 꿋꿋한 공학도라면 자신이 옴짝달싹 못하게 되었을 때 이 방법으로 활로를 찾는 경우가 많다. 셋째 내 물고기의 모형을 만든다. 논문을 계속 써내야 종신 재직권을 얻고 연구비를 탈 수 있는 우리 연구자들에게는 이 방법이 정답이다.

이런 식으로 모형화를 변호하는 것이 구차하게 보일지도 모르겠다. 나도 인정한다. 그러니 미소를 지으며 생물학자가 동물을 연구하는 데 왜 로봇을 쓰는지 처음부터 다시 생각해보는 게 좋겠다. 이 물음에 대한 긍정적 대답에는 현실적 측면과 이론적 측면이 둘 다 있다. 현실적 측면은 장비와 동물로는 한계에 도달했다는 점이다. 이론적 측면에서는 '합성적 접근법'이라는 것을 옹호하는 사람들이 있다. 이것은 엔지니어들에게서 빌려온 상향식 철학으로, 생물학자들에게 일반적인 환원·분석 방법과 대조적이다. 한마디로 '만들 수 있으면 이해한 것이다'라는 얘기다.

만들 수 있으면 이해한 것이다

이 합성적 접근법은 롤프 파이퍼와 크리스티안 샤이어가 '체화된 인지과학embodied cognitive science'(또는 체화된 인공지능embodied artificial intelligence)이라고 부르는 것 저변에 깔려 있으며, 내가 앞에서 제시한 로봇 옹호론, 그러니까 자율적 행위자처럼 행동하는 체화된 로봇embodied robots을 만드는 것의 핵심이다. 이렇게 되면 이런 행위자가 만들어내는 행동을 물리적 설계, 프로그래밍, 물리적 세상과의 상호작용을 바탕으로 이해할 수 있다. 즉 만들 수 있으면 이해한 것이다.

체화된 로봇에 대한 합성적 접근법이 생물학에서는 생소하지만,

얼마 전부터 물리 모형을 활용하여 큰 효과를 거둔 바 있다. 듀크대
학의 생체역학 교수 보겔은 자연이 유기체 안에서 어떤 공학원리를
활용하는지에 대한 아이디어를 검증하기 위해 물리 모형을 이용하
는 분야의 선구자다. 보겔과 웨인라이트의 제자로서 캘리포니아대
학 버클리 캠퍼스의 생체역학 교수인 미미 콜은 기능적 원리가 어
떻게 작동하는지에 대한 아이디어를 검증하기 위해 (현생 및 멸종)
동물의 물리 모형을 만들어 세계적 명성을 얻었다. 물리 모형은 장
점이 많다.

- 생물이나 그 일부분의 단순화된 버전을 만들 수 있다.
- 생물이나 그 일부분의 크기를 키우거나 줄일 수 있다.
- 나머지 조건을 동일하게 하면서 일부분을 고립시켜 변화시킬 수
  있다.
- 멸종 생물을 재구성할 수 있다.

콜의 접근법에서 물리 모형은 진짜 생물과 컴퓨터 모형에 대한
실험을 보완한다. 청새치 같은 진짜 생물을 대상으로 실험할 때의
한계는 앞에서 이야기했다. 이제 컴퓨터 모형의 문제에 대해서도
간략하게 설명하겠다.

많은 사람들이 경험했듯이 컴퓨터 모형은 형식을 잘 갖춘 방정
식이나 (이보다는 훨씬 투박하지만) 실제로 작동하는 수치해석으
로 생물학 현상을 모형화하여 나타낼 때 환상적인 솜씨를 발휘한
다. 컴퓨터 모형의 깔끔한 출력은 추상미술의 훈련을 받은 과학자

의 눈에 아름답게 보인다(아마도 표면채색 함수로 수백만 가지 색깔을 입혔을 테다). 하지만 이런 근사한 출력을 얻으려면 가장 정확한 모형에서조차 많은 것을 단순화해서 가정해야 한다. 관건은 옳은 가정을 하는 것이다.

청새치 실험에서 개념작업을 끝낸 뒤 첫 단계는 컴퓨터 모형을 만드는 것이었다. 나는 생체역학 검사를 통해 각 관절을 휘는 데 필요한 휨돌림힘과 그에 따른 회전운동을 기술하는 운동방정식을 유도했다. 처음에는 이 방정식만 있으면 헤엄치는 청새치 등뼈의 역학적 운동을 얼마든지 기술할 수 있으리라 가정했다. 나는 등뼈를 수학적으로 단순화하여 일련의 방정식으로 나타냈다. 이 방정식들은 우리가 각각의 관절에 가하는 휨돌림힘을 통해 서로 연결되었다. 나는 근육과 물 저항이 작용하여 등뼈 위아래로 전달되는 돌림힘을 만들어낼 것이라고 가정했다. 이 가정과 단순화를 바탕으로 나는 머리부터 꼬리까지 꿈틀거리며 파도를 통과하는 아름다운 등뼈 애니메이션을 제작했다.

나는 이 모형을 박사과정 연구의 최종 성과로 학과에 제출했다. 논문 검토가 끝나고 동료 대학원생 맷 힐리가 황급히 달려와 걱정스러운 목소리로 숨죽여 말했다.

"문제가 생겼어. 방금 밴스 터커가 하는 말을 들었는데, 네가 물리법칙을 어긴 것 같대."

맷의 말은 이렇게 번역할 수 있다.

"하나님과 동급인 과학자가 생각하기에 너는 엄청난 실수를 저질렀어. 너의 명성과 일자리가 날아가기 직전이야."

큰일 났다!

근사한 풍동風洞 실험과 공학이론으로 새의 비행이라는 뒤죽박죽 물리세상을 탐구하는 생리학자 밴스 터커는 듀크대학의 또 다른 생체역학 구루였다. 아래층에 있는 터커의 연구실로 부리나케 내려갔다. 문을 똑똑 두드리자 터커가 연구실 의자에 앉은 채 나를 올려다보더니 금세 알아보고서 "들어오게"라고 말했다. 말이 짧다. 불길하다.

'생각보다 심각한걸.'

자리에 앉았다. 임박한 학문적 사망을 견딜 자신이 없었다. 내 정수리를 겨냥한 다모클레스의 칼을 의식하며 말했다.

"듣자니 제가 물리법칙을 어겼다고 생각하신다고…."

터커의 대답은 다정하고 신중했다. 논문방어가 얼마 남지 않은 시점임을 감안하여 내가 제시한 모형이 논문의 다섯 개 장 가운데 하나에 불과함을 상기시켰다. 실험이 모형과 독립적으로 이루어진 탓에 문제점들 그 자체만으로는 어떤 실험결과도 뒤집히지 않을 것이라고 말했다. 그러면서 모형을 다룬 장을 직접 보지는 않았다고 덧붙였다. 터커는 이렇게 마무리했다.

"하지만 자네가 영구기관을 만들어낸 것 같군."

터커가 옳았다. 그의 말을 듣자마자 깨달았다. 나는 온갖 가정과 단순화를 통해 열역학 제2법칙에 어긋나는 모형을 만들어낸 것이다. 나의 가정과 단순화에 따르면 등뼈는 한 번 휘면 영원히 꿈틀거릴 터였다.

이렇듯 모형이 현실에 어긋나는 것은 드문 일이 아니다. 몇 해뒤 물리 모형화와 생체모방 설계의 대가 찰스 펠이 내게 말했다.

"모든 컴퓨터 모형은 성공할 운명이지."

컴퓨터 모형을 만드는 사람은 모형에 적용된 물리법칙이 틀렸어도 언제나 근사한 결과를 만들어낼 수 있다. 어수룩한 컴퓨터 모형 제작자(흠, 그러니까 나 말이다)가 이런 터무니없는 잘못을 저지르기 때문에 펠, 콜, 보겔 같은 연구자들은 물리 모형에 대해 신중한 입장이다. 펠은 이렇게도 말했다.

"물리 모형은 물리법칙을 어길 수 없다네."

엔지니어의 설계가 물리법칙에 어긋나면 기계는 영구적으로 작동하는 것이 아니라 아예 작동하지 않는다. 이것은 생물계를 이해하기 위해 디지털 모형이 아니라 물리 모형을 이용해야 하는 다섯 번째 이유다. 하지만 이 이유는 너무나 중요하기에 첫 번째로 꼽아야 한다.

- 물리법칙을 어길 수는 없다.
- 동물의 단순화된 버전을 만들 수 있다.
- 동물의 크기를 바꿀 수 있다.
- 나머지 조건을 동일하게 하면서 일부분을 고립시켜 변화시킬 수 있다.
- 멸종 동물을 재구성할 수 있다.

그렇다고 해서 모든 컴퓨터 모형이 물리법칙을 어긴다고 생각하지는 마시라. 이 세상의 물리현상을 정확하게 모형화하는 컴퓨터 모형도 얼마든지 있으니까. 다만 단순화와 가정을 할 때 신중을 기하고 실력을 쌓으라는 말이다.

내 얘기를 하자면, 나는 헤엄치는 물고기의 생물학과 물리학에 대한 수학적 표상이 (누구 말마따나) '장난이 아니'라는 사실을 깨달았다. 실제로 오래전부터 전세계 수많은 연구실에서 물고기 같은 탄성체가 주변의 유체와 상호작용할 때 일어나는 열역학을 연구하고 있다. 응용수학자 제임스 라이트힐은 물고기가 추력을 내는 방법 등을 연구한 업적으로 1971년에 기사 작위를 받았다. 오늘날 생물학자, 유체역학자, 수학자, 전산학자로 이루어진 연구진들이 유체의 물리학을 근육조직 및 결합조직의 물리학과 짝짓는 시도를 벌이고 있다. 그야말로 장난이 아니다.

라피엣대학의 로버트 루트와 춘와이 리우는 나와 함께 이 분야의 최전선에 서 있다. 이들의 전문성에 힘입어 나는 물리법칙에 어긋나는 컴퓨터 모형을 제작한다는 비판에서 벗어났다. 물리계를 나타낸다는 측면에서 우리가 만드는 컴퓨터 모형은 로봇만큼 복잡하지는 않다. 헤엄치는 물고기 컴퓨터 모형은 2차원이지만 물고기형 로봇은 3차원이다. 헤엄치는 물고기의 컴퓨터 모형에는 최저 속도 한계가 있어서 이보다 느리면 라이트힐 추력 방정식이 성립하지 않지만, 물고기형 로봇은 속도를 늦출 수 있고 심지어 멈출 수도 있다. 이는 로드니 브룩스의 격언 '세상에 대한 최상의 모형은 세상이다'의 또 다른 증거다. 자신의 모형에 중요한 물리법칙이 누락되지 않았는지 확인하는 최선의 방법은 실제로 만들어보는 것이다.

이제 물리 모형을 만드는 이유에 자율로봇에 대한 내용을 추가해보자. 물리적으로 체화된 로봇으로 동물을 모형화하면 다음과 같은 일을 할 수 있다.

- 물리법칙을 어길 수는 없다.
- 동물의 단순화된 버전을 만들 수 있다.
- 동물의 크기를 바꿀 수 있다.
- 나머지 조건을 동일하게 하면서 일부분을 고립시켜 변화시킬 수 있다.
- 멸종 동물을 재구성할 수 있다.
- 행위자와 세상의 상호작용으로부터 동물행동을 만들어낼 수 있다.
- 생체역학, 행동, 진화의 관점에서 동물이 어떻게 기능하는가에 대한 가설을 검증할 수 있다.

도대체 로봇이 생물학과 무슨 관계인 거지?

이제 내가 물리 모형으로 등뼈를 연구하는 일에 흥미를 느낀 이유를 알았을 것이다. 하지만 아직까지 한마디도 언급하지 않은 이유가 하나 있다. 그것은 멸종 생물의 진화와 행동을 재구성할 수 있다는 점이다.

청새치 등뼈가 얼마나 복잡한지 생각해보라. 청새치 등뼈의 복잡성은 블록이 나를 연구에 끌어들이려고 언급했을 만큼 이례적이다. 요점은 5만 8,000종에 이르는 척추동물의 등뼈가 무척 다양하다는 것이다. 어떤 종은 뼈가 없이 쭉 이어진 아교질 막대기로 되어 있는데, 이를 척삭脊索이라 한다. 어떤 종은 척추를 이루는 뼈인 척추골이 일렬로 연결되어 있다. 어떤 종은 그 중간으로, 불완전한 척추골처럼 생긴 것이 척삭을 두르거나 척삭을 따라 형성되어 있다.

게다가 화석기록을 살펴보면 우리의 첫 척추동물 조상은 척주가 없고 척삭만 있었다는 사실을 알 수 있다. 이 연속된 몸통뼈대는 일찍이 척삭동물이라는 동물군에서 진화했다. 척삭동물에는 척추동물 말고도 멍게와 창고기 같은 현생 무척추동물 종이 포함된다. 오래전에 멸종한 척삭동물에서 5억 3,000만 년 이전에 최초의 척추동물이 생겨났다. 틀림없이 척삭동물에게 어떤 문제가 생겼고, 척추동물이 되어 척추골을 가짐으로써 이를 해결했을 것이다. 어떤 문제였을까?

이것이 내가 청새치를 연구하면서 처음 맞닥뜨린 진화적 의문이었다. 당시 나는 캘리포니아대학 데이비스 캠퍼스의 서지 도로쇼프 실험실에서 흰철갑상어를 연구하고 있었다. 녀석은 대형 민물고기로 성체가 되어도 조상의 척삭을 등뼈로 간직한다. 나는 살아 있는 흰철갑상어를 촬영하고 죽은 흰철갑상어의 등뼈로 청새치와 똑같은 검사를 진행했다. 기본 가설은 더할 나위 없이 간단했다. 척주는 딱딱한 뼈가 있으니 구부렸을 때 척삭보다 뻣뻣할 것이다. 데이터는 가설이 옳음을 시사했다.

하지만 이 형질이 왜 청새치에서는 진화했지만 흰철갑상어에서는 진화하지 않았는지 여전히 알 수 없었다. 스티브 보겔의 말마따나 '생체역학은 전략이 아니라 전술에 대한 것'이다. 말하자면 생체역학은 구조가 달라졌을 때의 기능적 결과는 알려줄 수 있지만 이러한 기능 변화가 해당 개체에 어떤 행동적·진화적 이점을 주었는지는 밝혀내지 못한다. 척추동물의 진화에 대해 중요한 사실을 알아내려면 두 종의 물고기에게서 알아낸 사실이 다른 종의 물고기뿐아니라 하이쿠이크티스 같은 고대 유영동물^{游泳動物}에도 적용된다고 가정해야 했다(또 시작이군).

하이쿠이크티스는 길이가 2.5센티미터인 작은 무악어류^{無顎魚類}다. 약 5억 3,000만 년 전에 살았으며 척삭 위와 그 둘레에 불규칙한 형태의 연골 망울이 달려 있다. 나는 우리 실험실에 있는 대학원생 캐런 니퍼와 함께 에버러드 홈 경이 두 세기 전에 처음 내놓은 아이디어를 수정하여 물고기가 더 빨리 헤엄치려면 등뼈가 더 뻣뻣해져야 할 것이라고 추론했다. 등뼈가 뻣뻣하면 용수철의 크기가 커져서 꼬리를 흔드는 데 쓰일 에너지를 더 많이 저장할 수 있다.

많은 종의 속도와 등뼈의 경직도를 측정하기가 여간 어렵지 않음을 알기에(청새치와 흰철갑상어를 측정하는 데만도 여러 해가 걸렸다) 니퍼는 등뼈의 경직도를 나타내는 손쉬운 대용물을 생각해냈다. 그것은 척추골의 개수였다.

최대 유영속도의 대용물도 찾아야 했는데(이 또한 측정하기가 여간 힘들지 않다) 그것은 헤엄치는 물고기의 추진 파장으로, 헤엄칠 때 몸이 이루는 곡선과 대략 비슷하다. 추진 파장이 큰 다랑어 같은 물고기는 추진 파장이 작은 뱀장어 같은 물고기보다 훨씬 빠르게 헤엄친다. 추진 파장과 척추골 수의 상관관계를 알아봤더니 약하지만 통계적으로 유의미한 관계가 있었다. 척추골의 개수가 늘어나면 추진 파장이 작아졌다. 대용물에서 얻은 결과를 우리의 관심사인 변수로 변환하면서 우리는 등뼈가 뻣뻣한 물고기가 등뼈가 흐늘거리는 물고기보다 빠르게 헤엄칠 것이라 예상했다.

계통발생적 접근법도 시도해봤는데 같은 결과가 나왔다. 계통발생은 조상과 후손의 관계로 이뤄진 가지 모양 패턴으로, 특정 생물 집단의 진화사를 나타낸다. 계통수(종을 계통에 따라 묶은 연결망)를 만들면 이 관계와 진화적 변화 시기를 재구성할 수 있다. 엄밀히 말하면 계통수는 종들이 진화적으로 어떤 관계인지에 대한 가설이며 ●공유된 성질에 대한 새로운 데이터와 ●새로 발견된 성질과 신종에서 얻은 데이터를 수집하여 검증할 수 있다.

계통수를 다양한 데이터로 확고하게 뒷받침했다면 이를 이용해 진화의 패턴에 관한 물음에 답할 수 있다. 척삭과 척주 같이 유관한 성질들을 계통수 가지에 매핑할 수도 있다. 또한 어떤 성질이 먼저 생겼는지, 그 성질이 몇 번이나 진화했는지, 내 관심사인 성질이 다른 어떤 형질들과 나란히 진화했는지도 알 수 있다. 계통발생 분석은 성질의 변화(계통발생학자들은 형질상태진화character state evolution라고 부른다)를 매핑할 수 있기에 매우 강력한 도구가 될 수 있다.

나는 슈라이너스아동병원에서 생화학자로 일한 톰 쿠브와 함께 척추동물의 계통수를 이용해 척추골 진화의 패턴과 유영행동의 변화가 어떤 관계인지 들여다보았다. 척추골의 진화를 살아 있는 척추동물의 계통수에 매핑하면 놀라운 결과가 나타난다. 척추골은 척삭으로부터 적어도 세 번은 진화한 듯하다. 척추골은 판새류(상어류, 홍어류, 가오리류), 조기어류, 사족류(양서류, 파충류, 조류, 포유류)에서 수렴진화했다.

수렴진화convergent evolution는 서로 다른 종에서 동일한 성질(이 경우는 척추골)이 독자적으로 진화한 것을 일컫기 위해 편의상 만든 용어다. 생물학자들은 수렴진화라면 질색하는데, 그 이유는 실험을 반복해놓고 같은 결과가 나오는지 보는 것과 마찬가지이기 때문이다. 다만 이것이 자연에서 이루어졌을 뿐이다. 따라서 수렴진화는 비슷한 종류의 선택압이 다른 시대와 다른 장소에서 다른 종에 대해 비슷한 결과를 일으킨다는 간접적 증거로 간주된다. 척추골은 비슷한 진화적 문제에 대한 훌륭한 해결책인 듯하다. 하지만 의문은 여전히 남는다. 도대체 척추골은 어떤 문제를 해결한 걸까?

쿠브와 나는 물고기, 물고기, 또 물고기를 생각하며 척추골 수렴진화의 패턴에 유영행동의 변화 패턴을 포갰다. 척추동물의 유영속도과 가속도에 대해서는 아는 것이 거의 없었으므로(생체역학적 분석에서도 이 문제로 골머리를 썩었다) 상관관계는 약했고, (따라서) 실망스러웠다. 첫째 육생 사족류를 배제해야 했다. 조상의 어류형 몸과 유영행동을 간직한 성체 사족류가 거의 없기 때문이다. 둘째 비교 대상이 판새류와 조기어류뿐이므로 지도상에 큰 점 두 개만 있는 셈이다.

이를 염두에 두면 계통수에서 내릴 수 있는 결론은 척추골과 빠른 유영속도 사이에 상관관계가 있다는 점이다. 종을 하나씩 관찰한 결과는 이에 부합한다. 척삭이 있는 주름상어는 느리지만 척추골이 있는 청상아리는 바다에서 가장 빠른 물고기로 손꼽힌다. 척삭이 있는 주걱철갑상어는 순항*할 뿐 곡예를 부리지 않지만 척추

---

* 이 책에서 '순항cruising'은 일정한 속도로 헤엄치는 것을 일컫는다.

골이 있는 연어는 폭포를 거슬러 솟구친다. 따라서 우리는 생체역학적 분석에서와 같은, 다시 말해 등뼈가 뻣뻣한 물고기는 등뼈가 흐늘거리는 물고기보다 빠르게 헤엄칠 수 있다는 예상을 하기에 이르렀다.

하지만 이 예상(또는 예측)은 생체역학적 데이터와 계통발생적 데이터를 바탕으로 삼고 있음에도 수많은 의문에 대답하지 않기 때문에 불만족스럽다. 경직도와 속도의 대용물은 합리적일까? 계통수는 정확할까? 근육과 형태처럼 경직도와 속도에 영향을 미칠 수 있는 요소로는 또 무엇이 있을까? 약한 상관관계 밖에 관찰되지 않는 것은 그 밖의 요소 또한 다르기 때문일까? 야생에서 관찰되는 최고 속도를 측정할 수 있어도 상관관계가 여전히 성립할까? 경직도는 가속과 방향 전환 같은 다른 유영능력에도 영향을 미칠까? 속도가 빨라지면 그 대신 어떤 능력이 감소할까? 게다가 이 의문들은 적응의 동적과정이라는 진화적 의문은 건드리지도 않았다.

척삭에서 왜 척주가 진화했는지 묻는 것은 '적응'에 대해 묻는 것이다. 생물학자의 관점에서 적응은 자연선택이 세대시간에 걸쳐 작용하여 생물 개체군의 성격을 변화(진화)시키는 과정이다. 다윈이 제안하고 그의 시대 이후로 수많은 실험 검증과 관찰 검증을 통과한, 자연선택에 의한 진화가 일어나려면 다음 조건이 충족되어야 한다. ●등뼈 같은 성질이 개체마다 다르다. ●그 성질과 변이가 유전자에 (적어도 부분적으로) 부호화된다. ●성질의 변이는 그 생물 개체가 개체군 내의 다른 개체에 비해 어떻게 행동하고 생존하고 번식하는가에 영향을 미친다.

이 세 가지 조건이 충족되면 개체군 내에서 특정 개체들이 다른 개체들보다 후손 남기는 일에 더 성공적임을 확인할 수 있다. 개체마다 번식결과가 다르기 때문에 개체와 세대가 사멸함에 따라 개체군은 신체적으로나 유전적으로나 예전의 개체군과 달라 보인다. 시간의 흐름에 따른 이 변화를 다윈은 '변형을 일으키며 유래된다 descent with modification'라고 표현했으며 우리는 이를 '자연선택에 의한 진화'라고 부른다.

적응은 서툰 범죄자처럼 멸종 종과 현생 종의 DNA와 해부학적 구조에 많은 단서를 남긴다. 하지만 증인이나 감시카메라 영상은 결코 남기지 않는다. 그러니 생물학자들은 진화과정을 추측할 수밖에 없다. 어떤 일이 일어났는지를 가장 정확하게 추측하려면 사건을 재구성해야 한다. 훌륭한 조사관은 단서(물리적 증거)를 이용하여 지금의 결과를 가져왔을 가능성이 가장 높은 장소와 행위자, 상호작용의 단계별 연쇄를 짜맞출 수 있다.

이 연쇄를 검증하려면 어떻게 해야 할까? 모형을 만들고 작동시켜 이들의 행동이 진화적 재구성에 대한 예측과 맞아떨어지는지 보면 된다. 하지만 더 좋은 방법이 있는데, 그것은 모형을 진화시키는 것이다. 지도학생과 동료 연구자, 그리고 나는 이 아이디어를 토대로 태드로Tadro라는 로봇을 개발했다(그림 1.1).

처음에는 컴퓨터를 그릇에 담은 것에 지나지 않았던 이 작은 자율로봇으로 출발한 여정에서, 우리는 청새치에서 등뼈가 무슨 일을 하는가뿐 아니라 기술에서 진화가 무엇을 할 수 있는가, 우리의 지식과 생명의 역사에서 기술이 무엇을 할 수 있는가에 대한 중요한

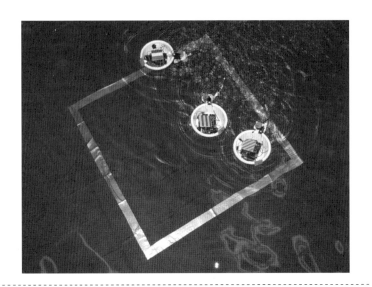

그림 1.1 **진화하는 로봇** 물고기를 닮은 자율로봇 세 마리가 먹이를 놓고 경쟁한다. 이 로봇들의 유영 모드, 센서 시스템, 뇌는 척삭동물 멍게의 올챙이*를 토대로 삼았기에 우리는 녀석들에게 '올챙이 로봇ladpole robot'의 앞글자를 따서 '태드로Tadro'라는 이름을 붙였다. 각 태드로는 몸통뼈대의 경직도가 저마다 다른 척삭으로 이루어졌다. 척삭이 얼마나 뻣뻣한가에 따라 태드로의 유영능력이 달라진다. 척삭의 경직도는 유전적으로 부호화되므로 한 세대에서 다음 세대로 진화할 수 있다.

발견을 할 수 있었다. 말하자면 "로봇이 생물학과 무슨 상관이지?" 라는 물음에 대한 최상의 대답은 태드로 자신일 것이다.

* 이 책에서 '올챙이'는 '올챙이 모양 유생'을 일컫는다.

CHAPTER 2

진화라는 생명경기

"꾸준한 오해의 힘이 크도다."

1872년에 출간된 《종의 기원》 제6판(이자 최종판)에서 찰스 다윈은 이렇게 탄식했다. 오랫동안 부글부글 끓던 불만을 토로한 것이다. 많은 비판자와 (심지어) 일부 선의의 옹호자는 변형을 일으키며 유래된다는 (오늘날 진화라 부르는) 특정한 이론을 지나치게 단순화했다(당시에는 다른 이론들도 있었다). 그 결과는 이랬다. 변형을 일으키며 유래되는 데는 하나의 원인, 즉 자연선택이 있다.

자연선택은 다윈의 가장 중요한 통찰이었지만, 다윈은 자연선택이 주된 변화 메커니즘이기는 해도 유일한 메커니즘은 아님을 인식했고 여러 번 글로 밝혔다. 1장에서 나는 '적응'을 정의하면서 '자연선택에 의한 진화'라는 표현을 썼다. 이것이 참일 수도 있겠지만, 진화라는 그림에서는 일부분에 불과하다. 아차! 돌연변이, 재조합, 유전자 부동浮動, 동류 교배 같은 그 밖의 메커니즘을 언급하지 않았으므로 나도 지나친 단순화를 한 셈이다. 그러니 진화하는 로봇이 현실처럼 복잡함을 여러분이 이해할 수 있도록 보충설명을 하겠다.

내 생각에, 예리한 관찰자 다윈은 우리의 진화하는 로봇을 흥미롭게 관찰했을 것이다. 이 로봇을 통해 우리는 '선택'이 지배적일 때 진화가 어떤 식으로 일어나는지, 또 그 밖의 진화 메커니즘이 지배적일 때 진화가 어떤 식으로 일어나는지를 보여줄 수 있다. 로봇을 이용하면 진화과정, 그러니까 자율적 행위자가 환경과 인과적으로 상호작용하는 것을 언제 어디서나 실시간으로 직접 관찰할 수 있다. 말하자면 지구상에서 가장 위대한 경기인 생명경기를 관전할 수 있다는 것이다.

이런 식으로 생각해보자. 삶은 경기다. 이 경기는 지구라는 무대에서 벌어지는 끝없는 경쟁이다. 하지만 참가자들이 전면전을 벌이는 일은 흔치 않다. 애니멀 플래닛 방송의 〈상어 주간_Shark Week_〉에서는 백상아리가 캘리포니아바다사자를 사냥하는 장관이 펼쳐지지만 현실의 생명경기에서는 대부분의 선수들이 한 번도 마주치지 않는다. 오히려 각 선수는 열 가지 스포츠를 잇따라, 가끔은 동시에 벌이는 10종 경기 선수에 더 가깝다. 이동하는 자율적 동물들은 자신의 영역을 돌아다니면서 먹이를 찾거나 사냥하고, 찾은 먹이를 어떻게 먹을지 또는 먹을지 말지 궁리하고, 위협을 감지하여 달아나고, 짝을 찾고 선택하고, 은신처를 찾고, 후손을 낳는다. 살아남아 번식하면 승리한다. 그중에서도 가장 많은 자식을 남긴 동물이 우승한다. 생명경기는 '진화'라 불리며 로봇도 참가할 수 있다.

간단한 경기규칙

진화는 지구상에서 가장 간단한 경기다. 규칙은 단 세 개다.

- 자식을 낳을 때마다 점수를 얻는다.
- 자식이 자식을 낳으면 보너스 점수를 얻는다.
- 자식을 낳기 위해, 또한 자식이 자식을 낳도록 하기 위해 어떤 수단을 써도 괜찮다.

하지만 규칙이 간단하다고 해서 전략도 간단한 것은 아니다. 어떤 선수들은 뭉치면 먹이를 얻고 포식자를 피할 눈과 귀와 코가 많아진다는 사실을 깨달을지도 모른다.[1] 어떤 선수들은 자식을 기를 필요가 없으면 훨씬 많이 낳을 수 있다는 사실을 간파할지도 모른다. 어떤 선수들은 속임수나 불륜을 저질러 남이 내 자식을 기르도록 할 수 있음을 발견할지도 모른다. 또 어떤 선수들은 자식을 기르는 데 필요한 것들을 모으고 지키는 데 힘을 쏟을지도 모른다. 어떤 짝을 고르느냐가 성공과 실패를 가른다는 사실을 알아차리는 선수들도 있을 것이다.

진짜 생명경기에서는 대부분의 선수가, 심지어 인간도 자기 행동의 진화적 효과를 평가하지 않는다. 자신이 경기를 하고 있다는 사실도 모르는데 어떻게 평가할 수 있겠는가? 이 경기는 상황에 대한 직감적 정서반응인 본능을 통해 전개된다. 자신이 선수임을 알고 규칙을 알고 어떻게 해야 이기는지 알더라도 어떻게 해야 자식이 자식을 많이 낳도록 할 수 있을지는 기껏해야 추측만 할 수 있을

단기전 목표

생존 ⟶ 번식 ⟵ 자식

자기 세대에 자식이 남보다 많으면 승리한다.

중기전 목표

생존 ⟶ 번식 자식 생존 ⟶ 자식의 자식
     자식 생존
     자식 생존

자식 세대에 자식의 자식이 남보다 많으면 승리한다.

장기전 목표

후손 세대에 살아 있는 후손이 남보다 많으면 승리한다.

그림 2.1 **진화, 생명경기** 진화경기의 목표는 오래 살아남아서 번식하고, 자기 세대에 남보다 많이 번식하고, 후손이 자신들의 세대에 번식에 성공하도록 하는 것이다. 승자와 우승자는 점수가 아니라 남보다 얼마나 잘했느냐에 따라 판가름난다. 단기전에서 승리한다해도 장기전에서 후손을 많이 남기지 못하면 세대가 지남에 따라 결과가 달라질 수 있다.

뿐이다. 미래는 예견할 수 없다. 경기장의 조건을 바꿀 우연한 사건도 예측할 수 없다. 눈을 가린 채 경기하는 셈이다.

개인으로서는 앞의 세 가지 규칙으로 점수를 얻지 못할 수도 있지만, 팀의 일원으로서는 번식하는 선수와 한 팀이라는 이유만으로 점수를 얻을 수 있다.[2] 가족이라는 팀의 다른 구성원이 번식하거나 자식을 기르는 일을 도우면 된다. 하지만 오해는 마시라. 여기에 감정이입하여 자신이 생명경기를 하고 있다고 생각했다면 지금쯤 기분이 언짢아졌을지도 모른다. 내 말을 자녀와 손자녀가 없으면 루저라는 뜻으로 해석할 수도 있으니 말이다. 하지만 그런 뜻으로 한 말이 아니다. 그저 진화를 다른 관점에서('차등번식$^{differential\ reproduction}$'으로서) 생각해볼 수도 있다는 얘길 하고 싶었던 것뿐이다.

진화의 기본 개념을 이해하는 것이 중요한 이유는 우리가 걸핏하면 오해하기 때문이다. 다윈의 탄식을 떠올려보라. 진화는 일상어가 되었으며, 생명경기가 엄연한 현실임에도 우리는 번번이 일부러 또는 본의 아니게 착각한다. 우리는 개체가 진화하고, 개체가 종의 이익을 위해 행동하고, 어떤 종은 원시적이고 어떤 종은 고등하고, 생명의 사다리가 '변형을 일으키며 유래되는 것'을 설명하고, 진화가 늘 종에 유리하게 작용한다고 생각하는데, 이것은 착각이다. 우리는 복잡한 것이 단순한 것보다 진화적으로 늘 발달했고, 진화가 목표지향적이고, 진화적 변화가 선형적이며 한 방향이고, 모든 해부학적 구조가 오늘날 쓰이는 기능을 위해 오래전에 진화했고, 인간이 더는 진화하지 않는다고 넘겨짚는데, 전부 틀렸다!

이 독사과는 진화하는 로봇에 대해 이야기할 때도 우리를 유혹한다. 우리의 직관적이고 잘못된 기대는 실망과 반감과 부인이라는 형태로 열매 맺는다. 그러니 명심하시길. 생명경기의 규칙 어디에도 미래의 선수들이 지금 선수들보다 반드시 더 똑똑하거나 뛰어나리라는 말이 없음을. 규칙은 특정 시기와 장소에서 통하는 전략이 다른 시기와 장소에서도 통할 것이라 말하지 않는다. 다른 선수들이 서로 어떻게 행동할 것인지, 선수는 몇 명인지, 선수는 어떤 종류인지, 어떤 자원을 활용할 수 있는지, 주변환경을 이용할 수 있는지, 어떤 사건이 일어날 것인지에 대해 규칙은 아무것도 알려주지 않는다. 로봇이 진화할 때 무슨 일이 일어날지 우리는 전혀 알지 못한다. 그게 생명이다.[3]

개체는 선택되지만 진화하지는 않는다

굳은 소식이 더 있다. 개체는 진화하지 않는다. 〈스타 트렉: 넥스트 제너레이션〉에서 피카드 선장이 여우원숭이로 '퇴화'한 것이 영화적 상상력의 산물이듯, 개체는 시간과 장소에 갇힌 신세다. 인간 개체가 지니고 있는 유전체genome(개체 안에 들어 있는 전체 유전자와 DNA)는 엄마의 난자와 아빠의 정자에 들어 있는 유전자의 산물이다. 이 새로운 유전자 조합은 세상과 상호작용하여 배아를 만들어낸다(우리의 자율적 행위자가 세상과 상호작용하여 행동을 만들어내는 것도 마찬가지다). 이때 유전체와 세상 사이에 일어나는 상호작용을 '발달'이라고 한다. 세포 하나가 둘로 갈라지고, 둘이 넷으로 갈라지고, 계속 갈라져 하나의 세포가 몇 시간 만에 다세포동물이 된다.

각 세포의 내부는 용해된 화학물질, 작은 골격구조를 이루고 있는 격자 모양 그물망, 막으로 둘러싸인 초소형 기계로 이루어진 물속 세상인 동시에 유전체의 세상이다. 유전자는 DNA를 감아 정돈하는 단백질과 상호작용하고, RNA를 만들라는 신호를 보내는 단백질과 상호작용한다. DNA는 세포 분열에 앞서 복사본을 만들기 위해 자신과 상호작용한다.

또 각 세포에는 상호작용해야 할 세상이 있다. 다른 세포들이 매달리고 잡아당기고 화학물질이나 전하를 주고받는다. 어떤 조직에는 세포에 없는 액체가 들어 있는데, 이 세포 바깥액이 호르몬을 전달하고 세포가 이에 반응하여 일련의 분자신호를 내보내면 유전체의 활동이 달라진다. 다세포 배아에서 다른 위치에 놓인 일부 세포는 '분화'하는데, 이들의 유전자는 다른 RNA를 만들기 시작하고 이 RNA는 다른 종류의 단백질을 만들기 시작한다. 이 다른 단백질은 스스로를 다른 구조로 조립한다. 배아의 특정 위치에 있는 세포들은 금세 힘을 합쳐 척삭을 만든다. 척삭은 모든 척추동물 배아의 머리부터 꼬리까지 이어진 뼈대로, 일부 어류와 양서류에서는 성체가 되어도 남는다. 척삭을 만드는 세포는 이제 개체의 전 생애에 걸쳐서 이웃 세포들에 화합물을 방출하여 중추신경계를 만들거나 그 밖의 일을 하도록 한다. 유전체는 복제되고 세포에 보급되어 세포 속과 바깥, 분화하는 조직의 국지적 세상과 상호작용하며, 이 국지적 세상은 개체 바깥의 세상과 상호작용한다.

이렇듯 발달과정에서 유전체와 세상이 수없이 상호작용하는데 개체가 시간과 장소에 갇혀 있다는 말은 무슨 뜻일까? 각 개체는 말 그대로 시간과 장소의 산물이다(여기서 시간과 장소는 내가 말하는 '세상'이다). 같은 유전체를 가져다 다른 시간과 장소에 두면 다른 개체가 생긴다. 유전체와 세상의 상호작용은 발달과정에서 펼쳐지는데, 발달은 그 행위자의 독자적 역사에 영향을 받는다. 각 행위자가 '갇혀 있다'라는 말은 행위자 대 세상의 끊임없는 상호작용 자체가 고유하게 전개된다는 뜻이다.

자기계발서에서 하는 얘기처럼 들릴지도 모르겠다. 우리가 자신의 개체적 역사에 대해 자기계발적이고 '하면 된다' 식이고 '깨달으면 변할 수 있다' 식인 접근법을 취하면 자신의 발달을 진화와 동일시하게 된다. 이것이 직관의 고질적 문제다. 발달과 진화 둘 다 시간에 따른 변화현상이지만 두 변화는 같지 않다.

지나치게 단순화하자면, 발달에서 변화하는 것은 유전체가 아니라 유전체가 만드는 것(개체의 물질적 성분)이다. 이에 반해 진화에서 변화하는 것은 유전체 자체다. 개체 안에서 유전체가 다르게 복제되는 세포 단위 돌연변이가 일어날 수도 있지만, 유전체에서 변화가 일어나 진화적 영향을 미치는 유일한 방법은 그 변화가 정자나 난자에서 일어나 다음 세대로 전달되는 것뿐이다.

생명경기는 단체경기

이제 자연선택이 어떤 역할을 하는지 살펴보자. 개체군 내의 개체들은 같은 시간과 장소에서 공존한다. 개체는 구조, 생리, 행동면에서 다르다. 알든 모르든 개체들은 교미, 먹이, 안전, 보금자리를 놓고 서로 협력하고 경쟁한다. 어떤 개체는 다른 개체에 비해 협력과 경쟁에 능하다. 구조, 생리, 행동의 차이는 협력과 경쟁에서의 차이를 낳는다. 구조, 생리, 행동의 차이로 인해 어떤 개체는 생명경기와 생존 투쟁에서 다른 개체보다 유리한 위치를 차지한다. 이 유리한 차이는 개체가 생존하고 자식을 낳는 능력을 향상시킨다. 이것이 '자연선택'이다.

유리한 차이가 자식에게 전달될 수 있다면, 즉 이 차이가 부분적으로 유전자에 부호화될 수 있다면 다음 세대는 모습과 기능과 행동이 전 세대와 달라질 것이다. 이것이 '자연선택에 의한 진화'다.[4]

이렇듯 (우리가 방금 정의한) 자연선택을 통해 어떤 개체는 다른 개체보다 더 많은 자식을 낳게 된다(그림 2.1). 자식을 많이 낳는 개체는 '선택'된 것이며 생명경기에서 패배하는 개체는 '도태'된 것이다. 이런 의미에서 보면 같은 시간과 장소에 공존하는 같은 종의 모든 개체(이 집단을 생물학 용어로 '개체군'이라고 한다)는 앞에서 서술한 조건이 성립할 경우 '선택압'을 받는다.

한마디로 말하면 개체는 (알맞은 조건에서) 선택될 수는 있지만 진화하지는 않는다. 이러한 선택이 의미하는 것은 부모의 일부만이 번식에 성공하기 때문에 이후의 각 세대는 집단으로서의 부모 개체군과 집단 자체로 전혀 달라 보인다는 점이다. 진화하는 것은 세대 시간을 통과하는 개체군인 집단이다. 개인주의자에게는 안된 일이지만 생명경기는 개인경기가 아니라 단체경기다.

차이를 만드는 방법

개체로서의 나는 진화하지 않기에 진화라는 생명경기에서 최선의 선택은 나의 유전자를 후대에 전달하는 것이다. 즉 아기를 낳는 것 말이다. 개별 생명체가 자식을 낳는 방법은 두 가지다. 첫째 자신의 사본을 여러 개 만들면 된다. 이 사본들은 유전체가 자신과 거의 같으며, 이 과정을 생물학 용어로 클로닝 또는 무성생식이라고 한다. 둘째 개별 생명체가 정자나 난자(생식세포)를 만들어 같은 종의 다른 생식세포 가까운 곳에 둘 수도 있는데, 이를 유성생식이라고 한다. 대부분의 동식물은 유성생식을 한다. 부모님께 배웠겠지만, 식물은 꽃과 꽃가루로 유성생식을 하는데 이따금 벌 같은 동물이 중매쟁이 노릇을 하기도 한다. 동물은 알을 뿌리거나 배우자의 몸속에 생식세포를 넣어 유성생식을 한다.

일반적으로 말해 유성생식은 서로 다른 두 개체의 유전체를 합쳐 하나의 개체를 만드는 것이다. 유성생식은 자신과 다른 자식을 낳을 수 있다는 점에서 무성생식보다 낫다고 간주된다(몇몇 식물은 스스로 수정할 수 있긴 하지만 말이다). 무성생식과 유성생식 둘 다 돌연변이(유전부호의 변화)가 생겨 후대로 전달될 수 있다. 돌연변이가 전달되려면 후손을 만드는 세포에서 돌연변이가 일어나야 한다. 유성생식이라면 생식세포를 만드는 세포에서 돌연변이가 일어나야 한다는 뜻이다.

생식세포 만드는 일을 생식세포 발생^{gametogenesis}이라고 하는데, 여기에는 몇 가지 중요한 특징이 있다. 우선 각 생식세포는 부모의 유전물질을 각 쌍의 염색체에서 하나씩, 즉 절반씩만 받는다(인간의 경우 대부분의 세포에는 상동염색체 23쌍, 총 46개가 있으며 생식세포에는 짝이 없는 23개의 염색체만 있다). 또 생식세포 발생이 진행되는 동안 재조합이라는 과정이 일어난다. 이것은 기본적으로 한 쌍의 염색체가 갈라져 각각의 생식세포로 전달되기 전에 한 염색체의 유전물질이 다른 염색체와 섞인다는 뜻이다. 그러면 모든 생식세포에서 새로운 (돌연변이 및/또는 재조합이 일어난) 유전자와 새로운 유전자 조합이 만들어진다.

유성생식의 비법은 정자와 난자를 합치면서 마지막에 한 번 더

꼬아준다는 것이다. 정자와 난자가 만나면 접합자라는 단세포 개체가 생기는데, 여기에는 부모 양쪽의 유전자가 절반씩 들어 있다. 이로써 유성생식 하는 부모의 자식이 왜 다르며, 자연선택에 의한 진화를 위해 개체군을 변화시키는 데 유성생식이 왜 뛰어난 수단인지쉽게 알 수 있다.

진화적 변화를 어떻게 측정할까?

이제 진화가 이루어지고 있음을 알아차리기에 충분한 정보를 얻었으니 측정에 대해 생각해보자. 무엇을 측정할 수 있을까? 명심할 것은 우리가 개체군의 성질을 측정해야 한다는 점이다. 개체의 표본을 추려 자신이 추린 표본이 전체 개체군을 대표함을 (대개 통계 추론으로) 밝혀야 한다. 더 나은 방법은 개체군의 모든 개체를 측정하는 것이다. 로즈메리 그랜트와 피터 그랜트는 갈라파고스 제도의 대★다프네 섬에서 땅방울새를 연구할 때 이 방법을 쓴다.

둘은 그물로 새를 잡아 무게를 달고 캘리퍼스(일종의 정밀 자)로 몸의 크기와 형태를 재빨리 측정한다.[5] 각 개체를 구분할 수 있도록 발에는 색깔 있는 가락지를 끼운다. 그랜트 부부는 암수가 둥지를 만들고 먹이를 골라 손질하고 알을 낳고 새끼를 기르는 광경을 몇 날 며칠 동안 지켜본다. 새끼도 측정하고 가락지를 끼운다. 몇 년간 수집한 데이터가 산을 이루면 특정 세대의 평균 부리길이 같은 수치를 분석한다. 그런 다음 그랜트 부부는 평균 부리길이를 비롯한 여러 성질이 세대마다 어떻게 달라지는지 살펴본다. 부리길이의 편차(통계학 용어로는 분산)가 세대시간에 걸쳐 어떻게 달라지는지도 측정한다.

　부리길이와 굵기의 평균 및/또는 분산이 세대마다 달라진다는 것은 자연선택을 비롯한 진화적 요인이 이 특정한 시간과 장소에서 이 특정한 개체군에 작용한다는 첫 단서다. 이렇게 눈에 보이는 신체적·행동적 특징을 생물학자들은 '표현형'이라고 부른다. 표현형은 유전적 바탕이 있을 수도 있고 없을 수도 있다. 부리길이에 (적어도 부분적으로) 유전적 바탕이 있다면 세대시간에 걸쳐 일어난 평균 부리길이의 변화는 진화다. 개체군 내 표현형의 평균과 분산의 변화는 진화적 변화를 측정하는 한 가지 방법이다.

　하지만 자연선택에 의한 진화의 조건을 깜박하면 문제가 생길 수 있다. 표현형에 유전적 바탕이 없다면 어떻게 될까? 개체가 유전자와 무관하게 새로운 재주를 터득하면 어떻게 될까? 세대에 걸친 재주의 변화가 측정되면 우리는 진화적 변화라고 생각하지만, 자세히 들여다보면 이 행동은 부모가 새끼에게 가르쳐서 전달되는 것임을 알 수 있다. 이를테면 범고래는 무리 구성원에게 어떤 먹잇감을 사냥해야 할지 가르친다. 어떤 무리는 수달을 잡아먹고 어떤 무리는 바다표범을 잡아먹는다. 늙은 범고래가 어린 범고래를 가르치는 장면을 관찰할 수 있기에 우리는 이 재주가 유전적으로 전달되는 게 아니라 학습되는 것임을 안다.

　이 문제에 빠지지 않을 한 가지 방법은 많은 진화생물학자와 마찬가지로 유전자형에 집중하는 것이다. 개체군에 들어 있는 유전자가 달라지면 우리는 진화가 일어났음을 안다. 이것은 대립유전자allele를 통해 알 수 있다. 어떤 유전자든 대립유전자가 될 수 있다. 단백질을 만드는 유전자가 있다면 이 유전자의 두 대립유전자는 형태나 성질이 각각 다른 단백질을 만든다. 개체군 내에서 각 대립유전자가 나타나는 빈도는 특정 유전자의 모든 변이형에 대한 비율 p로 나타낼 수 있다. p의 변화는 그리스어 대문자 델타(Δ)를 써서 Δp로 표기한다('델타 피' 또는 '대립유전자 빈도 변화'라고 읽는다). 이제 '$\Delta p \neq 0$'이라는 공식으로 진화를 간편하게 측정할 수 있다. 개체군 내 대립유전자의 비율이 세대시간에 걸쳐 달라지면 진화가 일어난 것이다. 경기 시작!

공정을 기하려면 표현형 변화에 대해서도 이와 똑같이 근사한 수학공식을 써야 한다. 개체군 내 형질의 평균값은 수학적으로 $\bar{X}$로 나타낸다('엑스 바'나 '형질 평균'이라고 읽는다). 방울새의 부리길이처럼 이 형질을 결정하는 유전자가 있다면 '$\Delta \bar{X} \neq 0$'이라는 공식으로도 진화를 측정할 수 있다. 개체군 내에서 표현형 평균이 세대시간에 걸쳐 달라지면 이 또한 진화가 일어난 것이다.

다음 장에서 로봇 세계를 접하기 위한 준비작업으로 이 시점에서 언급해야 할 것이 있는데, 나만의 진화세상을 창조하는 일이 근사한 한 가지 이유는 유전자와 표현형의 관계를 미리 정할 수 있다는 점이다. 우리는 표현형이 얼마나 유전 가능한지 골머리를 썩이지 않고, 유전자가 모든 형질 X와 X의 모든 변이형을 통제하도록 했다. 따라서 개체군에서 관찰되는 모든 표현형 변화는 직접적이고 비례적인 유전적 토대인 '$\Delta \bar{X} = \Delta p$'로 나타낼 수 있다.

깔끔하지 않은가? 물론 논증에 신중을 기해야겠지만 우리는 로봇 개체군에서 표현형 변화는 비례적인 유전적 변화와 같다고 말할 것이다. 정말 깔끔하다.

하지만 이 모든 과정에는 한 가지 문제가 있다. 세대 간의 Δ가 너무 작아서 우리 관찰자가 그 변화를 알아차릴 수 없다는 점이다. 올해 우리집 정원에 있는 검은방울새는 작년에 우리집 정원에 있던 검은방울새와 똑같이 생겼다. 우리는 느리고 점진적인 변화를 알아차리지 못한다. 코앞에서 몇 분 사이에 일어나더라도 전혀 모른다. 이 현상을 변화맹change blindness이라고 한다. 이 현상은 예외 없이 일어나기 때문에 우리가 변화를 알아차리기 위해서는 주의를 기울이라고 누군가 일깨워줘야 한다. 엉뚱한 데 주의를 기울이게 하는 것은 마술사가 우리를 속이는 수법이다. 그러니 우리 주위에서 늘 일어나는 진화적 변화를 우리가 저절로 알아차리지 못하는 것은 놀라운 일이 아니다. 이를테면 여러분이 정원사가 아니라면 노박덩굴이 1860년대에 유입된 뒤로 미국 중서부와 북동부의 덤불과 딸기나무에 스멀스멀 기어든 것을 눈치채지 못할 것이다.

다행히도 다윈은 당대 최고의 자연사학자 훈련을 받고 전세계를 여행하며 표본을 수집하고 비둘기를 사육했기에 소규모의 변이와 변화를 간파할 능력이 있었다. 여기에 찰스 라이엘의 지질학에 대한 지식을 접목한 다윈은 이런 변이가 오랜 세월 동안 쌓이고 쌓여 고래와 하마를 나누고 다랑어와 송어를 나누는 어마어마한 변화로 이어졌음을 알아차렸다. 요즘 말로 하면 소진화적 변화는 대진화적 변화를 낳는다.[6]

대부분의 생물학자는 진화를 측정하려 할 때 특정 형질에 초점을 맞춘다. 메기와 남아메리카 민물고기의 진화적 관계를 연구하여 명성을 얻은 생물학자 존 런드버그는 형질이란 '생물의 성질 중에서 관찰하거나 측정할 수 있는 모든 것'이라고 말했다. 그러니 현실에서는 파랑볼우럭과 호박씨우럭 개체군에서 등지느러미의 가시 개수를 헤아리고 있어야 할지도 모른다. 아니면 각 종의 수컷들이 호수 가장자리에 보금자리를 만들고 지키는지 안 그러는지 알아봐야 할지도 모른다. 그것도 아니면 DNA 염기서열을 분석하여 아가미뚜껑 뒤쪽의 작은 유색 덮개를 만드는 대립유전자를 비교해야 할 수도 있다. 그런 탓에 우리는 개체군이나 종의 진화가 아니라 한두 가지 형질의 진화를 분석하는 데 치중하는 경향이 있다.

우리는 선택이 형질을 구분하지 않는다는 것을 알면서도 이렇게 한다. 주어진 시간과 장소에서 선택되는 것은 '세상과 상호작용하여 행동을 만들어내는 동물 전체'이므로 어떤 형질이 진화하는 것은 특정한 선택의 대상이어서가 아니라 우연히 동물 전체의 일부가 되었기 때문이다. 어떤 형질의 변화는 생명경기에 유리할 수 있는 반면 또 어떤 형질의 변화는 불리할 수도 있다. 어떤 변화는 중립적일 수 있지만, 하나의 형질이 유난히 많이 선택되면 나머지 형질이 딸려 간다. 하지만 지금은 형질을 고립된 진화 단위로 간주하기로 하자.

이렇게 단순화하려면 '케테리스 파리부스$^{ceteris\ paribus}$'라는 편리한 가정을 해야 한다. 이 말은 라틴어로 '나머지가 전부 동일하다면'이라는 뜻이다. 케테리스 파리부스적 사고방식에서는 우리의 관심사인 어느 하나(이를테면 형질)를 변화시켰을 때 나머지 어떤 것도 그 변화에 의해 변화하거나 영향받지 않는다고 가정한다. 케테리스 파리부스의 논리는 변수 하나를 고립시킴으로써 이것이 전체 체계의 행동에 어떤 영향을 미치는지 이해할 수 있다는 것이다.[7]

우리는 케테리스 파리부스적 사고방식을 늘 써먹는다. 음식을 한 번에 한 가지씩 제한하면서 무엇에 알레르기가 있는지 알아보고, 고옥탄가 휘발유를 주유하면서 연비가 좋아지는지 알아보고, 자세를 바꿔가면서 허리 통증이 줄어드는지 알아보고, 임상시험에서 다발경화증 신약을 시험한다. 나머지 변수가 모두 고정되어 있고 여러 변수를 동시에 바꾸지 않을 수만 있다면 케테리스 파리부스는 훌륭한 접근법이다. (하지만 식단에서 밀과 유제품을 모두 제한했을 때 근육통이 없어졌더라도 어느 것이 문제를 일으키는지 알아내려면 처음으로 돌아가 밀과 유제품을 따로따로 검사해야 한다. 둘의 상호작용이 원인일 수도 있으니까 말이다.)

그러니 케테리스 파리부스를 이용하면 어떤 형질이 적응인지 물을 수 있다. 이것은 형질이 자연선택의 대상이었기에 진화한 것인지 묻는 것과 같다. 체언 '적응'이 용언 '적응하다'와 다르다는 사실을 명심하라. 용언 '적응하다'는 진행 중인 자연선택 과정을 일컫는다. 게다가 신중을 기하려면 형질이 특정 상황에 대해 적응적인지 늘 물어야 한다.

이런 물음에 답하려면 정보가 필요하다. 그것도 많이. 다행히도 로버트 브랜든은 적응을 '개연성'으로 설명하기에 필요충분한 정보를 꼼꼼히 분석했다(그림 2.2).[8] 그나저나 적응을 개연성으로 설명하는 일이 드문 이유는 증거의 조각이 대체로 하나 이상 빠져 있기 때문이다. 게다가 멸종 생물의 적응을 연구할 때는 증거가 무더기

진화를 온전히 설명하기 위해 필요한 조건

형질 단위의 정보

1 유전정보(유형, 유전력, 상호작용)
2 극성(조상상태와 파생상태)
3 생태적 상황에서의 기능

개체군 단위의 정보

1 개체군 구조(개체군 통계, 유전자 흐름)
2 선택환경(공간적 패턴과 시간적 패턴)
3 그 환경에서의 선택에 대한 반응(결과)

그림 2.2 **적응했는가?** 자연선택이 형질을 만들어냈음을, 즉 해당 형질이 적응임을 밝히려면 확고한 물리적 증거가 있어야 한다. 그 형질에 대해, 그리고 그 형질이 존재하는 개체군에 대해 알아야 한다. 이 정보를 모두 수집하는 것은 개체군이 우리 눈앞에 있어도 여간 힘든 일이 아니며 개체군이 멸종했을 때는 아예 불가능하다. 유전정보, 개체군 구조, 선택환경을 파고들 수 없기 때문이다. 자율로봇으로 진화를 흉내낼 때의 장점은 유전정보, 개체군 구조, 선택환경을 고를 수 있다는 점이다. 형질과 개체군의 성질을 고른 뒤에는 로봇 개체군을 작동시켜 세대시간에 따른 개체군의 진화를 지켜보면 된다. 이 관점은 로버트 브랜든의 1990년 저서 《적응과 환경Adaptation and Environment》에서 영감을 얻었다.

로 누락되어 있으므로 불완전한 정보로 할 수 있는 최선의 대응은 '가능성'을 설명한다고 주장하는 것이다.

적응의 개연성 가설을 검증하기 위한 증거수집에서 우선 필요한 것은 대상이 되는 형질을 이해하는 것이다. 첫째 형질이 얼마나 유전 가능한지, 어떻게 유전적으로 부호화되는지, 다른 유전 가능한 형질과 (DNA 수준에서) 어떻게 상호작용하는지 알아야 한다. 이 증거가 자연선택의 정의에 어떻게 맞아떨어지는가는 이 장 첫머리를 보면 알 수 있다. 둘째 형질의 극성polarity을 이해해야 한다. 즉 형질이 어디서 진화했는지 알아야 한다. 형질은 조상형태에서는 어떤 모습이었으며 파생형태에서는 어떤 모습인가? 우리는 (관절 있는) 척주가 (관절 없는) 척삭에서 진화했음을 알고 있다. 셋째 형질의 조상형태와 파생형태(또는 그 사이에 있는 모든 중간 형태)가 살아 있는 개체에서 어떤 기능을 했는지 이해해야 한다.

또한 형질이 진화하고 있는 개체군에 대해서도 정보가 필요하다. 첫째 개체군의 구조, 마릿수, 성성숙 연령, 이주속도를 비롯해 수많은 정보를 알아야 한다. 둘째 브랜든이 이름 붙인 '선택환경 selection environment'(내가 생각하기에는 개체군이 존재하는 세상을 일컫는 듯하다)에 대해 알아야 한다. 이 '세상'은 물리적 요인과 생물학적 요인 둘 다 포함한다. 더 중요한 사실은 이 '세상'에 나와 꼭 닮은 다른 개체들도 있다는 것이다. 이 유사성 때문에 나는 개체군의 다른 구성원과 상호작용하고 경쟁할 가능성이 크다. 세상의 이 모든 성질이 모여 선택압을 이룬다. 셋째 개체군이 선택에 어떻게 반응하는지 알아야 한다. 이 문제는 $\Delta \overline{X}$와 Δp로 어떻게 진화적 변화를 측정할 것인가로 돌아간다.

이 정보를 모두 얻을 수 있으면 적응을 (브랜든이 보기에) '이상적으로 완벽하게' 설명할 수 있다. 하지만 이 개연성 설명에는 문제가 있으니, 기본적으로 형질과 개체군에 대해 알아야 할 것을 모조리 알아야 한다는 것이다! 그랜트 부부의 갈라파고스 땅방울새 연구가 그토록 인상적인 것은 이 때문이다. 이들은 대다프네 섬 중간 땅방울새의 표현형 유전정보와 기능 데이터, 개체군 통계, 선택환경, 선택에 대한 개체군의 반응 데이터를 20년 넘게 수집했다.

브랜든의 필요충분한 정보(그림 2.2)를 염두에 두면 그랜트 부부의 탁월한 결정 중 하나가 고립되고(이주가 거의 일어나지 않는다), 작고, 선택환경이 단순한(동물과 식물 종이 별로 없는 개방된 서식처) 개체군을 골랐다는 것임을 알 수 있다. 갈라파고스에서 일하는 또 다른 조류 전문가 웨이크포리스트대학의 데이비드 앤더슨이 말하듯 지질학적으로 새롭고 생태학적으로 단순한 섬에 서식하는 새들은 고생하는 티가 난다.

'고생하는 티가 난다'라는 말은 갈라파고스에서 시간을 들여 꼼꼼하게 관찰하는 사람들이 엄청난 진화적 영향을 미치는 많은 사건을 실제로 목격할 수 있다는 뜻이다. 이를테면 앤더슨은 흉년이 들었을 때 나스카부비새가 새끼를 몇 마리만 낳거나 일부 새끼에게만 먹이를 줄 수 있음을 본다. 그곳에서는 앤더슨이 관찰할 수 있도록 번식의 성공과 실패가 티가 난다.

새끼를 낳고 새끼가 새끼를 낳도록 돕는 것. 여러분이 갈라파고스 방울새인데 다른 갈라파고스 방울새보다 이 일을 잘하면 여러분은 생명경기에서 승리한다. 여러분의 점수는 개체군 내의 다른 개체들에 비해 얼마나 잘하느냐에 따라 정해진다. 1등의 점수는 1.0이다. 새끼를 하나도 못 낳은 꼴찌의 점수는 0.0이다. 이 점수를 '진화적 적합도'라 한다.

생명경기에서 점수를 얻는 것은 시작에 불과하다. 점수를 얻으면 '왜 어떤 개체는 다른 개체보다 경기를 잘할까?'라는 물음이 당연히 따라온다. 개체에서, 또한 개체와 세상의 상호작용에서 중요한 것은 무엇일까? 이 물음에 답할 수 있으면 어떤 형질이 중요한

지, 이 형질들이 어떤 기능을 하는지, 세상의 무엇이 개체를 선택하는지, 개체군이 이 선택압에 어떻게 반응하는지 이해한 것이다.

앤더슨과 그랜트 부부는 둘 다 운이 좋고 똑똑했다. 점수를 매기는 것이 (쉽지는 않을지라도) 적어도 가능은 한 환경을 찾아냈으니 말이다. 대부분의 생물학자들은 이런 이점을 누리지 못한다. 진화하는 로봇을 연구하기로 한 덕에 나와 동료들은 갈라파고스 방울새를 연구하는 생물학자들과 비슷한 입장에 설 수 있었다. 고생하는 티가 나는 개체군을 관찰할 수 있게 된 것이다.

우리는 나름의 단순화된 세상을 창조할 수 있고, 우리가 창조하는 개체의 유전정보를 알고 있으며, 우리가 창조하는 개체군의 구조를 미리 정할 수 있고, 개별 로봇이 세상과 상호작용하면서 어떻게 행동하고 진화하는지 꼼꼼히 관찰할 수 있다. 우리는 이른바 적합도 함수fitness function를 만들기 때문에 개체의 행동을 판정하는 심판이기도 하다. 선택의 행위자가 되는 것이다.

로봇이 진화한다

진화하는 로봇 아이디어는 우리 실험실에서 고안한 것이 아니다. 스테파노 놀피와 다리오 플로레아노는 2000년 《진화로봇공학 Evolutionary Robotics》을 출간하여 이 개념을 학계 일반에 소개했다. 이들은 인공지능, 인지과학, 공학의 맥락에서 연구자들이 무작위성, 선택, 차등번식 등의 진화과정을 활용해 이동로봇이 새로운 종류의 행동과 지능을 스스로 만들어낼 수 있는 틀을 제시했다. 우리가 한 일은 놀피와 플로레아노의 진화로봇공학 틀을 가져다 생물학에 적

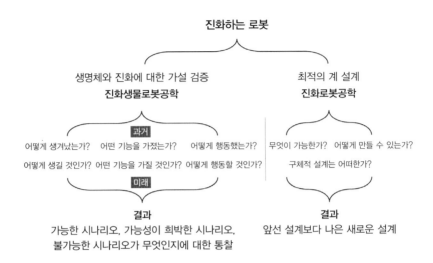

진화하는 로봇

생명체와 진화에 대한 가설 검증
진화생물로봇공학

최적의 계 설계
진화로봇공학

과거

어떻게 생겨났는가?　어떤 기능을 가졌는가?　어떻게 행동했는가?　무엇이 가능한가?　어떻게 만들 수 있는가?

어떻게 생길 것인가?　어떤 기능을 가질 것인가?　어떻게 행동할 것인가?　구체적 설계는 어떠한가?

미래

결과
가능한 시나리오, 가능성이 희박한 시나리오,
불가능한 시나리오가 무엇인지에 대한 통찰

결과
앞선 설계보다 나은 새로운 설계

그림 2.3　**진화하는 로봇의 목적**　사람들이 로봇을 진화시키는 데는 진화에 대한 아이디어를 검증하고 새로운 종류의 로봇을 설계한다는 두 가지 목적이 있다. 배서대학의 우리 실험실에서는 동물, 진화, 행동에 대한 아이디어를 검증하기 위해 물리적으로 체화된 형태나 디지털 형태의 진화하는 로봇을 만든다. 지능형 기계를 새롭게 설계하는 것도 우리의 목적 중 하나다.

용한 것이다(그림 2.3). 놀피와 플로레아노가 처음부터 생물학적으로 사실적인 로봇을 만들려고 하지는 않았지만, 우리에게는 그것이 출발점이었다.

우리의 접근법은 바버라 웨브에게서 영감을 얻었다. 웨브는 무척추동물 신경과학자이자 행동학자로, 동물행동의 신경적 토대에 대한 가설을 검증하는 데 로봇을 이용할 수 있겠다는 생각을 떠올렸다.[9] 그녀는 물리적 로봇을 이용해 생물학적 계에 대한 가설을 검증한다는 이 접근법을 통틀어 생물로봇공학biorobotics이라 부른다.

그리고 이 두 접근법을 접목한 것이 진화생물로봇공학evolutionary

biorobotics이다.

따라서 실제로 생명경기에 참가할 수 있는 로봇을 만들겠다면 ●번식할 수 있고 ●행동을 비롯한 형질이 유전 가능하고 ●번식할 수 있는 자식의 수에 한계가 있는 로봇을 만들어야 한다. 이 성질을 로봇 계에 심은 것을 우리는 '진화하는 로봇의 생활환lifecycle'이라고 부르고 싶다(그림 2.4).

솔직히 진화생물로봇공학에서 멸종 종의 진화를 다룰 때는 네 가지 중요한 제약이 있다. 첫째 적응을 설명하기 위해 필요한 증거를 언급하면서 논의했듯(그림 2.2) 과거의 선택에 대한 분석은 개체군의 유전적 구조에 대해, 해당 형질의 유전정보에 대해, 그리고 선택의 패턴, 세기, 대상 표현형에 대해 (잠재적으로) 부실하고 검증이 불가능한 가정으로 가득하다. 둘째 우리가 재구성하고 검증할 수 있는 것은 형질의 생태적 기능, 선택환경, 선택에 대한 개체군의 반응뿐이다.

셋째 우리는 우리의 로봇으로 모형 시뮬레이션을 만들어내므로 우리의 추론은 유추에 의한 것이다. 따라서 로봇 물고기 등뼈의 진화를 탐구하고자 할 때 기대할 수 있는 최선의 결과는 '유영능력에 대한 선택이 진짜 물고기에서 등뼈의 진화를 촉진했다'는 예측을 (디지털 개체군과 체화된 개체군에서) 탄탄하게 뒷받침하는 것이다. 최악의 경우는 분명하다. 저마다 다른 선택환경은 저마다 다른 로봇·세계 체계에서 저마다 다른 결과를 내놓을 것이다. 넷째 디지털 로봇과 체화된 로봇이 구성된 세계(인공적 환경)와 상호작용하게 하는 것은 동물, 환경, 동물·환경 상호작용을 극도로 단순화하

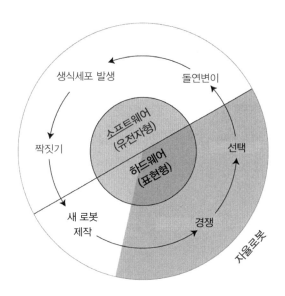

그림 2.4 **진화하는 로봇의 생활환** 개체군 내에서의 행동적 상호작용과 선택은 모두 자율로봇이나 체화된 로봇이 경쟁할 때 일어나지만(그림에서 진한 회색 부분) 이들의 생활환은 소프트웨어에서 일어나는 복잡한 유전적 상호작용과도 관계가 있다(그림에서 연한 회색 부분). 누가 짝짓기에 성공하는가의 토대는 진화적 적합도이며, 이는 미리 정해진 규칙(적합도 함수)에 따라 결정된다. 유전적 상호작용은 돌연변이와 짝짓기 같은 과정과 결부되어 있기 때문에 다음 세대 로봇의 유전적 명령은 무작위 과정(돌연변이, 짝짓기)과 비非무작위적 선택의 결과다. 생활환을 한 바퀴 도는 것은 한 세대에 해당한다.

는 것이다.

하지만 기대할 만한 것도 많다. 첫째 로봇 등뼈가 로봇의 행동을 변화시킨다면 최소한 우리가 연구하고 있는 것이 중요한 변수라는 개념을 증명해낸 것이다(이 변수는 어느 시점에 선택될 수도 있고 선택되지 않을 수도 있다). 둘째 로봇에서든 생물학적 유기체에서든, 로봇이 진화한다는 사실에서 적응과정이 어떻게 일어나는가에 대한 통찰을 얻을 수 있다. 적어도 우리만 이렇게 생각한 것은 아니었다. 진화에 대한 여러 생물학적 가설을 검증하기 위해 디지털 행위자를 이용해 모형 시뮬레이션한 사례는 이미 있으며, 미시간 주립대학 디지털진화실험실의 찰스 오프리아와 리처드 렌스키가 대표적이다.

남은 일은 우리의 첫 생물로봇을 설계하는 것뿐이다. 이제 생명 경기에 참가할 선수들을 만들어볼까?

진화봇을 만들자

"이해하면 만들 수 있다."[1]

이것은 엔지니어의 비밀코드다. 어찌나 비밀스러운지 이게 정말
인지도 확신하지 못하겠다. 어떤 엔지니어도 엔지니어 아닌 내게
이 말을 해주지 않았지만, 추측건대 이것은 모든 자격시험의 마지
막 문제이자 엔지니어들이 악수하면서 남몰래 귓속말로 주고받는
비밀일 것이다.

입 밖에 내지는 않더라도 이들이 하는 것을 보면 분명히 알 수 있
다. 나는 이 비밀을 스스로 알아냈고, 오랫동안 로봇을 만들면서 직
접 써먹은 적도 많다. 엔지니어들은 자신의 장치가 무슨 일을 해야
하는지 결정한 뒤에, 그러니까 이해한 뒤에 장치를 만든다. 내가 이
런 사고방식에 진저리를 친 것은 당연하다. 정반대로 생각하고 작
업하고 있었으니까. 초창기에 한 회사와 설계 관련 회의를 하던 중
하드웨어 엔지니어, 소프트웨어 엔지니어, 기계 엔지니어가 규격을
내놓으라고 나를 다그치자 나는 분통을 터뜨리며 이렇게 말했다.

"일단 로봇을 만든 뒤에 뭘 할 수 있는지 보자고요! 규격을 안다는 건 답을 안다는 거예요. 우리가 하는 일은 가설을 검증하는 것이라고요!"

침묵이 흘렀다. 세 엔지니어는 눈썹을 치켜올리고 의미심장한 표정을 교환하더니 한목소리로 이렇게 말하며 회의를 끝냈다.

"작업에 착수하겠습니다."

나는 '척'이라고도 하는 옛 친구 찰스 펠과 단둘이 남았다. 척은 이 회사의 수석 디자이너이고 조각가 훈련을 받았지만, (내가 뒤늦게 낌새채기 시작했듯) 엔지니어 훈련을 받지는 않았다. 척이 엔지니어들의 대답을 통역해주었다. 척의 설명에 따르면 엔지니어는 '가설'이라는 말을 결코 사용하지 않는다. 가설을 검증하는 법도 결코 배우지 않으며, 그들이 받는 훈련은 임무를 완수하는 장치를 만드는 것이다. 계속해서 척은 장치의 임무는 규격에 따라 정의된다고 말했다. 그러니 규격이 없으면 대다수 엔지니어는 갈팡질팡한다. 자신이 어디로 가는지 모르면 아무데도 갈 수 없는 것이다. 그러면 다 말이 된다며 나는 고개를 끄덕였다. 하지만 나의 관심사인 진화생물로봇공학에서 첫걸음을 어떻게 떼어야 할지는 알 도리가 없다. 빌어먹을 비밀 같으니![2]

아니, 내가 잘못 생각한 건지도 모르겠다. 그 뒤로 척 같은 디자이너들과 그의 명랑한 엔지니어들 덕분에 내가 배운 것은 이 비밀 코드가 모든 설계의 훌륭한 출발점이라는 것이다(심지어 진화하는 로봇이라는 터무니없는 물건을 설계하는 데에도). 사실 2장에서 우리가 첫발을 뗄 수 있었던 것은 이 코드 덕분이며, 지금 우리가 생명경기와 진화, 시뮬레이션에 대해 더 많은 것을 이해하는 것도 이 코드 덕분이다. 이 장에서는 이 코드에 매달려 더 이해하기 힘든 최초의 척추동물을 탐구하고자 한다. 물고기를 닮은 최초의 척추동물을 이해하면, 다시 말해 4억 년도 더 전에 녀석들이 어떻게 생겼으며 어떻게 행동했는지 알아내면 생명경기 시뮬레이션에서 선수가 될 로봇 행위자를 설계하고 제작하는 데 도움이 될 것이다.

반드시 이름부터 지어준다

종류를 막론하고, 진화하는 로봇을 설계하는 데에는 중요한 단계가 많이 있다. 가장 중요한 첫 번째 단계는 엔지니어의 코드에 들어 있지는 않지만 내 생각에는 반드시 들어가야 하는데, 바로 이름 짓기다.

의무감에서 말해두는데, 이 첫 번째 단계를 무시한다면, 즉 로봇에 이름을 붙이는 데 시간을 들이는 것이 바보짓이라고 생각한다면 여러분은 후회하게 될 것이다. 사람들은 내키는 대로, 또한 강박적으로 이름을 지어내고, 심지어 로봇의 아이디어 자체를 이름 대신 쓸 것이다. 그러다 그중 하나가, 틀림없이 여러분이 가장 혐오하는 것이 정착될 것이다.

로봇공학의 앞선 본보기들에 따르면 이름 짓기에는 세 가지 방법이 있다. 첫 번째 작명법은 유명한 사람의 이름을 붙이는 것이다. 특히 로봇공학이나 인공지능 분야에 몸담았거나 지금도 살아 있어서 언젠가 보답할 수 있는 사람이 좋다. 자동차 회사 혼다는 우주인처럼 생긴 이족 보행 로봇의 이름을 '아시모'로 정했는데, 이것은 위대한 SF 천재이며 무엇보다 로봇 3원칙을 창안한 고^故 아이작 아시모프의 이름에서 따온 것이다.

두 번째 작명법은 로봇에 영감을 주었거나 본보기가 된 동물의 이름을 붙이는 것이다. 매사추세츠공과대학의 마이클 트리안타필루는 1980년대에 물고기에서 영감을 얻어 로보튜나^{RoboTuna}라는 유명한 로봇을 만들었다. 동물의 이름을 로봇에 붙일 때는 두 단어를 합쳐서 하나로 만드는 경우가 흔하다. '로-'나 '사이-' 같은 흔한 접두사나 '-봇', '-트론', '-보그', '-드로이드' 같은 접미사를 생각해보기 바란다.

세 번째 작명법은 머리글자를 이용하는 것인데, 이렇게 만든 이름은 의미 없는 문자열이 될 수도 있고 로봇과 연관된 실제 단어가 될 수도 있다. 군에서는 의미 없는 문자열을 선호한다. 이를테면 'VCUUC'는 '소용돌이도 제어 무인 잠수기^{Vorticity Control Unmanned Undersea Vehicle}'의 약자다. '비처크'로 발음하는 VCUUC는 해군에서 로보튜나를 근엄하게 부르는 이름이다. VCUUC는 AUV의 일종인데, AUV는 '에이유비'로 발음하며 '자율 잠수기'라는 뜻이다.

이제 우리의 '진화하는 로봇'에 이름을 지어줄 차례다. 우리가 고른 이름은 '진화봇^{Evolvabot}'이다. 이것은 두 번째 작명법을 응용하여 '진화하는 로봇^{evolving robot}'을 잘라 붙인 것이다.

표상을 위한 설계

진화봇은 진화적 세계에서 활동하는 자율적 행위자여야 하지만 이게 전부가 아니다. 유영능력과 등뼈 진화의 관계 같은 구체적 가설도 검증할 수 있어야 한다. 이렇듯 진화봇과 세계를 구체적으로 만들어내려면 수많은 필수 질문을 제기하고 답해야 한다.

- 어느 동물을 왜 모형화할 것인가?
- 그 동물의 어떤 성질을 왜 진화봇에 심을 것인가?
- 그 동물의 세계에서 어떤 성질을 왜 모형화할 것인가?
- 어떤 선택압을 왜 적용할 것인가?
- 진화봇과 세계는 (하나로 어우러져) 그 동물과 세계를 어떻게 표상하는가?
- 진화봇이 대상 동물의 훌륭한 모형인지 여부는 어떻게 판단할 것인가?

이 질문들이 필수적인 이유는 그 대답에 따라 향후 몇 년간의 연구방향이 정해지기 때문이다. 이 질문에 신중하게 답하고 이를 설계지침으로 삼지 않는다면 나중에 실험을 끝내고 연구결과를 학술지에 발표하려는 시점에 논문이 '도착시 사망^{DOA}' 판정을 받을지도 모른다.

이 필수 질문들은 1장에서 했던 질문 '왜 하필 로봇이지?'를 떠올리게 한다. 나는 진화봇과 그 진화과정이 '어떤 면에서 생물학적 사실을 표상한다는 사실'을 입증할 수 있어야 한다. 여기서 중요한 단어는 '표상^{represent}'이다. 척추동물을 표상한다는 것은 실제 척추동물과 실제 환경을 그대로 복제한다는 뜻이 아니다(고양이를 모형화하기 위해 고양이를 만들어야 하는 것이 아니듯). 단, 진화봇을 설계하면서 내린 결정이 자의적이지 않음을 입증해야 한다. 이런 결정에는 시간, 장비, 자금, 전문지식이 늘 걸림돌이다. 하지만 대상 계에 대한 지식 또한 결정의 지침이 되어야 한다. 진화봇의 성질이 대상의 성질과 관계가 있다는 것, 즉 이를 표상한다는 것을 입증해야 한다.

표상은 일반적 과정이며 여러 다른 방식으로 일어난다. 이를테면 생물학에서 표상은 동물을 구성하는 정보와 그 동물 자체의 물리적 표현 사이에서 일어난다. 즉 동물의 유전체(시간을 두고 환경과 상호작용하여 동물의 물리적 표현인 표현형을 만드는 유전적 명령)는 표현형을 표상한다(그림 3.1). 진화봇으로 모형을 만들 때는 진화봇과 그 생물학적 대상 사이에서 표상이 일어난다. 즉 진화봇은 대상의 표상이다.

어떤 것은 다른 것을 어떻게 표상하는 걸까? 이것은 인지과학, 인공지능, 심리철학의 근본 주제다.[3] 내가 생각할 수 있는 가장 간단한 예는 어떤 사물이 범주의 사례일 때다. 태드로는 진화봇의 사례다. 사례로서의 구체적 태드로는 진화봇이라는 일반 범주를 표상한다. 이걸 뒤집을 수도 있다. 진화봇이라는 범주는 정의상 (태드로를 비롯한) 모든 종류의 진화봇 사례를 표상한다.

우리는 무언가를 배울 때 이런 범주 표상을 늘 접한다. 누군가 우리에게 새로운 물건을 보여준다고 가정해보자.

"이것 봐. 초콜릿 도넛이라는 거야! 살펴보고 냄새 맡고 만져보고 맛을 보라구."

도넛 전문가는 이 특정한 도넛이 '도넛이라 불리는 음식물'로 이

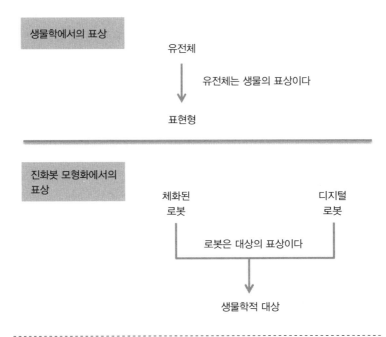

그림 3.1 **생물학에서의 표상과 진화봇 모형화에서의 표상** 생물학에서는 각 동물이 유전체로 표상된다. 진화봇 모형화에서는 체화된 로봇 또는 디지털 로봇이 척추동물 같은 대상을 표상할 수 있다. 생물학에서 표상은 동물의 발달과 복제에 필수적이다. 모형화에서의 로봇 표상 또한 무언가를(이 경우엔 생물학적 대상의 특정 측면을) 복제하려는 시도다.

루어진 전체 범주의 한 사례라고 말한다. '도넛'이라는 범주에는 맛과 모양이 이 도넛과 매우 비슷한 다른 초콜릿 도넛, (설탕을 뿌려서) 모양은 다르지만 맛은 비슷한 초콜릿 도넛, 맛도 모양도 다른 초콜릿 도넛이 포함된다. 도넛을 살펴보고 맛볼 수 있으면, 손에 든 (아니면 입에 든?) 사례를 나머지 상상 속 사례와 연결함으로써 초콜릿 도넛으로 모든 도넛에 대한 표상을 만들어낸다. 여기서 '연결'은 모양, 냄새, 촉감, 맛 등의 도넛의 성질을 일컫는다. 우리는 이

성질을 마음속에서 변화시켜 도넛의 새로운 상상 속 사례를 만들어
낸다.

그러니 마음이 한 사물을 다른 사물과 연결하고 이 연결이 우리
가 표상을 만들어내는 과정이라면, 마음은 표상을 행하고 있는 것
이다. 따라서 다른 마음, 즉 다른 표상 기관은 우리의 표상 시도를
판단하는 재판관이다. 우리가 척추동물을 표상하는 진화봇을 제대
로 만들었다고 생각하는 사람이 아무도 없으면 우리는 제대로 만들
지 못한 것이다. 판단에 대해서는 나중에 더 설명하겠다.

과학적으로 유용한 진화봇을 만들려면 자신의 마음과 다른 사람
들의 마음을 이용하여 진화봇이 어떻게 동물을 표상하는지, 명시적
으로 또한 객관적으로 이해해야 한다. 당연한 거 아니냐고? 그럴지
도 모르겠다. 하지만 명심하라. 우리(그러니까 나와 그 밖의 너드
들)는 로봇 만들기 같은 근사한 일을 시작할 때 얼른 무언가 작동
하는 것을 만들고 싶어서 손에 잡히는 부품을 닥치는 대로 조립하
기 십상이다. 로봇 설계를 시작할 때는 이 방법이 흥미진진할 수도
있겠지만, 이런 임시방편에 동원되는 암묵적 직관은 우리가 표상하
고자 하는 사물을 명확하게 표상한다는 목표에는 못 미칠 때가 많
다. 그러니 작업을 시작하기 전에 잠깐! 설계질문 여섯 가지에 대
답하시길![4]

설계질문 1: 어느 동물을 왜 모형화할 것인가?

우리는 말 그대로 모든 척추동물의 어머니를 모형화하고자 한다.
나머지 모든 척추동물로 진화한 첫 조상을 찾고 싶다. 이 욕망의 유

일한 문제는 이 조상이 정확히 무엇이었는지, 정확히 어떻게 생겼는지 알지 못한다는 점이다. 척추동물의 기원은 신비에 싸여 있다(사운드트랙: 켈트 음악의 낮은 피리 소리). 어떻게 해야 하나?

이 신비는 오랜 진화사를 고민하는 사람들에게 골칫거리다. 최초의 척추동물은 대체 무엇이었을까? 이 간단한 물음이 논란거리가 되는 이유는 우리가 이용하는 정보가 끊임없이 갱신되고 수정되기 때문이다. 설레발치는 과학자들 같으니! 우리는 새 화석을 발견하고 새 유전자를 분석하고 새로운 전산기법을 동원하여 종의 진화적 관계를 재구성한다.[5]

우리가 이 물음에 대답하려고 애쓰고 있을 때 척추동물의 진화에 대한 최신정보가 몬트리올대학 프레데릭 델쉭의 실험실에서 나왔다.[6] 델쉭 연구진은 현생 동물 40종의 유전자 146개를 조사하여 유전자의 유사성에 따라 종을 연관된 집단으로 분류했다. 이들의 연구결과 척추동물과 가장 가깝게 묶인 집단은 창고기가 아니라 피낭동물이었다. 놀라웠다. 창고기 성체는 재빠른 작은 물고기처럼 생기고 행동하는 반면 일부 피낭동물 성체는 썰물 때 포도송이처럼 바위에 달라붙은 채 사람들이 손가락으로 찌르면 물을 내뿜어 '바다 물총'이라 불릴 정도이기 때문이다(그림 3.2).[7] 다른 어떤 종이나 종 집단보다 가까운 두 종이나 종 집단을 학술용어로 자매군sister taxon이라 한다. '군'은 서로 연관된 생물의 집단을 일컫는다.

어떻게 물주머니가 척추동물의 자매군일 수 있단 말인가? 피낭동물 성체는 물이 가득 찬 못생긴 주머니지만,[8] 성체가 되기 전의 유생은 작고 날쌘 물고기를 닮았으며 앞쪽 끝에는 감각기관이 모여 있고 기다란 꼬리를 꿈틀거려 물을 뒤로 밀어내면서 뉴턴 제3법칙에 따라 제 몸을 앞으로 보낸다.

피낭동물 유생의 형태가 물고기 성체의 모양과 비슷하다는 사실은 오래전부터 알려져 있었다. 20세기 전반기에 활약한 연구자 월터 가스탱은 일부 종의 유생이 다른 종의 성체와 더 비슷한 것으로 보건대 진화가 성체 단계를 잘라내고 새로운 성체 형태를 만들어냈을 가능성을 고려해야 한다는 급진적 아이디어를 발표했다. 가스탱은 이미 1928년에 고대 피낭동물 유생이 척추동물의 기본 체제*를 제공했을지도 모른다고 주장했다. 그로부터 78년 뒤 델쉭은 분자 데이터를 근거로 같은 주장을 펼쳤다.[9]

첫 번째 경고 '생각 똑바로 해' 경보 발동. 진화적 직관이 추론의 인지과정을 방해할 수 있다. 피낭동물과 척추동물이 자매군이라고 해서 멍게의 현생 올챙이가 척추동물의 조상인 것은 아님을 명심하라. 현생 피낭동물은 척추동물과 갈라져 나름의 계보를 형성한 뒤로 5억 3,000만 년 넘도록 진화했다. 모든 현생 종이 또 다른 현생 종의 조상이라는 생각은 흔한 오류로, 나는 이것을 '살아 계신 조상님 오류'라 부를 것이다.

두 번째 경고 살아 계신 조상님 오류에는 개념적 형제가 있으니, 이를 '화석 조상 오류'라 한다. 위대한 고생물학자이자 진화생물학이라는 현대적 종합학문을 창시한 조지 게이로드 심프슨은 "고생물학은 조상을 찾는 학문이다"라고 말했다(고 전해진다). 하지만

---

* 생물체 구조의 기본 형식. 몸체 각 부분의 분화상태 및 상호관계를 이른다.

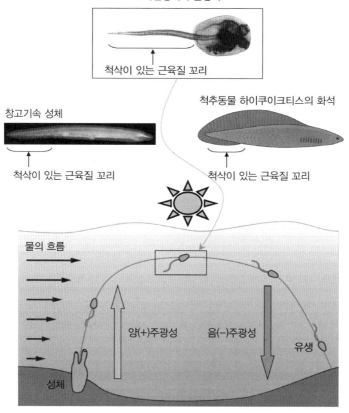

보라판멍게속 올챙이

척삭이 있는 근육질 꼬리

창고기속 성체

척삭이 있는 근육질 꼬리

척추동물 하이쿠이크티스의 화석

척삭이 있는 근육질 꼬리

물의 흐름

양(+)주광성   음(−)주광성

유생

성체

그림 3.2 **최초의 척추동물을 모형화하다** 생물학자들은 세 종류의 동물을 이용하여 최초의 척추동물이 어떻게 생겼을지 추측하고 있다. 멍게(길이가 3밀리미터인 보라판멍게속 자유유영 유생)과 창고기(길이가 약 4밀리미터인 창고기속 자유유영 유생. 위 사진은 길이 22밀리미터의 성체)는 척추동물을 포함하는 분류군인 척삭동물문에 속한 현생 무척추동물이다. 하이쿠이크티스는 5억 3,000만 년 전 바다에 서식한 화석 물고기(길이는 약 30밀리미터)로, 알려져 있는 최초의 완전한 척추동물이다. 셋 다 근육질 꼬리가 있는데, 여기에 뼈 대용으로 척삭이 들어 있다. 멍게의 머릿속에는 한 가지 계획만 있으니, 빛을 향해 헤엄쳐(양주광성) 부모에게서 멀어지고, 빛을 피해 헤엄쳐(음주광성) 새로운 보금자리를 찾아 성체가 되는 것이다.

※ 멍게 사진(맷 맥헨리, 2010), 화석 자료를 토대로 추측한 하이쿠이크티스(위키미디어 공용. 그림 작성자인 자이언트 블루 앤트이터는 법률에 의한 경우를 제외하고는 아무 조건 없이 어떤 목적에든 본 자료의 이용을 허가합니다), 창고기속 사진(크리에이티브 커먼스의 저작자 표시 및 동일 조건 변경 허락 2.5 포괄 라이선스에 따라 한스 힐레바르트에게서 허가받음).

그는 틀렸다. (내가 정말 이렇게 말했단 말인가? 심프슨이여, 용서하소서!) 실제로 조상을 찾을 확률은 매우 낮다. 이유는 두 가지다. 첫째 화석기록은 불완전하다. 진흙에 매몰되어 화석이 되는 동물의 비율은 매우 작다. 둘째 게다가 새로운 종이 대체로 주± 개체군의 작은 이탈 집단에서 생긴다는 확고한 증거가 있다. 이 창시자 개체들은 화석화되어 수백만 년 뒤에 발견되기에는 수가 너무 적다. 따라서 현생 종의 실제 조상을 찾을 확률은 0에 가깝다.

결국 모든 척추동물의 어머니를 찾는 이 모든 혼란의 와중에서 우리가 진화봇 설계의 대상으로 선택한 척추동물은 현생 피낭동물의 올챙이였다. 우리가 결정적으로 결심을 굳힌 계기는 캘리포니아 대학 버클리 캠퍼스의 미미 콜 교수 실험실에서 박사과정을 밟던 맷 맥헨리가 피낭동물 유생의 유영행동에 관여하는 신경회로를 밝혀낸 것이었다.

맥헨리는 수조에서 헤엄치는 유생에게 여러 방향에서 빛을 비추는 꼼꼼한 실험을 통해 올챙이가 처음에는 빛을 향해 나아가다가 나중에는 빛을 피해 나아가는 매우 단순한 메커니즘을 쓴다는 사실을 밝혀냈다. 이 행동을 각각 양주광성과 음주광성이라 한다(그림 3.2). 이 메커니즘을 나선형 굴곡주성helical klinotaxis, HK *이라고 부르는데, 이는 많은 소형 유영동물이 그들의 환경에서 빛이나 먹이의 화학적 흔적 같은 것을 향하거나 피할 때 마치 나사산을 따라가듯

---

* 굴곡주성이란 외부 자극이 있을 때 생물이 몸의 일부 또는 몸 전체를 구부리거나 진동시켜 좌우 자극의 강도가 같아지는 쪽을 향하여 움직이는 성질을 말한다.

나선형으로 움직이는 사실에 빗댄 것이다. 나선형으로 움직이는 것이 비효율적으로 보일 수 있다. (직선으로 헤엄치면 안 되나?) 하지만 듀크대학의 스티븐 보겔 실험실에서 맥헨리보다 먼저 일한 휴 크렌쇼는 이러한 움직임이 제어의 관점에서 효율적임을 밝혀냈다. 작은 유영동물은 3차원에서 방향을 제어할 때 병진(직진)속도와 회전속라는 두 변수만 변화시키면 된다.

학회에서 맥헨리가 피낭동물 올챙이에 대한 논문을 발표하는 것을 보고 "올챙이 로봇을 만듭시다!"라고 외치다시피 한 기억이 난다. 맥헨리가 짐 스트로더와 함께 만든 수학 모형은 척삭동물에서의 신경적 HK 제어를 이해하는 데 필요한 토대였다. 다행히 맥헨리와 스트로더는 HK와 올챙이에 대한 지식을 로봇에 구현하는 일을 돕겠다고 했다.

설계질문 2: 그 동물의 어떤 성질을 왜 진화봇에 심을 것인가?

"복잡하게 하지 마, 멍청아! Keep it simple, stupid!"

선구적 항공우주공학자 켈리 존슨이 말했다고 전해지는 이 인용문은 설계업계에서 키스^{KISS}원칙으로 알려져 있다. 설계 단계에서 키스원칙이 중요한 이유는 마음이 들떠서 일을 복잡하게 만들려는 와중에 발을 땅에 디디고 시선을 대상에 고정하게끔 해주기 때문이다. 키스원칙에 따르면 설계질문 2는 이렇게 바꿔야 한다.

'우리의 전반적 설계 목표를 달성하기 위해 할 수 있는 최소한의 것은 무엇인가?'

과학자들이 가장 단순한 일을 맨 먼저 하는 것에는 매우 중요한 철학적 근거가 있다. 모형에 복잡성을 더하다 보면 결정이 조합적 폭발combinatorial explosion*에 이르며 각 결정은 설계의 결과에 영향을 미치기 때문이다. 더 중요한 사실은 결과를 설계의 인과적 요소로 연결하려면 설계의 모든 요소를 이해하고 각 요소가 나머지 모든 요소와 어떻게 상호작용하는지 알아야 한다는 점이다. 설계가 단순할수록 자신이 만든 것이 무엇인지 이해할 가능성이 커진다. 키스 우선 접근법은 우리가 로봇공학 협동과정 연구소에서 학생들과 일할 때 따르는 지침 중 하나다. 배서대학에서 인지과학을 전공하는 학부생 애덤 래머트와 조지프 슈마허는 이 장에서 설명하는 로봇을 만들 때 키스원칙을 따랐다.

우리는 키스원칙을 받아들여 로봇의 성질에 대한 희망사항 목록을 짧게 작성하기로 했다.

- 행동: 나선형 굴곡주성
- 센서: 안점 센서 하나
- 뇌: 안점에서의 조도照度신호를 모터의 회전 명령으로 바꾸는 단순한 과정
- 모터: 추진과 꼬리 흔들기에 하나의 모터 사용
- 몸: 둥글고 단순한 그릇
- 꼬리: 나팔 모양 꼬리지느러미가 달린 척삭

* 경우의 수가 방대해져서 현실적으로는 실행할 수 없게 되는 것을 이른다.

이 목록이 길어 보이지만 어떤 성질은 최대한 단순화했고(이를 테면 안점을 하나만 장착하고 몸을 그릇으로 대체한 것) 어떤 성질 은 아예 빼버렸다(이를테면 근육, 그 밖의 센서, 입).

태드로 1호의 설계는 배서대학 학부생으로 인지과학을 전공하 는 애덤과 함께 2003년에 시작했다. 애덤은 로봇공학에 관심이 있 었다. 우리는 피낭동물 올챙이에 대한 맥헨리와 스트로더의 신경운 동 모형을 받아들여 척 펠의 통찰을 기반으로 단순한 로봇을 만들 기로 했다.

척은 듀크대학의 휴와 함께 3차원 나선형 굴곡주성을 연구하고 있었다. 휴는 스티븐 보겔 밑에서 박사 훈련을 받은 생화학자로, 거 의 HK만으로 헤엄치는 단세포생물의 3차원 운동을 측정하고 수학 적으로 나타내는 법을 알아내 진짜 돌파구를 찾았다. 휴는 훗날 듀 크대학에 임용되었는데, 휴와 척은 듀크대학 바이오디자인 연구소 출신의 스티브 웨인라이트 교수와 함께 HK 알고리즘을 이용한 최 초의 자율로봇(어뢰 모양의 작은 배)을 만들었다.

이 로봇은 제어와 방향 전환을 겸한 프로펠러 하나만으로 항행* 할 수 있기에 마이크로헌터Microhunter라는 별명을 얻었다. 우리의 관 점에서 척의 탁견은 피낭동물 올챙이가 쓰는 3차원 HK가 2차원에 서도 통하리라는 것이었다. 덕분에 우리는 로봇을 수면에서 작동시 킬 수 있었고, 3차원 이동이라는 공학적 난점을 피하고 전자장치가 물에 젖지 않도록 할 수 있었다. 키스가 효력을 발휘했다.

---

* 이 책에서 '항행navigation'은 행위자 외부의 대상에 대하여 움직이는 행동을 일컫는다.

그럼에도 태드로1은 아직 진화봇이 아니었다.[10] 생물로봇에서 진화봇으로의 발전은 배서대학의 또 다른 인지과학 전공생 조 슈마허의 관심이 원동력이 되었다. 조가 태드로1에 등뼈를 넣은 덕에 우리는 로봇을 이용한 등뼈 생체역학 연구를 시작할 수 있었다.

롭 루트, 춘와이 리우, 톰 쿠브, 그리고 나는 애초 로봇을 이용하지 않은 등뼈의 생체역학을 연구하기 위해 연구비를 신청했다. 국립과학재단에 낸 제안서 두 건은 퇴짜 맞았다. 세 번째는 성공했다. 로봇을 활용하자는 생각은 우연히 떠올랐다. 2003년 가을 나는 버지니아 주 알링턴에서 국립과학재단 검토위원회에 참여하고 있었다. 우리의 연구제안서 두 건을 퇴짜 놓은 바로 그 위원회다. 이곳의 실세는 프로그램 담당자로, 어느 연구에 기금을 지원할지에 대한 최종 결정권자였다. 검토위원들이 한목소리로 긍정적 의견을 내면 그녀는 펜을 내려놓고 깐깐한 질문을 던지기 시작했다. 그러다 휴식시간에 그녀에게 질문할 기회가 생겼다. 전에도 두 건의 퇴짜 맞은 제안서를 얘기한 적이 있기에 단도직입적으로 물었다.

"로봇은 어때요?"

그녀는 고개를 들더니 나와 눈을 마주치지 않고 잠시 머뭇거리다 나를 똑바로 쳐다보며 말했다.

"로봇은 괜찮을 것 같아요."

내가 알고 싶은 건 오로지 그뿐이었다.

배서대학에 돌아와 조와 함께 계획을 짜기 시작했다. 태드로1에는 생체모방 척삭이 없었지만, (태드로1을 제작한 뒤로 우리 곁을 떠나게 된) 애덤이 태드로1에 적용한 주요 업그레이드 두 가지가 태드로2 제작에 도움이 되었다. 그 두 가지란 ●컴퓨터 뇌(태드로1의 아날로그 회로를 대체했다) 그리고 ●파닥거리는 접착테이프 꼬리의 크기를 결정하는 유전 알고리즘이다. 2004년 여름 닉 리빙스턴이 합류하자 조는 재빨리 수중세계를 만들고 디지털 뇌를 프로그래밍하고 생체모방 척삭과 척주의 설계를 시작했다. 전자장치와 새로운 태드로 몸의 제작은 배서대학의 전자 기술자와 기계 기술자인 존 밴덜리와 칼 버트시에게 도움을 받았다.

국립과학재단의 연구비 지원이 시작되는 2005년 1월에 이미 조는 태드로2의 접착테이프 꼬리를 척삭 역할의 간단한 막대기가 달린 꼬리로 교체하고 있었다. 조는 10센티미터짜리 원통형 지우개를 척삭으로 삼고 플라스틱 죔쇠를 척추골로 삼은 뒤 나팔 모양 꼬리지느러미를 꽁무니에 달았다. 우리는 진화 가능한 형질(몸통뼈대의 길이와 척추골 개수)을 결정하는 유전 알고리즘을 설계했다.

닉은 획기적인 아이디어를 고안했다. 그가 작성한 프로그램 덕에 태드로2는 꼬리를 조정하여 꼬리를 파닥거리는 데 쓰는 모터로 기동*까지 할 수 있게 되었다. 이 구조를 도입함으로써 태드로2가 더 단순해졌으며 신뢰성이 훨씬 커졌다. (우리가 '물고기 친구들'이라 부른) 신입생들과 우리는 지우개의 경직도를 바꿀 수 없기에 지우개 척삭은 좋은 생각이 아님을 깨달았다. 경직도를 변화시킬 수 있는 생체 소재로 척삭을 만든다는 해결책은 (뒤에서 보겠지만) 톰 쿠브의 머릿속에서 나왔다. 태드로2의 뇌와 꼬리를 바꾸고 보니

---

* 이 책에서 '기동maneuvering'은 유영에서의 가속과 방향 전환을 일컫는다.

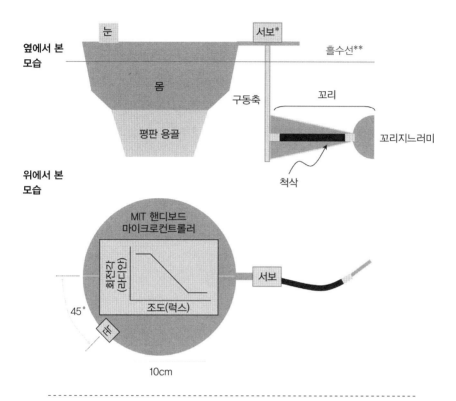

그림 3.3 **피낭동물 올챙이를 표상하도록 설계된 진화봇 태드로3** 태드로3에는 안점(광저항) 하나, 파닥거리는 꼬리, 안점에서의 조도를 꼬리의 회전각으로 변환하는 마이크로컨트롤러가 달렸으며, 이 감각운동계를 이용하여 자율적으로 주광성 항행을 한다(그림 3.2). 태드로3는 생체모방 젤라틴 하이드로젤을 척삭으로 쓴다. 척삭의 구조경직도는 젤라틴의 재료경직도(화학적 교차결합으로 제어)와 꼬리길이로 정해진다. 재료경직도와 꼬리길이는 둘 다 진화 가능한 형질로서 유전적으로 부호화되었다. 그림은 비율에 맞춰 축소해 그렸으며 설계 규격에 대한 상세정보를 확인할 수 있다.[11]

* 서보 모터란 제어하고 구동할 수 있는 시스템을 갖춘 모터다.
** 선박과 수면이 만나는 선을 이른다.

이것은 사실상 새로운 생물인 태드로3였다(그림 3.3).

태드로3는 우리가 찾던 진화봇이었다. 이유는 세 가지다. ●뇌가 있어서 자율적이며 사람이 눈과 뇌 역할을 하면서 원격 조종을 하지 않아도 독자적으로 행동할 수 있었다. ●빛을 찾는 행동은 피낭동물 올챙이의 주광성을 흉내냈다. ●몸도 피낭동물 유생을 흉내내어 생체모방 척삭이 있는 추진용 꼬리가 달렸다. 우리는 이 등뼈의 성질을 조금씩 변화시키고, 인공 유전체로 부호화하고, 알맞은 생태적 조건 아래에서 진화하도록 할 수 있었다.

우리가 대상으로 삼은 등뼈의 성질을 더 잘 이해하려면 척삭동물의 척삭과 척주의 진화에 대한 가정을 더 깊이 파고들어야 했다. 1장에서 말했듯 5억 3,000만 년 전에 살았던 작고 날쌘 물고기 하이쿠이크티스 에르카이쿠넨시스(그림 3.2)는 척삭을 척주로 바꾸는 나름의 진화 실험을 하고 있었던 것으로 보인다. 척삭을 따라 연골 또는 뼈의 조각들이 띄엄띄엄 배치된 것을 볼 수 있다.[12] 척추골이 있는 대다수의 화석 종이나 현생 종은 척추골이 다닥다닥 붙어 있는 데 반해 원原척추골(일부 연구자가 이렇게 부른다)은 사이가 너무 떨어져 있다. 이런 차이가 있긴 하지만 하이쿠이크티스의 원척추골에서 우리는 척추골 진화의 세 가지 중요한 사실을 유추할 수 있다.

- 최초의 척추동물 화석은 등뼈가 주로 척삭으로 이루어졌는데, 이는 척삭이 척추동물 몸통뼈대의 조상격 상태라는 주장을 뒷받침한다 (이 사실에 놀라는 사람은 아무도 없다. 잠시 뒤에 보겠지만 오래

전부터 진화의 나무에서 이 패턴을 추론할 수 있었기 때문이다).

- 척추골이 척추동물 진화의 초기에 나타나기는 하지만, 지금의 척주로 진화하는 데는 수백만 년이 걸린다. 초기 어류를 전문적으로 연구하는 고생물학자 필리프 장비에는 석회화된 연골이나 뼈의 내골격이 약 4억 4,300만 년 전에 출현했으리라 추정한다. 이것은 하이쿠이크티스의 실험으로부터 약 9,000만 년이 지난 뒤다.

- 하이쿠이크티스의 등뼈에는 현생 어류에서 보는 것과 같은 커다란 척추골과 얇은 추간관절이 없기 때문에 몸통뼈대의 두 상태인 척삭과 척주를 몸통뼈대 스펙트럼의 양 끝으로 판단하는 데는 신중해야 한다. 이를 염두에 두면 현생 척추동물과 멸종 척추동물을 통틀어 척추골과 추간관절의 크기, 형태, 개수가 제각각일 것이라 예상할 수 있다.

계통발생 분석에서는 몸통뼈대 상태의 극성(또는 스펙트럼)에 대해 또 다른 단서를 찾을 수 있다. 척추골의 흔적이 전혀 없는 척삭은 피낭동물과 창고기 둘 다 가지고 있다(그림 3.2). 델쉭의 계통수에서 보듯 피낭동물이 척추동물의 자매군이고 창고기가 피낭동물과 척추동물의 자매군이라면 가장 간결한 설명은 척삭이 세 분류군의 공통 조상에서 진화했으며 그로부터 한참 뒤에야 척추동물이 갈라져 나와 하이쿠이크티스에서 보는 것 같은 척추골로 진화하기 시작했다는 것이다.

척삭이 맨 처음 진화했음을 보여주는 또 다른 증거는 현생 어류의 발달과정에서 척추골이 형성되기 전에 척삭이 먼저 생긴다는 것이다. 척추골은 그 뒤에 척삭 안쪽과 둘레에 형성된다.[13] 발달과정에서 맨 먼저 생긴다는 것 자체가 진화적 극성의 증거는 아니지만 척삭은 배아 발달 초기의 중추적 구조로서 신경계가 형성되고 배아가 발달하는 데 필수적이다. 모든 척추동물 배아는 척삭이 먼저 생긴 뒤에 (척주가 있는 동물이라면) 척주가 자란다. 척삭이 척추동물의 배아 발달과 척추골을 이끄는 예외 없는 패턴은 척삭이 척주보다 먼저 진화했으리라는 가설과 맞아떨어진다.

발달과 진화 과정에서 몸통뼈대는 몸을 뻣뻣하게 하는 역할을 한다. 1장에서 말했듯 경직도는 힘이 가해질 때 구조의 형태가 이에 반응하여 얼마나 변하는가(늘어나거나 줄어들거나 뒤틀리거나 휘는 것)를 좌우하는 역학적 성질이다. 두 검지손가락에 고무줄을 걸고 검지손가락 사이를 벌려 장력을 가해보라. 고무줄은 (적어도 처음에는) 쉽게 늘어난다. 이번에는 구두끈을 검지손가락과 엄지손가락으로 쥐고 늘여보라. 있는 힘껏 잡아당겨도 구두끈은 별로 늘어나지 않는다. 공학 용어로 하자면 구두끈은 인장引張에 대해 고무줄보다 더 뻣뻣하다.

척추골을 추가하면 척삭의 휨경직도를 높일 수 있다.[14] 우리는 메인 주 솔즈베리코브에 있는 마운트 데저트 섬 생물학연구소의 톰 쿠브와 리나 쿠브에먼즈와 함께 먹장어를 분석했다. 먹장어는 뱀장어를 닮은 어류 집단으로 턱이 전혀 진화하지 않았으며 성체가 되어도 50센티미터 길이의 척삭이 남아 있다. 죽은 먹장어의 척삭을 꺼내 휘면서 휨경직도를 측정했다. 그 다음 진주를 실에 꿰듯 척삭에 꼭 맞는 딱딱한 플라스틱 고리를 척삭에 꿰었다. 어떤 때는 고리를 몇 개만 꿰어 하이쿠이크티스 척추골처럼 사이를 벌렸고 또 어떤 때는 많이 꿰어 척삭이 휠 부위를 줄였다. 어떻게 되었을까? 척추골이 많을수록 몸통뼈대의 휨경직도가 커졌다. 이것을 염두에 두고서 태드로3에서는 척추골 개수가 아니라 휨경직도 자체가 진화를 위해 유전적으로 부호화된 성질이 되도록 했다.

앞뒤가 바뀐 것처럼 보일지도 모르겠다. 인공 척삭을 만들어서, 생명경기의 요건대로 척추골 개수를 모형화하기 위해 플라스틱 고리를 꿰지 않은 이유는 무엇일까? 우리가 휨경직도 자체를 척추골의 대용물로 삼은 이유는 다음과 같다.

척추골 전체만을 진화시킨다면, 즉 척추골이 있거나 없거나 둘 중 하나라면 변화를 정밀하게 측정할 수 없다. '반쪽짜리' 척추골이 어떻게 생겼는지는 확인할 방법이 없다. 하지만 반쪽짜리 척추골이 진화할까? 그렇다. 가끔 진화한다. 첫 육생 사족류의 외집단outgroup이던 육기어류의 화석기록에서는 불완전한 고리 척추골을 볼 수 있는데, 작은 뼈가 척삭의 아랫부분을 초승달 모양으로 감싸고 있다.[15] 적어도 이 집단에서는 척추골이 기존의 또 다른 뼈 형성 중심(이 경우는 갈비뼈)에서 형성되는 듯하다. 노르웨이 베르겐대학의 신드레 그로트몰 연구진은 현생 어류가 발달할 때에도 비슷한 과정이 일어남을 밝혀냈다.

여러분이 우리처럼 진화생물로봇공학에 관심이 있다면 문제는 이것이다. 불완전한 척추골을 어떻게 만들 것인가? 우리는 노력했다. 진짜다. 우리 학생들은 불완전한 척추골이 들어 있는 꼬리, 그리고 크기와 모양이 다양한 척추골이 들어 있는 꼬리를 수없이 만들어야 했다. 하지만 척주는 각각의 척추골과 척삭을 연결하는 부위에서 거의 매번 뜯어졌다(엄밀히 말하자면 균열이 일어났다).

당시 우리의 해결책은 척추골을 포기하고 통짜구조를 만드는 것이었다. 척추골을 만드는 대신 재료경직도를 변화시킬 수 있는 생체모방 척삭을 만들어 척삭의 휨경직도를 변화시킨다는 아이디어였다.[16] 또한 구조의 길이를 변화시키면 구조경직도가 달라진다는 사실도 깨달았다. 휨경직도가 일정할 때 긴 구조는 짧은 구조보다 더 많이 휜다. 우리의 생체모방 척삭은 재료공학 용어로 하이드로젤이었으며, 앞에서 말했듯 톰 쿠브의 도움을 얻어 콜라겐으로 만들었다.

젤라틴 가루를 뜨거운 물에 넣고 저으면 잘 녹는다. 이 물을 식히면 고루 퍼진 젤라틴이 흩어진 분자들을 화학적으로 결합시켜 물을 굳힌다. 식어가는 액체를 틀에 부어 냉장고에 넣는다. 차가운 곳에서는 콜라겐 조각의 움직임이 느려져 더 많은 결합이 형성된다. 짠! 액체가 고체로 바뀌었다. 이것을 성형 하이드로젤이라 한다.

우리는 생체모방 하이드로젤을 만들기 위해 뜨거운 물에 젤라틴을 섞고 틀에 넣어 길이 약 10센티미터에 지름 약 0.5센티미터인 원통형 막대기를 만들었다. 젤라틴이 냉장고에서 굳으면 막대기를 꺼내는데, 디저트일 때와 달리 화학적 방부 처리를 한다. 방부 처리(생화학자들은 고정fixation 혹은, 이 경우에는 교차결합cross-linking이라고 부를 텐데)를 하면 조직이 변질되는 것을 막을 수 있다.

우리가 하이드로젤 미라를 만들 때 쓰는 재료는 글루타르알데히드라고 부르며 두 가지 역할을 한다. 첫째 글루타르알데히드는 생체모방 척삭이 실내온도까지 데워져도 녹지 않도록 한다. 즉 하이드로젤의 고체상태를 유지한다. 둘째 글루타르알데히드는 하이드로젤의 경직도를 조절할 수 있다. 하이드로젤을 글루타르알데히드 용액에 오래 넣어둘수록 콜라겐과 분자 사이에 더 많은 화학적 교차결합이 일어나므로 더 뻣뻣해진다. 이렇게 해서 불완전한 척추골이라는 유전적 조건에 필요한 중간적 휨경직도를 얼마든지 얻을 수 있었다.

설계질문 3: 그 동물의 세계에서 어떤 성질을 왜 모형화할 것인가?

우리가 로봇을 위해 설계하는 세계(또는 무대)는 로봇 자체만큼이나 중요하다. 그래서 우리는 롤프 파이퍼와 크리스티안 샤이어가 설명한 체화된 로봇 설계원칙 한 가지를 명심한다. 그것은 구체적 생태틈새에 맞게 로봇을 만들라는 것이다.[17] 말하자면 특정 세계를 염두에 두고서 행위자를 만들어야 한다. 물고기 로봇과 개 로봇의 차이를 생각해보면 분명히 알 수 있다. 물과 땅의 차이니까 말이다. 하지만 산호초 틈새에서 헤엄치는 물고기 로봇과 난바다에서 헤엄치는 물고기 로봇도 차이가 있지 않을까? 실제 물고기를 생각해보면 두 로봇은 매우 다른 종류의 행위자여야 한다. 산호초 틈새의 물고기 로봇은 정확한 기동과 정지상태 유지에 뛰어나고, 난바다의 물고기 로봇은 순항과 (아마도) 항행에 뛰어나야 한다.

세계에도 다른 선수들이 있다. 진화생물학에서는 다른 선수들을 생물요인biotic factor으로, 나머지 모든 것을 비생물요인abiotic factor

이라 부른다. 개별 로봇의 입장에서 생물요인은 자신과 상호작용할 가능성이 있는 나머지 모든 로봇과 동물이다. 비생물요인에는 로봇이 처한 물리적·화학적 상황이 포함된다. 생물요인과 비생물요인이 어우러져 생태틈새를 이루는데, 나는 이것을 무대나 모형화된 세계, 선택환경이라고 부른다.

우리는 세계가 고대의 현실에 대한 최선의 추측을 단순화한 것이길 바랐다(태드로 자체처럼 말이다). 우리가 아는 한, 최초의 척추동물이 살았던 고대세계는 바다였고 해안 근처였으며 대형 절지동물과 삼엽충과 말미잘과 다리 달린 벌레 같은 생물요인이 득시글거렸다.[18] 틀림없이 이들은 모두 먹어야 했으며 일부는 최초의 척추동물과 (비유하자면 도넛가게에서 서로 밀치듯) 경쟁했다. 키스원칙에 따라 그 등장인물의 대부분을 배제해야 했다.

우리가 만든 단순한 세계는 수중세계였다. 지름이 2.5미터인 벽이 쳐진 수조에, 태양은 하나고 시간이 제한되었으며 태드로3가 세 마리 살았다(그림 3.4). 태양은 물 위에 매단 100와트짜리 플러드라이트였다. 각 시기試技는 3분으로 제한했다. 각 태드로3는 매 시기마다 나머지 두 마리와 함께 총 여섯 시기의 경기를 벌였다. 각 태드로3가 꼬리 말고는 모든 점에서 똑같이 만들어졌지만, 실력이 다를지도 모른다는 노파심에서 우리는 태드로3 세 마리의 생체모방 꼬리를 서로 교체하여 꼬리와 로봇의 가능한 모든 조합을 실험했다. 이렇게 함으로써 특정 꼬리가 경기에서 진 이유가 느림보 로봇 때문일 가능성을 배제할 수 있었다.

수중세계에서 태양은 먹이를 표상한다. 거의 모든 생물에게 최

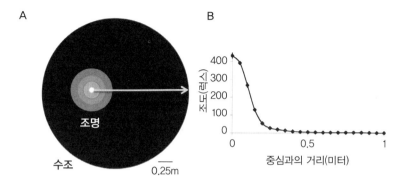

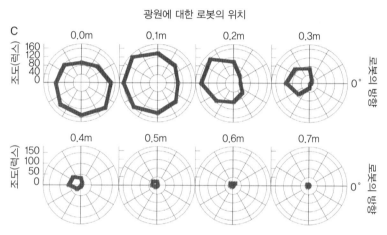

광원에 대한 로봇의 위치

그림 3.4 **태드로3의 수중세계** A 지름 2.5미터의 둥근 수조 위에서 수면을 바라본 그림. 동심원은 조명과 밝기의 위치와 분포를 나타낸다. B A의 커다란 흰색 화살표로 자른 단면의 조도 변화. C 태드로3의 조도 변화 지각. 극좌표 도표는 광원에서 흰색 화살표를 따라 0.1미터 멀어질 때마다 로봇이 받는 조명 밝기와 로봇의 방향을 나타낸다. 방향이 0도면 로봇이 A의 화살표 방향을 향하고 있다는 뜻이다. 안점이 로봇의 중심선에서 45도 왼쪽에 달려 있음에 유의하라(그림 3.3).

초의 먹이는 식물이 빛에너지를 잡아들여 만든 포도당이다. 바다에서는 대부분의 생물이 먹이를 찾으려고 빛을 따라 움직인다. 바다 생물 대부분이 위쪽의 얕은 수역에 서식하는 것은 이 때문이다. 이곳에 빛이 있으니 말이다. 빛이 있는 곳에는 조류와 규조류가 있다. 이 '1차 생산자'의 엽상체와 몸은 어류 같은 자가추진 이동생물의 먹이가 된다.

수중세계는 생명경기에서 중요한 것들(자신의 개체군에서 다른 행위자보다 오래 살고 많이 번식하는 것)이 펼쳐지는 무대가 된다. 선수들은 한 수 앞서고 한 발 앞서고 새끼를 많이 낳아야^{outwit, outplay, out-reproduce} 한다.[19]

설계질문 4: 어떤 선택압을 왜 적용할 것인가?

솔직히 말하면 초기 척추동물의 진화를 추동한 선택압이 무엇이었는지 아는 사람은 아무도 없다. 2장에서도 얘기했지만 살아 있는 동물이 눈앞에 있을 때 무슨 일이 일어나고 있는지 이해하는 것만도 힘들다. 이때도 각 개체의 진화적 적합도를 알고, 여러 표현형의 차이를 '개체가 일생 동안 어떻게 행동하고 세상과 어떻게 상호작용하는지'의 차이와 연관 지어야 한다. 살아 있는 동물을 연구하는 최상의 조건에서도 만만한 일이 아니다. 멸종 동물에 대해 우리가 할 수 있는 일은 합리적 짐작(브랜든의 '가능성' 설명)을 하는 것뿐이다.

그렇다면 초기 척추동물의 진화를 추동한 선택압에 대해 어떻게 합리적 짐작(가설)을 할 것인가? 우리는 특정 형질이 현생 동물에서 어떻게 작용하는지 이해하고 오래전에도 똑같은 일이 일어났으리라 가정한 뒤에 그 형질의 변이가 해당 변이를 가진 개체의 생명 경기 성적에 기능적 영향을 미쳤을 거라고 추측했다. 그런 다음 해당 변이가 생존과 번식에 가장 큰 영향을 미칠 세계의 조건과 물리적 성질, (선수들에게 유리할 수도 있고 불리할 수도 있는) 그 밖의 자율적인 유기적 행위자를 상상한다. 이 특정한 조건이 (2장에서 언급한 브랜든의 용어를 빌리자면) 우리의 '선택환경'이며, 여기서 말하는 '선택압'은 선택환경과 이 환경 속에서 생존과 번식에 가장 큰 영향을 받는 개체 사이에 이루어지는 특정한 종류의 상호작용을 일컫는다. 예를 들자면 많은 사람들은 포식자를 피하는 것이 물고기의 색깔, 몸 형태, 유영능력의 진화를 추동하는 선택압이라고 생각한다.[20]

정보를 바탕으로 추측하면서 우리는 몸통뼈대에 대해 또한 척삭에서 척추골로의 진화적 변화에 집중했다. 앞에서 설명했듯 태드로3는 척추골 유무의 대용물로 꼬리의 구조경직도를 진화시키도록 제작되었다. 꼬리의 경직도를 염두에 두었을 때 가장 먼저 떠오르는 것은 꼬리의 역학적 기능이다. 꼬리는 무슨 일을 하며 어떻게 그 일을 할까?

척삭동물 꼬리(장 뒤에 있는 신체 부위로서 말단 꼬리지느러미를 포함한다)의 주된 역학적 기능은 추진인 듯하다. 놀랄 일이 아니다. 피낭동물 올챙이, 상어, 경골어류는 모두 꼬리를 꿈틀거려 추력을 얻는다. 꼬리를 꿈틀거리면 물결이 생기는데, 몸을 휘어 생기는 이 진행파는 머리 근처에서 시작하여 꼬리지느러미를 향해 이동한다. 물고기는 이 물결의 형태와 속도를 바꿈으로써 유영속도를 바꾸고, 방향을 전환하고, 정지한다.

꼬리의 구조경직도는 물결의 형태와 속도에 부분적으로 영향을 미친다. 기타나 바이올린을 조율해본 적이 있다면, 줄감개를 감을수록 줄을 뜯을 때 더 빨리 진동하며 더 높은 음이 난다는 사실을 알 것이다. 줄은 팽팽해지면 뻣뻣해진다. 줄이나 강철 다리 같은 탄성 구조물이 (경직도, 질량, 에너지 발산 능력에 따라 정해지는) 특정 진동수(고유진동수)에서 흔들리는 경향이 있음은 널리 알려진 공학적 원리다. 따라서 뻣뻣한 꼬리는 나긋나긋한 꼬리보다 더 빨리 진동한다.

그렇다면 꼬리의 뻣뻣함은 어떻게 진화했을까? 어떤 선택압이 작용했을까? 여기서 점을 이어보자. 꼬리가 뻣뻣할 때 물결이 더 빨리 이동한다면, 꼬리경직도의 증가는 유영속도를 증가시킨다. 빠른 유영속도가 먹이 찾는 데 유리하다면, 꼬리경직도의 증가는 먹을 수 있는 먹이의 양을 증가시킨다. 마지막으로, 먹이를 더 많이 찾고 먹을 수 있을 때 생존하여 번식에 성공할 가능성이 커진다면, 꼬리경직도의 증가는 먹이를 찾고 먹는 능력을 향상시키도록 선택되었다.

섭이攝餌* 선택압이 효력을 발휘하는 것은 적합도 함수fitness function를 통해서다. 이것은 각 개체가 개체군 내의 다른 개체에 비해 얼마나 뛰어난가를 판단하는 수식을 일컫기 위해 편의상 만든

* 먹이를 먹는 것을 이른다.

용어다. 먹이를 찾고 그것을 먹으려면 먹이가 있는 것을 감지하고 먹이가 있는 곳까지 찾아가고 그 자리에 머물러 먹을 수 있어야 하기 때문에 우리는 여러 행동이 한꺼번에 보상받아야 한다고 추론했다. 첫째 먹이를 감지하는 능력은 태드로3가 먹이 있는 곳에 도달하는 데 걸리는 시간으로 측정할 수 있다. 시간이 짧을수록 점수가 높다. 둘째 먹이에 빨리 접근하는 능력은 태드로3가 이동하는 평균 속도로 측정할 수 있다. 속도가 빠를수록 점수가 높다. 셋째 그 자리에 머물러서 먹는 것은 태드로3와 먹이 있는 곳과의 평균 거리로 측정할 수 있다. 거리가 가까울수록 점수가 높다. 넷째 헤엄에 서툴러서 에너지를 허비하고 먹이를 찾지 못하는 것은 갈팡질팡하는 평균 양으로 측정할 수 있다. 덜 갈팡질팡할수록 점수가 높다.

설계질문 5: 진화봇과 세계는 (하나로 어우러져) 그 동물과 세계를 어떻게 표상하는가?

우리의 첫 척삭동물 조상들은 물고기를 닮은 작은 유영동물이었을 것이다. 척삭이 몸통과 꼬리의 몸통뼈대 역할을 했을 것이며 안점이 적어도 하나는 있었을 것이다. 이들은 바다의 조도 변화를 지각하고 이에 반응하여 항행할 수 있었을 것이다. 이 단순화된 가설적 조상은 현생 척삭동물과 캄브리아기 척추동물(그림 3.2), 현생 척추동물의 발달, 표현형과 유전체 데이터로 재구성한 척삭동물 간의 진화적 관계에 대해 우리가 아는 것에서 유추했다.

우리는 이 정보를 이용하여 현생 피낭동물의 올챙이를 생물학적 대상으로 선정했다. 어떤 현생 종도 다른 현생 종의 조상일 수 없지만, 우리는 피낭동물 올챙이와 고대의 멸종 척삭동물의 행동이 비슷하다는 점에 착안하여 이 올챙이를 태드로3 설계의 모형으로 삼을 수 있으리라 확신했다. 태드로3는 (우리가 생각하기에) 올챙이가 쓰는 것과 같은 신경 알고리즘을 쓰며 둘 다 안점이 하나고 둘 다 척삭이 들어 있는 꼬리를 끊임없이 꿈틀거린다. 태드로3는 꼬리를 흔들 때 꼬리를 따라 분포한 일련의 근육세포 대신 모터 하나를 쓴다. 태드로3와 올챙이는 둘 다 꼬리와 몸이 만나는 각도를 조정하여 방향을 튼다.

하지만 우리는 태드로3가 물속이 아니라 수면에서만 헤엄치도록 하고 사람이 다루기 쉬운 크기로 만들어 단순화했다. 태드로3는 머리부터 꼬리까지 약 25센티미터지만 올챙이는 길이가 몇 밀리미터밖에 안 된다. 앞에서 소개했듯 물리적 환경도 단순화했다. 태드로3는 바다가 아니라 작고 둥근 수조에서 산다. 섭이행동도 단순화했다. 태드로3는 수조 위에 있는 조명 하나에서 비치는 조도의 변화에 따라(조도가 높아지는 방향으로) 항행하기만 하면 되기 때문이다. 그리고 올챙이는 12~24시간의 확산 시기에(대부분은 이때 죽는다) 다른 동물들을 많이 만나지만, 우리의 로봇은 단 3분간 '확산'되는 동안 (태드로3 말고는) 다른 행위자를 전혀 만나지 않으며 '죽을' 수도 없다.

우리는 이런 단순화가 타당하다고 생각하지만, 그렇지 않은 단순화를 늘 경계해야 한다. 타당성을 남들에게 납득시키지 못하면 로봇을 모형 시뮬레이션하여 진화 가설을 검증한다는 기본 목표에 실패한 것이다.

설계질문 6: 진화봇이 대상 동물의 훌륭한 모형인지 아닌지는 어떻게 판단할 것인가?

마지막은 정당화다. 바버라 웨브는 생물로봇 모형을 묘사하고 분류할 일곱 가지 특징으로 ●생물학적 관련성 ●생물학적 대상의 행동과 로봇 모형의 행동 사이의 일치 ●대상과 동일한 기능 메커니즘을 쓸 때 모형의 정확성 ●모형이 대상의 특징을 흉내내는 구체성 ●대상의 구조적 계층에서 모형이 집중하는 수준 ●대상으로 삼은 요소의 개수 측면에서 모형의 특수성 ●(디지털이든 물리적이든) 모형을 만드는 재료를 제시한다.[21]

생물로봇 모형의 특징 중에서 웨브가 첫손으로 꼽는 것은 생물학적 관련성과 재료다. 로봇 시스템은 대상에 대한 가설을 검증할 수 있어야 한다. 그러지 못하면 관련성이 없는 것이다. 가설의 검증은 로봇 시스템이 예상대로 작동하는가일 수도 있고 (진화생물로봇의 경우) 시스템의 진화적 궤적이 예상대로인가일 수도 있다. 게다가 웨브는 (1장에서 간략하게 언급한 모든 이유에 따라) 재료가 디지털이 아니라 물리적이어야 한다고 주장한다.

우리는 진화생물로봇 모형에 행동의 일치와 기능적 정확성을 포함한다. 이를테면 우리는 개별 태드로3가 ●꼬리를 꿈틀거려 추력을 일으키고 ●조도 변화를 따라(조도가 높아지는 방향으로) 항행하고 ●상호작용하고 진화하는 개체군의 일부라는 점에서 피낭동물 올챙이와 비슷하게 행동하기를 바란다. 행동의 일치는 기관, 개체, 개체군의 행동이란 세 계층체계를 이룬다.

또한 태드로3가 피낭동물 올챙이와 같은 기능 메커니즘을 쓰길 바란다. 이를테면 똑같이 꼬리를 꿈틀거리고, 우리가 이해하고 제작한 똑같은 신경배선과 감각운동 루프를 이용하길 바란다. 또한 2장에서 언급한 진화 메커니즘(선택, 돌연변이, 무작위 짝짓기, 유전자 부동)이 태드로3 개체군의 진화를 추동하길 바란다. 이것이 기능 메커니즘의 정확성이며, 이는 추진 메커니즘, 감각·신경·운동 메커니즘, 진화 메커니즘의 세 계층체계를 이룬다.

요약하자면 관련성, 재료, 일치, 정확성은 최초의 물고기를 닮은 척추동물의 모형 시뮬레이션인 태드로3를 설계하고 제작하고 가동하는 1차 목표다. 4장에서는 태드로3가 수중세계에서 생명경기 하는 모습을 보면서 우리가 이 목표에 얼마나 가까이 다가갔는지 판단할 것이다.

코드에 키스를

우리는 설계과정 내내 키스원칙을 따랐으며 진화봇과 세계를 최대한 단순화했다. 심지어 학술논문에서는 피낭동물 올챙이처럼 헤엄치고 행동하도록 만든 원조 태드로1이 센서 하나와 모터 하나의 제어 출력(꼬리로 방향 전환)을 장착했기에 가장 단순한 자율 항행자라고 주장했다. 태드로3는 기본 하드웨어와 신경구조는 같지만 생체모방 꼬리가 진화하도록 코딩됐다. 단순하게, 단순하게.

하지만 앞에서 보았듯 태드로3처럼 단순한 로봇을 만드는 데도 대상 동물에 대해 엄청나게 많은 것을 이해해야 한다. 엔지니어의 코드를 생각하고 규격을 생각해야 한다. 우리는 진화가 어떻게 작용하는지 알아내고(2장), 척추동물의 가설적 척삭동물 조상에 대해 정보를 바탕으로 짐작하고, 그 조상에 대해 타당한 현생 대용물을 찾고(피낭동물 올챙이), 올챙이의 유영행동을 이해하고, 올챙이의 신경제어 시스템을 유추하고, 척삭이 들어 있는 꼬리의 역학적 기능을 측정하고, 초기 척추동물에 어떤 선택압이 가해졌을지 추측해야 했다. 헉헉. 이런 것들을 이해하면 엔지니어의 비밀코드를 따를 수 있으며 진화하는 로봇의 개체군을 만들 수 있다.

그런데 우리는 성공했을까?

생명경기장에 들어선 로봇 물고기

태드로가 진화한다! 어떤 기준에서 봐도 우리의 자율적 수생 진화봇 개체군은 생명경기를 성공적으로 해냈다(그림 4.1). 놀라지 마시라. 진화하지 않았다면 오히려 놀라웠을 것이다. 태드로는 진화하도록 설계되었으니까.

로봇 진화를 위해 모인 열성적 과학자들

처음부터 시작해서 끝이 나오면 멈추기로 한다면,[1] 2003년 태드로1 설계에서 2006년 태드로3 논문 발표에 이르기까지 23명이 넘는 사람들이 태드로 팀에 몸담았음을 알 수 있다. 정말 힘든 일이었다. 키라 어빙, 키언 콤비, 버지니아 엥겔, 조 슈마허는 태드로3를 조종하고 생체모방 꼬리를 휘는 팀을 이끌었다. 팀원은 니콜 도를리, 유스케 쿠마이, 지애나 맥아더, 커트 밴틸런이었다. 이들은 열 세대에 걸쳐 120시기의 경기를 벌이고 그 과정에서 생체모방 등뼈가 들어 있는 꼬리 360개를 만들었다. 시기마다 3분씩 녹화하여

1초 단위로 분석했다. 각 프레임에서 조명의 위치와 각 태드로3의 머리와 꼬리 위치를 표시하고 교차 점검했다. 이 점들을 이용해 평균 속도, 평균 갈팡질팡, 먹이에 도달하는 시간, 광원까지의 평균 거리를 계산했다.

각각의 꼬리 표현형(각 표현형은 꼬리길이 L과 생체모방 척삭의 재료경직도 E라는 두 가지 형질로 나타냈으며 나중에 형질을 추가했다)에 대해 이 숫자들 중 12개를 이용하여 각 표현형에 대응하는 세 가지 개별 적합도를 계산했다(이 적합도는 다음 세대의 표현형을 산출하는 유전 알고리즘을 실행하기 위해 필요했다). 여름에 저녁까지 온종일 일할 때는 우리 너댓 명이서 약 나흘 만에 한 세대를 완료했다. 하지만 (태드로를 물에 거꾸로 떨어뜨리는 등의) 문제가 생기면 경기를 중단하고 로봇을 다시 만든 뒤에야 진화경기를 재개할 수 있었다. 경기는 총 10주가 걸렸다.

태드로3 개체군에게 생명경기를 시켜보니 섭이행동, 꼬리경직도, 개체군의 유전적 구성 모두가 세대시간에 따라 달라졌다(그림 4.1). 개체군이 진화했다는 사실은 놀랄 일이 아니지만 진화의 방향은 놀라웠다. 아니, 방향'들'이라고 해야겠다. 우리는 섭이행동에 대해 보상을 강화하는 꾸준한 선택압 아래에서 꾸준한 정향적 directional* 변화가 일어나리라 예상했다. 하지만 우리가 목격한 것은 (심지어 이 단순화된 태드로3 세계에서도) 진화적 변화가 매번 다른 방향으로 오락가락한다는 것이었다.

* 일정한 방향성을 가짐.

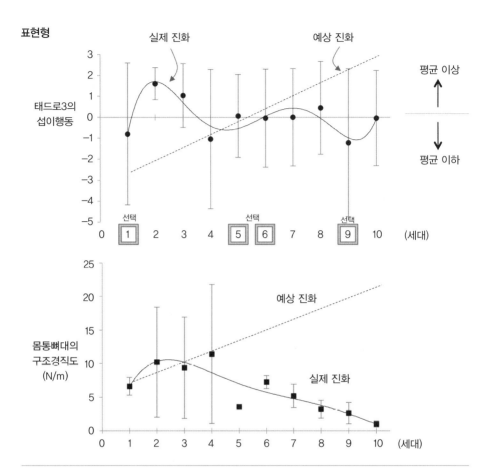

표현형

실제 진화

예상 진화

태드로3의
섭이행동

평균 이상

평균 이하

선택 1 2 선택 5 선택 6 7 8 선택 9 10 (세대)

몸통뼈대의
구조경직도
(N/m)

예상 진화

실제 진화

(세대)

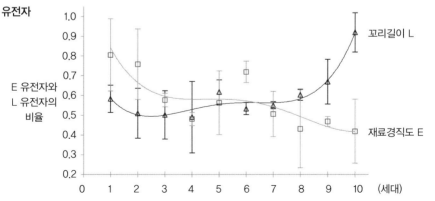

유전자

E 유전자와
L 유전자의
비율

꼬리길이 L

재료경직도 E

(세대)

예상과 다르다?

태드로3의 세계를 속속들이 알았으니 우리는 태드로3 개체군의 진화에서 예상 밖의 방향을 틀림없이 더 잘 설명할 수 있을 것이다.

큰 그림을 다시 살펴보면서 해석과정에 시동을 걸어보자. 우리의 관심사는 초기 척추동물의 진화에 대한 가설('섭이행동을 강화하는 자연선택이 초기 척추동물에서 척추골의 진화를 추동했다')을 검증할 수 있는 진화봇을 만드는 것이었다. 우리는 이 가설로부터 '섭이행동을 강화하는 선택은 태드로3 개체군이 뻣뻣한 꼬리를 진화시키도록 할 것이다'라는 1차 예측을 이끌어냈다. 이 예측에는 '진화적 변화는 정향적으로 진행될 것이며 섭이행동이 일관되게 강화되는 것과 맞물려 개체군은 나긋나긋한 꼬리에서 뻣뻣한 꼬리로 진행할 것이다'라는 또 다른 예측이 내포되어 있었다.

분명한 사실은 이 예측이 너무 단순하다는 것이다. 실제 관측 데이터를 꼼꼼히 들여다보라(그림 4.1). 섭이행동의 평균 점수[2]는 1세대에서 2세대로 넘어가면서 부쩍 증가한 반면 까만 동그라미

그림 4.1 **태드로3 개체군의 진화** 표현형과 유전자는 세대시간에 걸쳐 달라진다. 두 종류의 변화 모두 우리가 진화적 변화를 측정하는 방식이다. 우리는 선택과 무작위 유전적 사건의 관점에서 어떤 일이 일어나는지 알기에 언제 선택이 요인이 되는지를 안다. 그림에서 테두리로 감싼 몇몇 세대는 개체가 다음 세대 자식을 재생산하는 데 차이를 일으킬 만큼 선택이 강했음을 나타낸다. 이를테면 개체군의 섭이행동이 1세대에서 2세대로 넘어가면서 달라진 것은 선택과 무작위 유전적 효과 둘 다로 설명할 수 있다. 선택이 강하지 않은 세대에서는 다음 세대의 모든 변화가 무작위 유전적 효과에서만 비롯된다. 개체군의 실제 진화경로는 실선으로 나타내고, 단순한 예상 경로는 점선으로 나타낸다. 점은 평균이고, 오차막대는 표준편차다.

위아래로 뻗은 막대 길이로 나타낸 표준편차[3]는 감소한다. 이 최초의 변화는 분명히 우리가 예측한 방향인 섭이행동의 강화처럼 보인다. 분산의 감소도 예상할 수 있었다. 선택은 최상의 섭이행동을 하는 개체만 골라서 번식하도록 했기 때문이다. 하지만 바로 다음의 3세대에서는 섭이행동의 평균 점수가 떨어져 4세대까지 꾸준히 내려간다. 어찌 된 영문일까?

언뜻 보기에 이 하향 추세는 말도 안 되는 듯하다. 개선된 섭이행동을 선택했는데 어떻게 정반대의 결과가 나올 수 있겠는가? 간단히 대답하면 이렇다. 2세대에서는 개체 간의 섭이행동 차이가 번식 차이를 일으킬 만큼 크지 않았다. 세 개체 모두 같은 수(2개)의 생식세포(정자와 난자)를 생식세포 6개의 짝짓기 집합mating pool에 공급했다. 우리의 짝짓기 알고리즘은 개체의 적응도 차이에 따라 번식결과에 차이를 부여했다. 빨리 헤엄치고 광원에 빨리 도달하고 광원 근처에 머물러 먹이를 먹고 수월하게 움직이는 능력을 토대로 하여 적합도 함수가 각 개체에 약간 다른 숫자를 부여했지만, 2세대에서는 이 적합도 차이가 너무 작아서 의미가 없었던 것이다.[4]

개체들이 다음 세대에 똑같이 기여하는 것을 진화적 무승부라고 한다. 이것은 부모가 평균적으로 자신과 비슷하게 생긴 자식 세대를 낳을 가능성이 크다는 뜻이다. 진화의 관점에서는 선택이 작용하지 않았거나 선택압이 없었음을 의미한다. 두 표현 모두 다소 부정확하게 들릴지도 모르겠다. 우리는 선택이 각 세대에서 적합도 함수 점수표를 이용하여 태드로3 개체를 판단하도록 했으니 말이다. 하지만 자연선택에 의한 진화를 작동시키는 것은 결국 개체 사이의 차등번식임을 명심하라.

그렇다면 선택이 작용하지 않는데 어떻게 진화적 변화가 생기는 걸까? 2장에서 인용한 다윈의 탄식을 떠올려보라.

"꾸준한 오해의 힘이 크도다."

다윈이 언급한 것은 많은 과학자가 선택의 힘을 과대평가하여 그 밖의 진화 메커니즘을 무시한 탓에 모든 두개골 융기와 지문을 적응의 결과라고 생각했다는 점이다(무작위가 작용한 경우에도 말이다).

다윈은 유전학에 대해 우리만큼은 몰랐기에 이 오해를 반박할 확고한 증거가 거의 없었다. 공교롭게도 유전학은 다윈과 동시대 사람인 그레고어 멘델이 발전시켰으나 이름 없는 학술지에 발표되는 바람에 20세기 초까지 알려지지 않았다. 물론 지금의 유전학 지식에 따르면 무작위 유전적 변화는 생식세포 계열과 그 밖의 세포 둘 다에서 항상 일어난다. 짝짓기 동안에는 무작위가 더 많이 작용할 수 있다. 결코 무작위가 아닌 짝짓기도 있지만, 많은 생물의 짝짓기는 무작위다.

우리는 태드로3 개체군이 무작위 짝짓기를 하도록 했다. 각 생식세포가 일정한 돌연변이 확률을 부여받거나 부여받지 않은 뒤에, 우리는 부모가 생산한 생식세포 6개를 모아서 각 생식세포를 무작위로 짝지었다. 이렇게 결합된 반수체 생식세포의 쌍에서 우리는 각각의 새로운 아기 태드로3에 대해 새로운 이배체 유전체를 얻었다.

이 시점에서 수학자이자 태드로 연구에 핵심적인 역할을 한 동료 롭 루트는 우리가 '작은 수의 수학'에 머물러 있기 때문에 우리의 무작위 방식에 문제가 있다고 알려주었다. 셋이라는 개체군 크기는 무작위 동전던지기의 통계적 가정이 성립하기에는 너무 작다는 것이다. 동전을 던질 때 앞면, 앞면, 앞면이 세 번 연속으로 나오는 경우는 흔하다. 그러면 행운의 여신이 자기편이라고 착각하기 쉽다. 동전을 스무 번 더 던져보기 전에는 무작위 과정으로 보이지 않을 것이다. 소규모 개체군에서 일어나는 이러한 현상을 수학적으로 설명할 때 유전학자들은 유전자 부동genetic drift이라고 부른다.[5]

선택이 작용하지 않을 경우 유전자 부동은 표현형과 유전자형 모두에서 무작위 유전적 변화를 낳는다. 부동은 무작위이기 때문에 이를 비롯한 어떤 무작위 메커니즘도 우리가 적응의 표시라고 인정하는 장기적 정향 패턴을 낳지 않는다. 오직 선택만이 장기적 정향 패턴을 보일 수 있다.

태드로3의 작은 개체군에서 어떤 세대에 선택이 작용하지 않으면 무작위의 두 요인(돌연변이와 유전자 부동)이 결합하여 변화를 좌우할 수 있다. 한두 세대가 지나면 우리는 속아넘어갈지도 모른다. 우리의 개체군은 행운의 여신이 함께하여 정향적 진화 추세가 나타난 것처럼 보일 수 있다. 2세대에서 4세대까지의 평균 섭이행동의 변화는 이렇게 생긴 것이다. 무작위 변화가 우연히 결합되어 섭이행동을 감소시킨 것이다. 우연은 누구의 편도 들어주지 않는다.

진화를 일으키는 세 번째 메커니즘, 내력

다윈이 무덤에서 통탄하지 않도록 우리가 명심해야 할 것은 세대시간이 지남에 따라 무작위 변화가 실제로 진화적 변화의 메커니즘이라는 점이다(무작위 변화는 선택과 함께 일어날 수도 있고 선택 없이 일어날 수도 있다). 이 사실은 한 번 더 언급할 가치가 있다. 진화는 선택과 함께 일어날 수도 있고 선택 없이 일어날 수도 있다. 우리는 태드로3 개체군에서 이것이 참임을 밝혀냈다. 무작위 유전적 과정은 늘 일어나며 이것이 선택과 독립적으로 작용한다는 사실도 언급할 가치가 있다.

그런데 선택과 무작위 과정 외에 개체군의 진화에 영향을 미치는 세 번째 메커니즘이 있다(그림 4.2).[6] 이 세 종류의 메커니즘이 독립적으로 작용한다는 사실은 미시간 주립대학의 리치 렌스키 교수가 근사하게 입증한 바 있다. 그는 처음에는 세균을 연구하다가 이후에 이른바 디지털 생물digital organism로 전환했다.

렌스키는 개체군에 어느 때든 존재하는 유전적 변이와 표현형 변이가 개체군의 앞으로의 진화 가능성을 제한한다는 사실을 밝혀냈다. 모든 유한한 개체군은 특정 방향으로만 진화할 수 있는데, 이 방향은 표현형의 기저에 있는 유전부호와 특정 환경에 대한 생물 개체의 반응에 의해 제약된다. 이 내력효과를 이해하는 또 다른 방법은, 태드로3의 2세대부터 4세대까지 보았듯 개체가 변할 때만 선택이 작용할 수 있다는 것이다. 선택은 유전자가 (적어도 부분적으로) 개체의 변이를 부호화할 때만 '선택에 의한 진화'를 일으킬 수 있다.

우리의 태드로3 개체군에서는 내력이 수많은 죄(엄밀히 말하자면 가정)를 포괄한다. 태드로3는 단세포 태드로0.001에서 처음 진

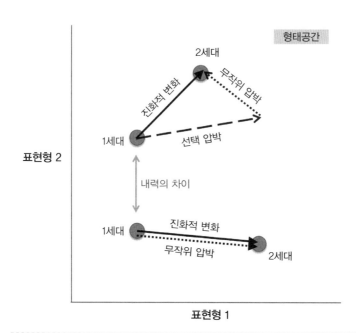

그림 4.2 **선택, 무작위 과정, 내력** 이 세 가지 메커니즘이 상호작용하여 개체군에서 진화적 변화를 일으킨다. 점은 형태공간morphospace(표현형 1과 표현형 2의 범위로 나타낸 진화적 가능성의 영역)에서 개체군의 평균 위치를 나타낸다. 내력은 형태공간에서 개체군이 출발하는 위치와 표현형을 부호화하는 유전정보의 성격을 결정한다. 진화적 변화는 개체군이 ●선택 및 무작위 과정(위쪽 개체군)이나 ●오로지 무작위 과정(아래쪽 개체군)에 반응하여 세대시간에 걸쳐 이동한 것이다. 선택은 무작위 유전적 과정 없이는 작용할 가능성이 희박한데, 그 이유는 적합도 함수의 선택 대상인 표현형 변이를 만들어내려면 유전적 변이가 끊임없이 일어나야 하기 때문이다.

화한 것이 아니므로 명시적인 진화적 내력이 없지만 암묵적 내력은 존재한다. 태드로3의 모형화 대상인 피낭동물 올챙이의 진화적 내력 말이다. 이 피낭동물의 내력은 태드로3에 척삭과 감광체, 센서와 꿈틀거리는 꼬리를 연결할 수 있는 뇌, 이 표현형들을 부호화하는 유전자를 선사했다. 지향성 광원이 있는 물이라는 환경 꾸러미도 내력이 가져다준 것이다.

태드로3의 입장에서 내력의 가장 중요한 유산은 혈통, 즉 최초의 유전적 조건이다. 이것은 기본적으로 우리가 태드로에게 부여하기로 결정한 유전자와 변이형이다. 우리의 관심사는 척삭과 (그 연장선상에서 척삭이 들어 있는) 꼬리의 구조경직도였으므로 이를 생물학적 경직도 범위의 중간으로 설정했다.

유전학으로 보는 구조경직도

구조경직도는 외부에서 힘이 가해졌을 때 구조의 형태가 어떻게 바뀌는지에 대한 성질이다. 가로로 매달린 깃대 같은 외팔보 구조를 생각해보자. 깃발을 걸면 깃대가 약간 휘어진다. 세 얼간이*의 단편영화 〈플래그폴 지터스Flagpole Jitters〉를 예로 드는 게 낫겠다. 이 영화에서 모, 래리, 셈프는 최면에 걸려 길거리에 높이 걸린 깃대 위를 걷는다. 엔지니어들은 (깃대에 매달린 얼간이가 아니라) 무게추로 실험하여 가로 깃대 같은 외팔보의 구조경직도가 보의 휨경직도에 비례하고 보 길이의 세제곱에 반비례한다는 사실을 알아냈다. 이 모든 관계를 표현하려면, 내 친구들의 조언을 무시하고 수식을 써야겠다.

$$k = \frac{EI}{L^3}$$

이 수식의 의미를 설명하자면, 변수 k(단위는 N/m)로 표현되는

---

* Three Stooges. 미국의 코미디 그룹.

구조경직도는 길이의 세제곱 L³(단위는 m³)에 대한 휨경직도 복합변수 EI(단위는 N·m²)의 비로 정의된다. 이 수식의 근사한 점은 무엇이 중요한지가 눈에 확 들어온다는 것이다. 보를 뻣뻣하게 하고 싶으면? EI를 늘리거나 L을 줄이면 된다. L은 세제곱되기 때문에 보의 길이가 길어지면 k에 큰 영향을 미친다. 이런 수식은 우리가 찾는 유전학 원리를 정립하는 데도 도움이 된다.

우리는 태드로의 유전자가 k를 직접 부호화한다고만 말하고 끝낼 수도 있었다. 하지만 생물학적 경직도 연구에 따르면 세 변수인 E, I, L 모두 발달과 진화 과정에서 독립적으로 바뀔 수 있다. 변수 E(단위는 N/m²)는 '계수', '탄성계수', '복소탄성계수', '영 계수', '영 탄성계수' 등 여러 이름으로 불린다. 별명이 어쩌나 많은지! 하지만 잠깐! E의 증인 보호를 위해 내가 나서야겠다. E는 구조경직도 k와 휨경직도 EI의 일부이며 우리가 다루는 재료의 화학결합의 종류와 개수에 따라 정해지므로 나는 재료경직도라는 이름이 더 좋다.[7]

선택이 여러 이유(이유 중 일부는 구조경직도와 관계가 있고 일부는 관계가 없다)로 꼬리길이를 대상으로 삼을 가능성을 두기 위해 우리는 꼬리길이 L과 재료경직도 E를 따로따로 부호화하는 유전체를 만들었다. 변수 I를 부호화하지 않음으로써 우리는 수식의 그 부분(과 태드로3에 대한 나머지 모든 것)을 상수로 두었다. 유전학 용어로 말하자면 L과 E는 둘 다 양적 형질, 즉 다원유전자 polygene(자신이 부호화하는 표현형을 여러 단계로 만들어낼 수 있는 다양한 유전자좌)다. 독립적 구분을 위해 L의 모든 유전자좌는

E의 유전자좌와 별개의 염색체에 두었다. 양적 형질을 가진다는 의미는 유전체에 들어 있는 것이 단순한 켜짐-꺼짐(쪼글쪼글한 완두콩인가 탱탱한 완두콩인가) 식의, 우리가 '멘델식'이라고 부르는 유전자가 아니라는 것이다. 각 유전자 집합은 주어진 범위 안에서 L값의 범위와는 다른 E값의 범위를 산출할 수 있는 연속적 수 척도를 이룬다.

그림 4.1의 맨 아래 도표를 보면 E 유전자와 L 유전자의 비율이 독립적으로 변하는 것을 볼 수 있다. L 유전자의 비율이 7세대부터 증가하는 데 반해, 가운데 도표를 보면 구조경직도 k는 급감한다. 이것은 앞의 k에 대한 수식에서 예측한 그대로다. 분모 L^3이 확 증가하여 k를 낮추는 것과 동시에 분자의 E가 감소하여 마찬가지로 k를 낮추고 있다. 이런 유전적 진화 앞에서 가련한 구조경직도는 설 자리가 없다.

우리를 좌절시킨 구조경직도

열 세대를 지나는 동안 꼬리의 구조경직도 k에 대한 개체군 평균값은 5N/m 이상에서 1N/m 이하로 급락한다. 우리는 어떤 유전 현상이 구조경직도의 값을 감소시키는지 살펴보았다. 하지만 이 유전적 변화는 선택이 무작위 및 내력과 어떻게 상호작용하는지는 알려주지 않는다(선택은 유전학이 아니라 행동에 의해 개체를 판단한다). 여전히 찜찜한 곳이 두 군데 있다. ●강화된 섭이행동에 대한 선택이 있을 때 구조경직도가 증가하리라 예측했는데 왜 감소했을까? ●왜 섭이행동은 이따금 척삭의 구조경직도와 무관한 것처럼 보일까?

이 시점에서 여러분에게 바위에 앉아 노래하는 세이렌의 유혹을 경고해야겠다. 태드로3의 경우처럼 실험에서 예상과 정반대 결과가 나왔을 때 당장 일어나는 정서적 반응은 실망과 자기비판이다. 나와 지도학생들은 분명히 그랬다. 그림 4.1의 데이터가 나오자 우리는 우려와 반응을 토로하기 위해 집단상담을 해야 했다. 즉각적 반응 시간에 이런 얘기가 나왔다. 뭐가 잘못됐지? 실험이 뜻대로 안 됐어! 데이터가 똥이야! 우리는 과학자 자격이 없어!

그때나 지금이나 내 신조는 실험을 꼼꼼하게 설계하고 실수를 파악하고 상황을 통제하여 잘 실행하면 언제나 근사한 데이터가 나오리라는 것이다. 데이터는 거짓말을 하지 않는다. 데이터가 예측과 맞아떨어지든 그렇지 않든 데이터와 이 데이터를 산출한 실험은 독자적인 것이며, 데이터의 전체적 가치는 측정을 얼마나 잘했느냐에 좌우된다.

내가 생각하기에 부정적 정서반응의 원인은 실험 시스템을 충분히 이해했기에 실험결과를 정확히 알 수 있으리라고, 다들 남몰래 생각했기 때문인 듯하다. 정서적 관점에서 볼 때 우리가 실험을 한 이유는 머릿속에서 이미 알아낸 것을 다른 사람들에게 보여주기 위해서였다.[8] 우리는 예측할 즈음에, 특정한 결과를 인지적으로 확신했다(이 과정은 사실 자신의 내부 모형을 인지적으로 작동시키는 것과 비슷하다). 우리의 목표는 시연을 통해 우리의 가설을 '입증' 하는 것이었다.

뜻밖의 결과에 실망하고 환멸을 느끼는 것은 나나 학생이나 모두 갖는 자연스런 정서적 반응이기는 하지만. 이것은 (전부는 아닐 지라도) 많은 사람들이 과학적으로 추론하는 방식과 어긋난다. 엄밀히 말하자면 우리는 검증 가능한 개념을 반박하려는 시도를 거듭 실패함으로써 그것이 참임을 입증한다.[9] 커피잔을 2미터 높이에서 떨어뜨릴 때마다 예측 가능한 현상이 일어난다는 사실은 틀림없이 입증할 수 있지만, 중력을 본 사람은 아무도 없다.[10] 중력은 물체의 질량과 관계된 에너지 종류를 일컫는 개념이다. 지구상의 물체들 사이에서, 또한 우주의 행성과 별들 사이에서 우리가 보는 관계는 관찰 가능하며 중력 개념과 일치한다. 따라서 물체 간의 이 일관된 관계를 반증하려는 시도가 거듭 실패했을 때 대부분의 사람은 중력이 사실이라고 생각한다. 반박의 실패가 중력에 대한 확신을 심어주므로 우리는 중력을 추론 도구로 삼아 새 시나리오를 만들어낼 수 있다. 이를테면 중력이란 사실을 이용하여 우주에 보이지 않는 암흑물질이 있음을 추론하는 것이다. 암흑물질이 존재하지 않음이 밝혀진다면 그 관찰은 중력 패러다임을 간접적으로 반증할 것이다. 한마디로 우리는 입증하기 위해 반박한다.[11]

안전띠를 매고 반박적 부정의 동굴에 들어가는 것을 포함한 치유상담이 끝난 후 우리 태드로 팀은 데이터를 더 깊이 들여다보기로 마음먹었다. 우리 데이터가 정말 똥인지(그럴 가능성은 언제나 있다), 예상치 못한 정말 중요한 무언가를 우리 면전에 대고 외치고 있는 것인지 알아내야 했다. 데이터가 똥인지 알아내는 지루한 과정은 건너뛰자. 우리는 기록, 실험실 노트북, 수학 공식, 대조군 실험, 장비 보정 등을 점검했다.[12] 그리하여 우리는 '나쁜 과학자가 산출한 나쁜 데이터'라는 반사작용으로는 결과를 설명할 수 없다는 결론에 이르렀다. 훨씬 흥미진진한 무언가가 벌어지고 있었다.

그림 4.1을 다시 살펴보면 선택이 작용하는 1세대에서 2세대까지 구조경직도와 상관관계가 있는 섭이행동 점수가 부쩍 증가했음을 알 수 있다. 이 패턴은 예상대로였으며 이를 통해 우리는 그림 4.3의 근사한 도표를 그릴 수 있었다. 이 그림에서 꼬리가 가장 뻣뻣한 태드로3는 섭이행동이 가장 좋았으며 꼬리가 가장 나긋나긋한 태드로3는 섭이행동이 가장 나빴다. 선택이 작용하지 않은 2세대에서 3세대까지도 섭이행동과 구조경직도가 상관관계를 이루며 함께 변하는 것을 알 수 있다. 경직도가 약간 내려가는 것만 빼면 아무 문제 없다. 별로 놀랄 일은 아니다. 앞에서 말했듯 선택이 작용하지 않으면 무작위 유전적 변화가 우세할 수 있기 때문이다.

그런데 2세대가 지나면 계가 제멋대로 난리를 친다. 3세대에서 4세대까지, 그리고 그 뒤로는 행동과 경직도의 일 대 일 관계가 자취를 감춘다. 행동점수가 하락하거나 일정한데 구조경직도는 증가하기도 하고, 4세대에서 5세대까지처럼 행동점수가 상승하는데 구조경직도가 감소하기도 한다. 이 경우 우리는 선택이 작용하지 않으면 오로지 무작위 유전적 과정이 진화적 변화를 추동한다는 사실을 안다. 무작위가 우리의 가정에 이의를 제기한다. 1세대부터 3세대까지 행동과 경직도가 일 대 일 관계를 이루었기에 우리는 몸통 뼈대의 구조경직도가 섭이행동과 인과적으로 연관되었다고 가정했다. 하지만 이후의 진화적 변화에서 맞닥뜨린 증거로 보건대 그 관계는 참이 아니거나 가끔씩만 참이다. 어떻게 알 수 있을까?

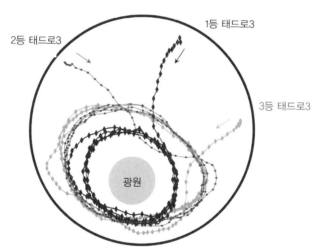

그림 4.3 **먹이를 놓고 경쟁하는 태드로3** 위쪽 사진에서는 태드로3 세 마리가 (먹이 역할을 하는) 광원을 향해 항행하면서 좋은 위치를 차지하려고 다툰다. 맨 위의 태드로3가 나머지 둘과 약간 다른 경로를 밟고 있음에 유의하라. 그 아래 도표는 1세대에서 경쟁하는 태드로3 세 마리의 경로를 겹쳐 행동의 차이를 나타냈다. 1등 태드로3는 광원까지 재빨리 움직여 속도에서와 광원 주위를 바싹 도는 것에서 최고 점수를 기록했다. 이에 반해 3등 태드로3는 출발점에서 광원을 향해 곧장 나아가지 못하고 광원 주위로 훨씬 큰 궤도를 그렸다. 세 태드로3 모두 척삭의 구조경직도는 행동능력과 양(+)의 상관관계를 보였다. 1세대에서 보여준 경직도와 행동의 이러한 관계는 1세대에서 2세대로, 2세대에서 3세대로의 진화적 변화에만 반영되었다(그림 4.1).

우연한 발견

복잡성 때문에 해석이 모호해졌을 때 이를 해결하는 한 가지 방법은 멈춰서 자신의 가정을 재검토하는 것이다. 우리가 검증한 첫 번째 가정은 기본적인 것이었다. 우리가 강화된 섭이행동을 선택했을 때 개체군은 강화된 섭이행동을 진화시켜 대응했다. 이것이 실제로 일어난 일이었다. 하나님 감사합니다! 선택은 1, 5, 6, 9 네 세대에서 작용했다. 그중 셋(1세대, 6세대, 9세대)에서는 뒤이은 세대가 부모 세대보다 더 높은 평균 섭이점수를 기록했다(그림 4.4). 우리는 선택이 작용한 네 세대 모두에서 (평균만이 아니라) 각 개체로부터 데이터를 추출하여 선택에 대한 평균 반응을 통계적으로 검증했다. 통계적 검증은 우리가 눈으로 본 것을 확증했다. 평균적으로 선택은 강화된 섭이행동을 진화시킨다. 선택이 작용할 때에도 무작위가 거의 언제나, 선택이 제시하는 진화 궤적을 크든 작든 왜곡한다는 사실을 명심하라(그림 4.2).

선택이 개선된 섭이행동을 진화시키지 않은 유일한 시기인 5세대에서 6세대까지를 살펴보면 (우리에게) 새롭고 중요한 사실을 알 수 있다. 선택으로 인한 유전자 변화(그림 4.1의 맨 아래 도표)를 들여다보면 꼬리길이 L의 감소가 재료경직도 E의 급증을 동반함을 알 수 있다. 구조경직도 k에 대한 우리의 편리한 수식으로 돌아가면(이게 유용하리라는 것은 진작 알고 있었다!) 분모 L^3의 증폭효과 때문에 개체군의 평균 k가 5세대보다 6세대에서 더 높아야 함을 알 수 있다. 실제로 바로 위에 있는 구조경직도 도표에서 평균 k가 확 뛰어오르는 것을 볼 수 있다. 유전자와 구조경직도 증가의 이 연관성은 무작위 유전적 왜곡이 섭이행동을 진화시킨 주원인이라는 가설을 배제하도록 한다. 하지만 이를 온전히 설명하려면 좀더 앞으로 나아가야 한다. 안전띠 꽉 매시라.

5세대에서의 선택과 6세대에서의 섭이행동 사이의 분리가 시사하는 것은 섭이행동이 척삭의 구조경직도와 인과적으로 연관되어 있다는 가정을 검증해야 한다는 점이다. 이 가정이 언제나 참이라면 우리는 척삭의 구조경직도가 증가하거나 감소함에 따라 섭이행동이 향상되거나 저하될 것이라 예상할 수 있다. 그런데 앞선 논의에서 우리는 행동과 경직도가 인과적 연관성을 확신할 만큼 규칙적인 패턴을 나타내지 않음을 보았다. 하지만 몇 가지 다른 패턴을 생각해볼 수는 있다.

첫째 척삭의 구조경직도 변화가 전체 섭이행동이 아니라 섭이하위행동(유영속도, 갈팡질팡, 먹이와의 평균 거리, 먹이 찾는 시간)과 상관관계를 이룰 가능성이 있다. 둘째 이 하위행동은 구조경직도가 아니라 경직도의 하위형질(재료경직도 E와 꼬리길이 L)과 상관관계를 이룰 수 있다.

우리는 경직도 변수(구조경직도 k, 재료경직도 E, 꼬리길이 L)와 행동 변수(유영속도 V, 갈팡질팡 W, 먹이와의 거리 D, 먹이 찾는 시간 T)의 상관관계 패턴을 들여다보기 위해 일련의 통계 검증을 실시했다. 선형회귀에서의 개별적 독립변수 k, E, L은 모두 V와 W 변이의 약 20퍼센트를 예측하지만 D와 T의 변이는 전혀 예측하지 못한다.[13] 또 k와 E는 V와 W에 대해 양의 상관관계이며 L은 V와 W에 대해 음의 상관관계다. 따라서 우리는 척삭의 구조경직도

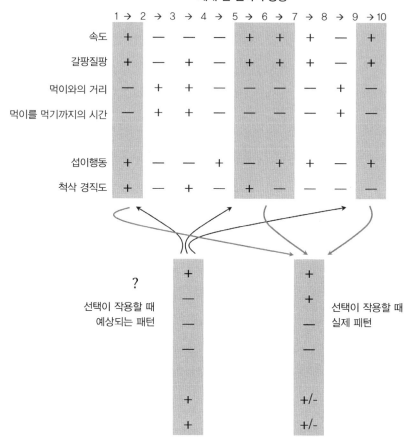

세대 간 변화의 방향

그림 4.4 섭이행동을 구성하는 하위행동에 대해 태드로3 개체군에 선택이 작용하면 일관된 진화적 변화 패턴이 나타난다. 유영속도, 갈팡질팡, 먹이와의 평균 거리, 먹이 찾는 시간에 대하여 선택은(회색 배경) 속도와 갈팡질팡을 늘 증가시키고 거리와 시간을 감소시킨다. 실제 패턴(오른쪽 아래)은 예상 패턴(왼쪽 아래, 갈팡질팡 증가에 벌점을 부여하는 적합도 함수를 토대로 함)과 다르다. 선택이 작용할 때 속도와 갈팡질팡이 일관된 상관관계를 이루는 것을 보면 두 요소는 태드로3가 먹이를 찾아 경쟁할 때 기능적으로 연관되어 있다. 모든 세대에 걸쳐 척삭 경직도를 조사하면 경직도가 유영속도 및 갈팡질팡과 양(+)의 통계적 관계를 이룸을 알 수 있다. 따라서 경직도는 속도와 갈팡질팡을 통해 섭이행동과 (직접적이 아니라) 간접적 상관관계를 이룬다.

122

와 유영속도 및 갈팡질팡(섭이행동 점수의 네 가지 요소 중 두 가지) 사이에 뚜렷한 관계가 있음을 밝혀냈다.

이 상관관계 패턴에서 신기한 점은 유영속도와 갈팡질팡이 양의 상관관계라는 것이다. 적합도 함수가 속도 증가를 '좋은 것'으로, 갈팡질팡, 먹이와의 거리, 먹이 찾는 시간 증가를 '나쁜 것'으로 판단하도록 우리가 미리 정해두었음을 떠올려보라. 따라서 적합도 함수는, 차등번식을 일으킬 만큼 선택이 강할 때 하위행동 간에 이 특정한 상관관계 패턴을 나타내야 한다(그림 4.4). 그런데 우리가 얻은 진화 패턴은 언제나 여러 세대에 걸쳐 개체들에 대해 확인한 통계와 일치했다. 다시 말해 속도와 갈팡질팡은 선택 하에서 늘 동반 증가했다.

놀라운 결과였다! 개선된 섭이행동을 선택했을 때 우리는 실은 태드로3의 진화 적합도를 동시에 좋고 나쁘게 한 것이었다. 태드로는 더 빨리 헤엄치지만(이것은 개체의 적합도점수에 유리하다) 더 갈팡질팡한다(이것은 적합도점수에 불리하다).

이 기묘한 커플에서 무슨 일이 일어나고 있는지 알아내기 위해 우리는 태드로3에 모든 종류의 꼬리를 달고서 경쟁도 진화도 없는 단순한 헤엄치기 실험을 했다. 그저 수조를 직진으로 헤엄치도록 했다. 우리는 태드로3를 촬영하여 속도와 갈팡질팡을 측정했다. 이 조건에서는 속도와 갈팡질팡이 상관관계를 이루지 않았다. 말하자면 다른 태드로3와 경쟁하며 헤엄치고 먹이를 먹는 '야생' 상황에서는 속도와 갈팡질팡이 어떤 이유에서인지 기능적으로 연관되었으나 직선으로 혼자 헤엄치는 '실험실' 상황에서는 기능적 연관성을 나타내지 않았다.

　내가 '갈팡질팡'이라고 부른 이 하위행동을 자세히 들여다보면 내막을 알 수 있다. 앞 장에서 나는 갈팡질팡이 태드로의 헤엄 경로가 얼마나 들쭉날쭉한지 측정하는 기준이라고 말했다. 아서 랜섬의 《제비 호와 아마존 호 Swallows and Amazons》 시리즈에서 보듯 작은 돛단배가 삐뚤삐뚤 항해하는 것을 보면 키잡이가 초짜임을 알 수 있다. 키잡이가 손을 꼼지락거려 배가 삐뚤삐뚤 나아가면 전후회전운동 때문에 에너지가 손실되고 전진속도가 느려진다. 우리는 랜섬의 삐뚤삐뚤 wiggle을 갈팡질팡 wobble으로 다듬었다. 동영상을 보면서 3분의 시기 동안 태드로의 방향 전환을 초 단위로 측정했다. 그 다음 방향 전환이 얼마나 빨리 일어나는지를 2초마다 계산했다. 고등학교 물리학을 제대로 배운 뱃사람이라면 이것이 요잉 yawing* 각가속도 측정임을 알 것이다. 우리는 전체 시기의 각가속도를 모두 측정하여 표준편차를 계산했고(이것은 각가속도가 얼마나 가변적인지 나타낸다) 이로써 갈팡질팡이라는 단일 수치를 얻었다(단위는 rad/s^2).

　주의! 갈팡질팡은 태드로가 삐뚤삐뚤 헤엄치며 에너지를 잃는 정도를 나타낼 뿐 아니라(이것을 '파닥거리는 꼬리의 반동'이라고 부른다) 고속 기동이 이루어지고 있음을 나타내기도 한다. 빠른 방향 전환을 크고 빠른 삐뚤삐뚤이라고 생각해보라. 우리는 디지털 시뮬레이션에서 헤엄치는 태드로가 크고 빠르게 방향 전환하도록 함으로써 이를 알아냈다. 우리는 이로 인한 갈팡질팡 증가를 측정

---

* 수직 방향을 중심으로 하는 회전운동을 이른다.

했다. 알고 보니 방향전환 기동이 잦으면 갈팡질팡이 많이, 에너지를 잃는 반동보다 훨씬 많이 생긴다.

우리는 야생에서의 갈팡질팡이 실험실에서 직선으로 헤엄칠 때는 나타나지 않는 빠른 방향전환 기동을 모두 반영하고 있음을 깨달았다. 근사한 결과였다! 애초에 의도한 것과 다른 훨씬 흥미로운 현상을 우연히 발견한 것이다. 이제 유영속도와 갈팡질팡이 야생에서 양의 상관관계를 이루는 이유를 알 수 있었다. 더 빨리 헤엄치면 더 빨리 방향을 틀 수 있다. 명백하고 단순하다. 모든 운전자와 뱃사람은 이 사실을 알기에 기동할 때 속도를 늦춰 부드럽게 돌기도 하고 속도를 유지하다가 급회전하기도 한다.

이제 우리는 태드로3에서 갈팡질팡이 유영속도에 기능적으로 의존함을 알게 되었다. 진화생물학의 관점에서 무척 흥미로운 영역에 들어선 것이다. 유전적 토대가 있는 형질 중에서 다른 유전자가 그 표현형에 영향을 미치는 것을 일컬어 상위성^{epistatis}이라고 한다.[14] 상위성은 매우 중요한 유전현상이며 (아직도 전부 밝혀지지 않은) 다양한 방식으로 일어날 수 있다. 하지만 태드로3에서는 상호작용이 유전자 수준에서 직접적으로 일어나지는 않는다. 심지어 우리는 유전체 수준에서 상호작용하지 않도록 유전자를 설정했다. 여기서 우리가 목격하는 것은 표현형 상위성이다. 이것은 하위행동 표현형들의 물리적 상호작용으로, 이 현상이 일어나는 이유는 표현형들이 한 몸을 공유하기 때문이다. 우리는 속도와 갈팡질팡이 척삭의 구조경직도와 이루는 관계를 통해 그 유전적 토대를 확립했다. 척삭의 구조경직도는 태드로3의 양적 유전자로 직접 부호화했다.

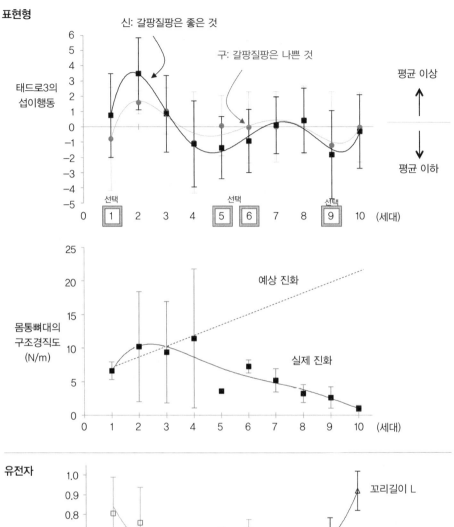

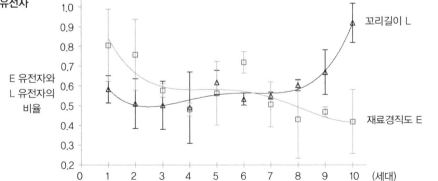

상위성 바다의 갈팡질팡 항해가 끝난 지금, 우리는 단단한 땅에 서서 5세대에서 6세대까지의 (선택이 작용하는) 진화적 변화를 설명할 수 있다(또 한 번 그림 4.1을 보라!). 관찰에 따르면 선택에 의한 진화사건 네 건 중에서 선택이 유영행동을 나쁘게 만든 것은 이번뿐이었다. 우리는 유전자 비율의 변화를 살펴봄으로써 무작위 유전적 효과가 진화적 변화를 설명할 수 없음을 밝혀냈다. 남은 분석 대상은 유전적으로 부호화되는 척삭의 구조경직도와 선택으로 평가되는 섭이행동 사이의 기능적 관계였다. 분석결과 하위행동 중 하나인 갈팡질팡은 애초 생각과 달리 섭이행동 개선에 해롭지 않고 오히려 유리하다는 사실이 드러났다. 게다가 갈팡질팡은 유영행동과 기능적으로 연관되어 있다.

갈팡질팡에 대한 마지막 두 가지는 5세대에서 6세대까지의 유영행동이 예상과 달리 저하된 이유를 설명한다. 적합도 함수는 유영 속도 증가에 보상하고 갈팡질팡 증가에 벌점을 주기 때문에 섭이행동의 총점이 낮아진다. 우리가 적합도 함수에서 이용한 것과 똑같은 관계로 섭이행동을 측정했음을 명심하라.

이제 와서 생각하면 이것은 실수였다. 우리는 갈팡질팡 증가를

그림 4.5 **다시 들여다본 섭이행동의 진화** 새로운 측정 기준에서 갈팡질팡(이는 빠른 방향전환 기동과 일치한다)의 증가가 옛 방식대로 벌점을 받지 않고('구'라고 표시된 회색선) 새 방식대로 보상을 받으면('신'이라고 표시된 검은색 선) 섭이행동의 일반적 패턴은 전과 같지만 두 가지 중요한 예외가 있다. 첫째 새로운 평균 섭이행동은 옛 평균보다 높낮이가 크다. 둘째 5세대에서 6세대로의 진화적 변화는 새 측정방식에서 양(+)의 관계다. 결국 선택이 존재하는 모든 경우에 섭이행동이 향상된다.

보상하고 이것을 '민첩성' 같은 더 알맞은 것으로 불렀어야 했다. 안타깝게도 실험을 아예 새로 하지 않고서는 시간을 돌이켜 진화사를 바꿀 수 없다(왜 그런지는 뒤에서 설명한다). 우리는 매 세대에서 다음 세대를 만들기 위한 적합도 함수를 계산했다. 하지만 이제는 갈팡질팡 증가에 벌점을 주지 않고 보상을 하여 섭이행동 점수를 다시 계산할 수 있다.

갈팡질팡 증가를 보상하면 우리가 '태드로3의 섭이'라고 부르는 복합행동의 진화를 약간 그리고 중요하게 다른 관점에서 볼 수 있다(그림 4.5). 첫째 개체군 섭이행동의 평균은 예전 적합도 기반 측정방식에서의 중앙값보다 더 높고 더 낮게 움직이며 더 큰 변화를 겪는다. 둘째 세대 간 진화적 변화 중에서 하나가 달라진다. 5세대에서 6세대로의 (선택이 작용하는) 진화에서 평균 섭이행동이 저하되지 않고 개선된다. 말하자면 갈팡질팡을 빠른 기동의 양(+)적 기준으로 새롭게 이해하면 섭이행동은 선택 하에서 실제로 향상되었다!

이것은 매우 기발한 역설인 듯하다. 우리는 5세대에서 6세대로 섭이행동이 하락했다고 말했지만 실제로는 향상되었다. 무슨 소리냐고? 정리해보자. 태드로3의 진화가 시작되기 전에 우리는 (우리가 생각하기에) 향상된 섭이행동을 선택하는 적합도 함수를 만들었다. 이 적합도 함수는 유영속도 증가에 보상하고, 갈팡질팡과 먹이 찾는 시간, 먹이와의 거리 증가에 벌점을 준다. 각 세대에서 짝짓기 알고리즘이 차등번식을 만들어낼 만큼 개별 태드로3의 섭이행동이 다양하다면 선택은 존재하고 진화 메커니즘으로 작용했다.

5세대에서 6세대로의 한 사례에서만 선택이 존재함에도 평균 섭이행동이 하락했다. 우리는 적합도 함수에서 쓰는 것과 똑같은 네 가지 하위행동과 좋음/나쁨을 이용하여 개체의 섭이행동을 측정했다. 행동 측정에서 달라진 것은 개체를 세대 안에서만이 아니라 모든 세대에 걸쳐 비교하고, 모든 세대에 걸쳐 모든 태드로3가 나타내는 분산에 대하여 개별적 차이를 보정했다는 점이다. 이렇게 원래의 적합도를 기반으로 측정했더니 섭이행동에서의 변칙 하나가 뚜렷이 드러났다.

우리는 5세대에서 6세대로 섭이행동이 감소한 것의 원인에서 무작위 유전적 변화를 배제했다. 꼬리의 구조경직도를 증가시키도록 변화된 유전자 비율과 꼬리의 구조경직도가 유영속도와 양의 관계이기 때문이다. 이 때문에 우리는 네 가지 하위행동과 이들의 기능적 상관관계를 다시 검토해야 했다. 그리고 그 결과 경쟁무대에서 갈팡질팡의 증가가 에너지 비효율이 아니라 (빠른 유영속도로 인한) 민첩한 방향전환 기동의 증거임을 발견했다. 따라서 좋은 섭이행동과 나쁜 섭이행동이 무엇인가에 대한 애초의 생각은 완전히 틀렸다. 행동측정 방식을 변경했더니 섭이행동은 선택이 있을 때 언제나 향상되었다. 역설이 일어난 것은 선택이 갈팡질팡 증가를 보상해야 함에도 벌점을 주었기 때문이다.

앞에서 언급했듯이 우리는 적합도 함수를 수정하고 실험을 반복하고 싶다. 우리는 선택이 더욱 강력하게 작용할 것이며, 존재한다면 도약이 더 클지도 모른다고 예상한다. 하지만 실험을 반복하는 데는 한 가지 커다란 문제가 있다. 물리적으로 체화된 진화봇의 진화에는 막대한 시간과 돈이 든다. 설계 단계에서 최대한 신중을 기해야 하는 데는 이런 까닭도 있다(3장 참고)!

로봇 물고기 태드로는 무엇을 알려줬나?

우리는 앞 장에서 '자연을 단순화한 일련의 표상'으로서 신중히 작성한 진화봇 설계가 단순한 진화 패턴을 나타낼 것이라 생각했다. 이보다 더 잘못될^{wronger} 수는 없었다.[15] 우리는 재료경직도 E와 꼬리길이 L이라는 두 표현형을 진화시켰다. 둘은 척삭의 구조경직도 k를 결정한다. 이 형질들은 이배체 유전체에 들어 있는 양적 유전자로 부호화되었다. 꼬리의 표현형이 유전자에 의해 결정되는 개체들은 먹이를 놓고 경쟁했다. 적합도 함수로 부호화된 선택은 특정 세대에서 유영속도 증가, 갈팡질팡 감소, 먹이와의 평균 거리 감소, 먹이 찾는 시간 감소의 측면에서 더 잘한 개체에게 보상했다. 번식을 위해서는 반수체 생식세포에 돌연변이를 일으키고 단순한 무작위 짝짓기 방식으로 결합하여 다음 세대 척삭에 대한 명령을 만들어냈다.

우리가 처음으로 놀란 것은 일정한 선택압에서 열 세대가 지났을 때 개체군의 섭이행동, 꼬리경직도, 유전자 비율에서의 진화적 변화가 전혀 일정하지 않았다는 사실이다. 일정한 선택압이 어째서 각 세대마다 다른 결과를 낳는 것일까? 대답의 일부는 각 세대에서 세계의 나머지 행위자가 달라졌으며 저마다 다르게 진화된 행동이 경쟁환경을 변화시킨다는 점이다. 또 다른 일부는 유전적 편차가 세대시간에 걸쳐 줄거나 늘면서 선택이 판단해야 할 표현형 선택지가 달라진다는 점이다.

우리가 두 번째로 놀란 것은 열 세대 중에서 네 세대에서만 선택이 작용하여 차등번식으로 이어졌다는 사실이다. 이 말은 차등번식이 없는 세대에서는 표현형과 유전자형의 진화적 변화가 순전히 무작위효과 때문에 일어났다는 뜻이다. 특히 돌연변이와 유전자 부동은 돌연변이적 차이와 개별적 유전체 차이를 일으키며, 결합되면 (선택이 존재하지 않을 때) 상대적으로 큰 효과를 나타내도록 했다.

우리가 마지막으로 놀란 것은 척삭의 구조경직도와 섭이행동의 인과관계를 조사했을 때였다. 섭이행동은 적합도 함수에 넣은 하위행동(유영속도, 갈팡질팡, 먹이와의 평균 거리, 먹이 찾는 시간)으로 측정했다. 척삭의 구조경직도와 이 하위행동들의 상관관계를 조사했더니 유영속도와 갈팡질팡은 구조경직도 k, 재료경직도 E, 꼬리길이 L과 양(＋)의 유의미한 상관관계를 이루었고, 먹이 찾는 시간과 먹이와의 거리는 상관관계가 나타나지 않았다. 이 말은 시간과 거리가 속도와 갈팡질팡보다 더 큰 진화적 변화를 겪는다면 구조경직도가 섭이행동으로부터 분리될 수 있다는 뜻이다. 그런데 속도와 갈팡질팡이 기능적 관점에서는 양(＋)의 상관관계를 이루는데 적합도 함수에서 음(−)의 상관관계를 이루는 것 때문에 상황이 복잡해졌다. 따라서 적합도의 관점에서는 두 효과가 상쇄되는 경향이 있었다.

수수께끼는 풀지 못했다

우리는 태드로3의 진화를 추동하는 메커니즘과 상호관계를 이해했다는 확신이 들었기에, 우리가 하려는 일(단순히 진화 시뮬레이션을 만드는 것이 아니라 이 시뮬레이션이 표상하는 생물계에 대한 가설을 검증하는 것)에도 확신을 가질 수 있었다. 우리는 강화된 섭이행동에 대한 자연선택이 초기 척추동물에서 척추골의 진화를 추동했다는 가설을 세웠다. 우리는 이 가설로부터 '섭이행동을 강화하는 선택은 태드로3 개체군이 뻣뻣한 꼬리를 진화시키도록 할 것이다'라는 1차 예측을 이끌어내 검증했다.

그런데 우리의 데이터는 이 예측을 반박한다(그림 4.1). 따라서 예측의 바탕인 가설도 반박되었다. 일부 사례에서는 예측과 정반대 결과를 보였다. 향상된 섭이행동을 선택하자 태드로3 개체군이 더 나긋나긋한 꼬리를 진화시킨 것이다(그림 4.1에서 선택 이후의 세대 간 경직도 변화 참고). 태드로3와 수조가 첫 척추동물의 중요한 측면들을 표상한다는 주장을 받아들이려면 섭이행동에 대한 선택이 척추골 진화의 1차 요인이 아니었을 거라고 결론 내려야 한다. 과학에서는 이런 실패를 진보라고 부른다.

하지만 섭이가 아니라면 무엇이 척추골의 진화를 이끌었을까? 꼬리경직도와 유영속도, 방향전환 기동 사이에 양의 관계가 있다는 사실은 '속도와 기동력에 대한 선택만이 척추골 진화를 추동했다'라는 대안적 가설을 시사한다. 문제는 선택이 이동능력에만 작용하면 섭이행동 같은 다른 것에는 동시에 작용할 수 없다는 점이다. 그렇게 되면 이 실험에서 보듯 경직도가 어떤 때는 섭이행동과 상관관계가 있다가 어떤 때는 상관관계가 없는 들쭉날쭉한 패턴이 나타난다.

어쨌든 선택에 대한 이런 복잡한 반응은 캘리포니아대학의 데이비드 레즈닉 연구진이 밝혔듯 현생 어류에서 매우 현실적인 현상이다.[16] 레즈닉 연구진은 어류 개체군의 선택에 대한 반응을 다룬 문헌을 방대하게 검토했으며 이를 바탕으로 가속능력 같은 행동이 형질 네트워크의 영향을 받는다고 주장한다. 이 모든 형질은 유전적 성질과 (그 밖의 행동에 대한) 기능적 연관성으로 인해 대립하는 선택압을 동시에 받을 수 있다. 레즈닉 연구진이 밝혔듯 개체군에 대한 지배적 선택압은 야생에서도 달라질 수 있다(이를테면 짝짓기를 하는 트리니다드 구피의 사례에서 하위 개체군을 포함한 작은 연못으로 포식자가 드나들 때).

포식자들은 다른 어류 종에서도 강한 선택압을 만들어내는 듯하다. 브리티시컬럼비아대학의 돌프 슐루터 연구진은 바다 서식처에서 민물 호수로 이동하는(이런 이주는 자연적으로 일어난다) 큰가시고기가 바다환경에서의 선택압으로부터 벗어난다는 사실을 밝혔다.[17] 다른 척추동물 포식자가 없으면 큰가시고기는 유전적으로, 또한 세대시간에 걸쳐 속도가 빨라지고 갑주가 감소한다. 게다가 클렘슨대학의 리처드 블로브 연구진은 하와이의 밀어가 포식의 선택압 때문에 폭포를 기어오르는 대단한 능력을 진화시켰다고 주장한다.[18]

우리의 연구결과에 대한 또 다른 해석은 우리가 척삭의 경직도를 척추골 개수의 대용물로 썼기 때문에 실제로는 척추골에 대한 가설을 검증하지 않았다는 점이다. 경직도와 척추골이 양의 관계를 이루므로 이 관계에 역학적 토대가 있다 하더라도, 척추골의 다른 측면이 관여했다면 어떨까? 어쩌면 척추골이 있으면 경직도가 커지는 동시에 꼬리의 만곡, 형태, 프로펠러 역할을 하는 방식이 달라지는 건 아닐까?

우리의 태드로3 연구에 대한 또 다른 타당한 비판은 뇌가 너무 단순해서 피낭동물 올챙이 같은 단순한 계조차도 적절히 모형화하지 못했다는 것이다. 하지만 우리는 가능한 한 가장 단순한 계를 만드는 것이 요점이라고 반박할 것이다. 아무리 단순한 자율행위자라도 복잡한 행동과 복잡한 진화 패턴을 만들어내기 때문이다. 가설은 단순화된 모형으로 검증한다. 그리고 검증결과를 바탕으로 현상을 해석하여 계의 여러 수준에서 작동하는 메커니즘을 이해하고자 한다. 앞에서 보았듯 키스원칙을 적용하더라도 해석은 여간 까다로운 일이 아니다.

우리가 태드로3로부터 배운 것은 태드로3의 설계 자체인 선택압도, 선택환경과 태드로3의 상호작용도 척추골이 왜 진화했는지 설명하지 못한다는 점이다. 우리는 수수께끼를 풀지 못했다!

따라서 다음 단계는 어떻게 하면 태드로와 선택압을 좀더 복잡하게 만들 수 있을지 생각하는 것이다. 3장의 설계원칙을 고려하자면 우리는 태드로4와 그 세계에서 우리가 원하는 것이 무엇인지 이해할 수 있도록 생물학을 충분히 이해해야 한다. 방금 우리는 포식을 추가적 선택압의 유력 후보로 선발했다. 하지만 우리는 뇌와 복잡한 행동의 까다로운 문제에 대해 훨씬 상세히 알아야 한다. 적어도 태드로4는 먹되 먹히지 않는 똑똑한 먹잇감이어야 할 것이다.

몸에 새겨진 지능

앞 장에서 신기한 일이 우연히 일어났다. 눈치채셨는지? 우리가 태드로3에 선택압을 적용하자 이들은 다음 세대에서 부모보다 똑똑해지고 섭이행동에 능숙하게 진화했다. 하지만 태드로3 개체군은 뇌가 아니라 몸을 진화시킴으로써 똑똑해졌다.

인공적인 수중세계에서 어떻게 태드로가, 아니 어떤 로봇이 똑똑해질 수 있겠는가? 설령 지능을 얻는다 해도 지능이 어떻게 뇌가 아니라 몸에 있을 수 있겠는가? 지능이 있는 곳은 뇌 아닌가? 어쨌든 우리가 탐구하는 동안 태드로3의 뇌는 어디에 있고 무엇을 하는가?

우리가 이 물음에 답해야 하는 이유는 그래야 3장에서 살펴본 태드로3와 이 장에서 만날 태드로4를 지능형 기계라는 넓은 맥락에 둘 수 있기 때문이다. 진화봇이 장학금을 받거나 배서대학에 입학할 거라고 주장하는 것은 아니지만, 나는 목표지향적이고 자율적이고 물리적으로 체화된 태드로가 지능을 가졌다고 주장할 것이다. 꽉 잡으시길. 길이 울퉁불퉁할 테니!

지능이란 무엇인가?

여기서 우리가 태드로3 덕에 얻은 것은 (나중에는 태드로3를 비난할 테지만) 소통의 실패가 아니라 몇 가지 개념적 문제를 파헤칠 기회다. 이를테면 대다수 사람들은 태드로3에 지능이 없다고 주장할 것이다. 하지만 자율적이고 스스로 움직이는 태드로3가 무언가를 가진 것은 분명하다. 빛을 감지하고 빛을 향해 이동하고 빛 주위를 맴도는 능력을 '재주'라고 부르자. 그러면 사람들은 이렇게 말한다.

"그렇지만 나방도 같은 재주가 있지. 그런데 우리는 나방에게 지능이 없다는 걸 알잖아."

과연 그럴까? 여러분에게 '지능'은 무엇을 의미하나? 사람들은 지능이 빛을 감지하고 찾는 것 같은 단순한 솜씨가 아니라고 말한다. 그런 건 반사작용이라는 거다. 사람들의 논리는 지능이란 인간만이 할 수 있는 특별한 언어적 방식으로 정신을 사용하여 생각하는 재주라는 거다. 따라서 많은 사람들은 '인간 같은 지능'이 지능의 필수조건이라고 말한다.

그러면 나머지 만물은 어디에 속할까? 인간 아닌 영장류는 지능이 있을까? 여러분의 강아지는 지능이 있을까? 여러분의 회색앵무는 어떨까? 여러분이 그렇다고 답하든 아니라고 답하든 나는 이렇게 반문할 것이다.

"어떻게 알지?"[1]

앨런 튜링이 제시한 답은 상호작용으로 알 수 있다는 거다.[2] 튜링은 "기계가 생각할 수 있을까?"라고 묻는다. 튜링은 적어도 두 행위자를 포함하는 환경(각자는 상대방 환경의 일부)을 만들어 이 물음에 답하는 방식을 제안한다(튜링은 생각이 지능의 증거라고 가정한다).

튜링은 행위자와 환경의 상호작용이 언어를 이용하여 이루어지도록 한다. 두 행위자는 서로의 모습을 보지 못한 채 키보드로 대화한다. 이 대화상황의 기발한 점은 역동적이고 포괄적이라는 것이다. 실시간 언어 소통은 무엇이든 주제로 삼을 수 있다. 기계(실제로는 컴퓨터 프로그램과 하드웨어의 형태를 가진 인공지능)가 상대방 인간을 속여 자신을 사람으로 여기게 만든다면 이 인공지능은 이른바 튜링시험을 통과했다고 말할 수 있다. 뢰브너상 대회는 해마다 열리는 국제 튜링시험 경기다.[3] 가장 많은 인간 판정단을 속이는 인공지능은 동메달과 상금을 받는다. 금메달은 인간과 구별할 수 없는 인공지능에게 수여될 것이다. 아직 어떤 인공지능도 금메달을 받지 못했다.

더 혹독한 인간 수준 지능검사로는 슈테번 허르너드의 '전면적 튜링시험total Turing Test, T3'이 있다.[4] 전면적 튜링시험 T3에서는 인공지능이 체화되어 인간 질문자와 같은 환경에 물리적으로 존재한다. 말하자면 인공지능은 체화된 로봇이어야 하며 인간 수준 지능은 몸과 뇌가 있어야만 얻을 수 있다. 체화된 로봇이 T3를 통과하려면 모든 면에서 유기체 행위자 집단의 구성원과 구별되지 않는 물리적 수행능력을 보여야 한다. T3는 까다로운 조건이다. 특히 인간에 대해, 또한 인간의 상호작용 환경(언어, 움직임, 신체적 겉모습)에 대해 생각하면 더더욱 까다롭다. 무리에 동화되려고 안간힘을 쓰는 10대처럼 모든 요소가 맞아떨어져야 하기 때문이다. 인간의 무대에서 로봇은 T3 동메달도 언감생심이다. 당분간 T3는 사람들이 보기에 영화 〈블레이드 러너〉의 복제인간 같은 SF적 존재에 불과하다.[5]

상호작용 기반 튜링시험과 달리 존 설은 다른 접근법으로 지능을 탐색한다.[6] 설이 찾는 것은 자신이 무엇을 생각하는지 이해하는 시스템이다. 이를테면 내가 지금 생각하고 있음을 아는 것은 문자기호나 음성언어 기호를 이용하여 나 자신이나 다른 사람들에게 나의 생각에 대해 이야기할 수 있기 때문이다. 나는 내가 나 자신을 '표현'하고 있음을 이해한다. 나는 표현하는 행위자로서 주관적인 1인칭 경험을 통해 말이나 글에서 내가 조작하는 단어기호에 의미가 담겨 있음을 알 수 있다. 나는 자신의 마음상태를 분석할 능력이 있으며, 이를 통해 나 자신의 지능과 그 바탕이 되는 과정을 인식한다. 나는 나의 언어기호가 내게 의미 있음을 입증할 수 있다.

자신이 스스로를 분석하고 있음을 인식하는 이 능력은 돌고래가 거울 속의 자신을 인식할 때 과학자들이 흥분하는 이유다.[7] 이 연구를 수행한 다이애나 라이스와 로리 머리노는 돌고래가 스스로를 인식한다는 행동적 증거를 밝혀냈다. 돌고래는 거울 속 돌고래에서 연구자가 바른 산화아연 점을 알아차리면 자신의 몸을 회전시키면서 거울 속 돌고래의 몸에 다른 흠이 없는지 검사한다. 라이스와 머리노는 이 행동을 돌고래가 거울 속 상이 '남'이 아니라 '자신'을 나타낸다는 사실을 이해한다는 증거로 해석한다. 훌륭한 연구다.

행위자로서의 자신과 행위자로서의 남을 구별하는 것은 다른 행위자에게 지능이 있을지도 모른다는 추론의 바탕이다. 우리는 이런 구별능력이 있으며 이 능력을 이용하여 의식을 가진 다른 인간 행위자에게 같은 능력이 있음을 추론한다. 우리는 언어를 이용하여 이 주관적 경험을 남에게 전달할 수 있다. 나는 내게 지능이 있음을 안다. 나는 당신이 나 같은 인간 행위자임을 안다. 따라서 나는 당신에게 나처럼 지능이 있다고 추론한다.

우리는 지능이 있는 생명을 찾을 때 설과 튜링의 접근법을 결합한다. 첫째 나는 내게 지능이 있음을 안다. 나는 내 지능을 경험하는 '나'이기 때문이다(설의 기준). 둘째 나는 당신에게 지능이 있다고 추측한다. 우리가 상호작용할 때 당신은 '우리가 이런 식으로 상호작용할 수 있는 것은 당신에게도 나와 꼭 같은 지능이 있을 때뿐이다'라고 생각하도록 행동하기 때문이다(튜링시험).

하버드대학 정신제어연구실에서 대니얼 웨그너와 동료들이 질문을 던졌을 때 대다수 사람들은 우리가 지능과 연관 짓는 특징(의식, 성격, 감정, 정서, 권리, 책임, 자제, 계획, 생각, 타인의 정서 인식)을 남들도 가지고 있다고 말한다.[8] 놀라운 사실은 신^{God}과 로봇 같은 무생물 존재에게도 이런 정신적 특징이 (정도는 다르지만) 있다고 생각한다는 점이다. 내가 정신 비슷한 것과 지능을 동일시하는 속임수를 써도 괜찮다면 우리 21세기 인간들은 어디에서나 기꺼이 지능을 지각한다. 하지만 지각이 반드시 현실인 것은 아니다.

태드로는 요령을 안다

애덤 래머트와 나는 최초의 작동하는 태드로인 태드로1을 동료 켄 리빙스턴에게 보여주면서 흥분했고 조금은 초조했다. 심리학 교수이자 배서대학 인지과학과정 창설자 중 한 명인 리빙스턴은[9] 체화된 로봇과 인공지능 분야에서 우리 둘의 멘토 역할을 했다. 리빙스턴은 태드로가 우리가 비추는 손전등 불빛을 따라 실험실의 큰 수조에서 헤엄치는 광경을 보고는 웃으며 말했다.

"태드로에게는 체화된 지능이 조금 있군."

동의하는가?[10] 애덤과 나는 동의했다. 그 이유는 이렇다.

튜링의 모자를 다시 쓰고서 우리가 태드로와 무엇을 하고 있었는지 생각해보자. 우리는 태드로를 수조에 넣고 불을 끄고 손전등을 켰다. 태드로는 수조를 하릴없이 헤엄치다가 어떤 목적이 있는 것처럼 방향을 바꾸고는 오른쪽으로 회전하며 우리에게 다가오다가 수조벽에 부딪혀 왼쪽으로 방향을 틀더니 다시 우리 쪽을 향했다. 그때 우리는 꼼수를 부려 불을 껐다. 태드로에게 초록색과 빨간색 항해등을 달아두었기에 태드로가 어둠 속에서 경로의 곡선을 바꿔 이제는 수조벽을 따라 왼쪽으로 호를 그리고 있는 모습을 볼 수 있었다. 우리는 태드로가 향하는 방향으로 몰래 가서 태드로를 깜짝 놀래켰다! 태드로의 머리 바로 위에서 손전등을 켠 것이다. 태드로는 즉각적으로 반응했다. 재빨리 오른쪽으로 틀어 벽에서 멀어져서는 어둠 속으로 되돌아갔다.

이게 우리 인생에서 가장 재미있는 일일까? 그렇진 않지만, 설거지보다는 낫다. 태드로와 놀면 상호작용을 통해 무엇을 예측할 수 있고 무엇을 예측할 수 없는지 배워야 한다는 느낌을 경험한다. 태드로가 무엇을 할지, 얼마나 방향을 틀지, 수조벽의 어느 부분에 부딪칠지 정확히 예측할 수는 없다. 이와 동시에 태드로가 하나의 안점에 비치는 빛에 반응하여 오른쪽으로 방향을 돌린다는 것은 금방 알 수 있다. 안점이 어둠 속에 있으면 태드로는 왼쪽으로 방향을 튼다. 완전한 어둠과 완전한 빛 중간의 꼭 알맞은 조도를 찾으면 태드로가 잠시 직진으로 헤엄치도록 상호작용할 수 있음을 알아낼 수도 있다.

이제 튜링의 모자를 벗고 설의 모자를 쓰자. 우리는 즉시 불을 켜고 태드로를 집어든다. 이건 뭐지? 안에는 뭐가 있을까? 태드로의 껍데기 역할을 하는 플라스틱 용기를 들여다보니 검은색의 작은 직사각형 상자가 보인다. 피가 꽉 찬 커다란 진드기처럼 보이는 것이 상자에 달라붙어 있다(나는 뉴욕 주 북부에 사는데, 이곳은 전 세계에서 흡혈 진드기가 가장 많이 살고 진드기로 인한 질병도 많은 곳이다. 어디에서나 진드기가 보인다). '진드기'는 사실 전자회로의 흔한 부품인 축전기이며 그밖에도 벌레 크기의 비슷한 부품이 붙어 있다. 은색 다리가 달린 직사각형 거미는 집적회로이고 빨간색과 초록색 기둥의 개미는 표시등이며 지네가 남긴 긴 구멍은 전선을 연결할 입출력 연결부다. 이 손바닥 크기의 전자기기는 마이크로컨트롤러인데,[11] 자체 전원과 메모리, 모터와 센서 작동 시스템을 갖춘 어엿한 컴퓨터(중앙처리장치^{CPU})다.

이 마이크로컨트롤러는 뇌일까? 그렇게 보이지는 않는다. 이것은 모터 및 센서와 상호작용할 수 있는 컴퓨터다. 마이크로컨트롤러를 프로그래밍하면 (안점 역할을 하는) 광저항에 닿는 빛의 조도에 따라 꼬리 모터에 어느 쪽으로 방향을 틀어야 할지 알려줄 수 있다. 프로그램도 뇌가 아니다. 프로그램은 이동로봇 제어용으로 특수하게 개발된 인터랙티브 C라는 프로그래밍 언어로 짠다.[12] 우리는 애덤 래머트가 태드로2를 위해 작성한 원래의 인터랙티브 C 프로그램을 불러들여 거기에 뇌 비슷한 것은 전혀 없는지 살펴본다(그림 5.1).

프로그램에는 많은 단어와 타이핑한 기호, 문법을 나타내는 규칙적인 기호 패턴, if와 else 같은 단어(만일 이 단어를 영어 단어와 같은 의미로 썼다면 프로그램에서 무언가가 결정을 내리고 있음을 암시한다)가 있다. 이 어수룩한 묘사가 언어를 언급한다는 이유로 뇌에 대한 것처럼 들린다면, 설은 태드로 프로그램이 그 자체로는 지능이 없다고 주장할 것임을 명심하라. 프로그램은 자신이 무엇을 하는지 알지 못하기 때문이다. 프로그램은 전자로 핀볼하는 법을 하드웨어에게 알려주는 눈 멀고 귀 먹고 말 못하는 아이에 불과하다.

여기서 문제가 보이나? 지능을 태드로가 하는 일로 정의하면 태드로는 분명히 재주, 즉 광원을 감지하고 따라가는 요령이 있다. 빛을 따라가는 능력은 추진, 기동력, 광저항 감도에 달려 있기 때문에 태드로의 몸이 중요한 것은 분명하다. 다음번에 어려운 그림조각 맞추기를 하게 되거든 몸이 생각에 얼마나 중요한지 실감할 방법이 있다. 그림조각을 집어 올리고 좌우로 회전시키고 자리를 잡아 끼우지 못한다면 그림조각 맞추기를 할 방법이 없다. 믿기지 않는다면 이렇게 해보라. 우선 친구에게 그림조각을 탁자에 흐트러뜨려달라고 한다.

```
#use "servo.icb"
//----------------------definitions--------------------------
#define BETA_MIN 0.0
#define BETA_MAX 120.0
#define SENSOR_MAX 45.0
#define SENSOR_MIN 5.0
#define SERVO_TIME 50L
#define SERVO_RANGE (MAX_SERVO_WAVETIME-MIN_SERVO_WAVETIME)
#define rexcursion 3.14159
#define dexcursion 180.0
#define REMOTE_BUTTON 80
//----------------------declarations--------------------------
float Beta;
int Sensor_int;
float Sensor_float;
float Seconds = seconds();
int Whole_Seconds = (int)Seconds;
int Num_Seconds = 10;
int Print_Period = Whole_Seconds%Num_Seconds;
int Print_Track = Print_Period;
//----------------------program------------------------------
void main()
{
    msleep(500L);
    servo_on();
    while(1)
        {Seconds = seconds();
         Whole_Seconds = (int)Seconds;
         Print_Period = Whole_Seconds%Num_Seconds;
         Sensor_int = analog(3);
         Sensor_float = (float)Sensor_int;
         if(Sensor_float > SENSOR_MAX)
           Sensor_float = SENSOR_MAX;
         if(Sensor_float < SENSOR_MIN)
           Sensor_float = SENSOR_MIN;
         Sensor_int = (int)Sensor_float;
         Sensor_float = 50.0 - Sensor_float;
         Beta = ((BETA_MAX/SENSOR_MAX)*Sensor_float) +
                ((dexcursion-BETA_MAX)/2.0) + 15.0;
         servo_deg(Beta);
         if((Print_Period)==0 && (Print_Period) != Print_Track)
            {if(Sensor_int>9)
                printf("%d", Sensor_int);
             else
                printf("0%d",Sensor_int);}
        Print_Track = Print_Period;}}
```

센서 입력이
모터 출력을
생성한다.

그림 5.1 **태드로를 작동시키는 프로그램** 이것은 태드로2의 전체 프로그램이다. 애덤 래머트가 배서대학 인지과학과정 졸업논문을 위해 인터랙티브 C라는 컴퓨터 언어로 작성했다. 이 프로그램은 핸디보드 마이크로컨트롤러에서 실행되며, 센서(안점 역할을 하는 광저항) 하나에서 입력을 받아 이것을 변수 '베타BETA'의 값으로 변환한다. 베타는 늘 파닥거리는 꼬리에 어느 방향으로 가야 하는지 알려준다. 굵은 선으로 표시한 박스에서 보듯 이 센서·모터 상호작용은 늘 달라진다. 새로운 회전 명령을 받으면 태드로가 방향을 바꾸는데, 그러면 센서에 닿는 빛이 달라지기 때문이다. 따라서 프로그램, 마이크로컨트롤러, 센서, 모터, 동체, 환경의 전체 시스템이 '내 꼬리의 각도는 몇 도인가?'라는 물음에 대한 답을 끊임없이 계산한다고 할 수 있다.

규칙 1 그림조각은 만질 수 없다.

규칙 2 앉거나 선 자리에서 이동할 수 없다.

규칙 3 (몸짓이나 서면 지시가 아니라) 음성만을 이용해 친구에게 그림조각을 하나씩 맞추도록 한다. 이때 "그림조각을 맞춰"라고 말하는 것은 안 된다. '어떻게'가 빠졌기 때문이다. "바로 오른쪽에 있는 조각을 집어서 저기 있는 조각 옆으로 가져가"처럼 구체적으로 지시해야 한다.

규칙 4 친구는 나의 지시를 따르는 것 말고는 아무것도 할 수 없다.

이 규칙들은 우리가 신경회로에 대해 이야기할 때 모터 명령이라고 부르는 것들이다. 그림조각 맞추기가 너무 단순하지 않다면, 여러분은 자신의 움직임과 물리적 세계 조작이 지능을 얼마나 많이 좌우하는지 금세 실감할 것이다.

움직임 기반 지능은 캘리포니아대학 버클리 캠퍼스 인지·뇌과학연구소 부교수 알바 노에가 수행적 지각enactive perception이라고 부르는 것에서 출발한다.[13] 능동적인 시각과 특징을 포착하는 선택이 결합된 로봇의 수행적 지각은 시각 기반 행동을 단순화하는 데 도움이 된다. 스위스 로잔연방공과대학 지능형 시스템 연구실 실장이자 진화로봇공학 분야의 창시자 중 한 명인 다리오 플로레아노의 실험에서 이를 확인할 수 있다.[14]

애덤과 나는 태드로가 돌아다니고, 공간을 탐색하고, 조도 변화를 감지하고, 광원을 향해 이동하고, 광원 주위를 맴도는 등 수행적 지각의 요령을 안다고 생각한다. 친구에게 그림조각 맞추기를 한 단계 한 단계 시켜보았다면 우리의 체화된 지능이 얼마나 대단한지 깨달았을 것이다.

태드로3는 '체화된뇌'를 가지고 있다

튜링의 모자와 설의 모자를 둘 다 벗고, 아무도 가보지 않은 곳, 태드로의 체화된뇌 속으로 과감하게 들어가보자. 내가 '체화된뇌 embodied-brain'를 한 단어로 쓴 것은 신경과학자이자 터프츠대학 생체모방장치연구실 실장인 배리 트리머 교수가 주창한 신경과학의 관점 전환을 언급하고 싶어서다. 얼마 전 그의 연구실을 방문하여 동물이 어떻게 행동을 만들어내는지 논의하던 중에 그가 말했다.

"모든 뇌에는 몸이 있습니다."

당연한 얘기처럼 들린다. 하지만 잠깐! 이 자명해 보이는 문구는 심리철학[15], 생태심리학[16], 상황인지 grounded cognition[17], 체화된 인공지능[18] 분야에서는 널리 친숙하지만, 뇌의 분자통로, 신경전달물질 시스템, 제어회로, 기능적 구획 functional regionalization 등을 전공한 신경과학자에게는 터무니없게 들린다. 왜 그럴까?

우리는 대부분 뇌를 통제센터, 즉 모든 감각 입력을 읽고 논의하는 해부지도상 장소로 생각하도록 훈련받았다. 우리는 뇌가 행동을 제어한다는 사실을 안다. 피니어스 게이지는 전두엽이 손상되자 정서를 처리하고 합리적 결정을 내리는 능력이 손상되었다.[19] 올리버 색스는 자신의 뇌가 바흐의 곡과 베토벤의 곡에 다르게 반응하는 근사한 fMRI 동영상을 공개하고 자신의 주관적 경험을 보고했다.[20] 자율적 행위자라는 주관적인 1인칭 경험을 곰곰이 생각해보면 통제센터가 계획을 세워서 야전군인(근육)에게 하달하고 군인들은 계획을 실행에 옮긴다는 생각에 이르게 된다. 캘리포니아대학 로스앤젤레스 캠퍼스 신경정신과연구소의 신경과학자 호아킨 푸스테르는 이를 더 학술적으로 표현한다.

"(형태를 막론하고) 적응행동을 하려면 감각정보 흐름을 처리하고 이를 일련의 목표지향적 행위로 변환해야 한다."[21]

푸스테르는 목표지향적 계획이 뇌의 전전두 구역과 전운동 구역을 활성화한다는 사실을 보여주는 실험연구를 검토한다. 이 관점에 따르면 계획은, 생각기계로서의 우리 뇌의 중심 기능이다(그림 5.2). 유일한 중심 기능은 아닐지라도 말이다.

오즈가 '역逆허수아비'라고 부를 법한 이 조치에서 푸스테르는 뇌에 몸을 부여한다. 행위를 계획하는 뇌의 전전두 구역과 전운동 구역을 포함한 체계를 푸스테르는 '지각·행위 순환'이라고 부르는데, 이것은 '목표지향적 행동의 처리과정에서 정보가 환경에서 감각구조로, 운동구조로, 다시 환경으로, 감각구조로, 운동구조로, … 순환적으로 흐르는 것'이다. 트리머는 이 관점을 더 밀어붙여 우리를 만난 자리에서 이렇게 말했다.

"몸은 환경과의 상호작용이라는 계산작업을 수행합니다."

(그가 이끄는 연구진은 털애벌레가 움직이고 행동을 조정하는 방법에 대한 가설을 검증하기 위해 말랑말랑한 몸을 가진 로봇을 설계한다.)

하지만 수행되는 '계산작업'은 어떤 성격일까?

태드로3의 몸은 인터랙티브 C 프로그램(그림 5.1)을 구동하는 마이크로컨트롤러가 하지 않는 모든 것, 즉 진짜로 까다로운 물리학을 '계산'한다. 태드로3는 진짜 세상에서 진짜 물과 상호작용하므로, 유연한 프로펠러가 '진동하는 단일축 휨 연결부'를 '꼬리를 흔드는 확산 휨 모멘트'로 변환하는(이 모멘트는 다시 물에서의 상대적인 동작이 달라짐에 따라 유체역학적이고 시간 가변적으로 구현된다), 엄청나게 복잡한 역학의 해를 자동으로 구한다. 꼬리의 본체인 몸통은 꼬리에서 결합된 내력과 외력의 계산에 반응하여 4장에서 이야기한 요잉 갈팡질팡(반동과 방향전환 기동)을 겪는다. 터프츠대학의 에릭 티텔과 메릴랜드대학에 있는 그의 동료들은 지속적으로 헤엄치는 다묵장어에 대해 가상경계법^{immersed boundary} ^{method}을 이용하여 탄성력과 유체력의 상호작용을 가능하게 하는 결합계산을 근사하게 시뮬레이션했다.[22]

하지만 여기서 잠깐! 전날 주문하면 태드로3는 모터와 센서를 공짜로 계산해준다. 태드로의 회전운동과 병진운동은 (속도와 가속도를 둘 다 갖춘) 각의 요소와 선의 요소가 있는데 두 요소는 상호작용하여 뉴턴의 운동법칙에 따라 태드로의 전체 움직임을 만들어낸다. 태드로3는 수중세계에서 갈팡질팡하며 요리조리 방향을 틀면서, 안점 역할을 하는 광저항을 조도 변화에 노출시킨다. 태드로가 이동함에 따라 수면 어디에서든 조도가 달라지면 광저항은 전압의 변화를 통해 조도를 끊임없이 다시 계산한다(이것은 광저항이 옴 법칙을 따르는 작은 전기회로의 일부이기 때문이다).

태드로3가 물리학과 학생으로서는 아무리 인상적일지 몰라도, 여러분은 태드로3가 자신의 몸으로 무언가를 '계산한다'거나 '푼

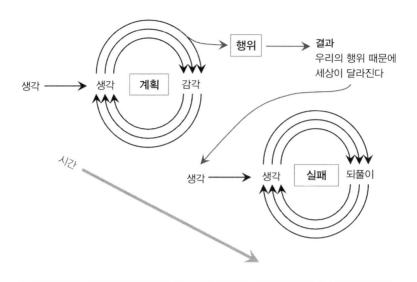

그림 5.2 **신경중심적 관점** 생각은 계획이다. 계획은 우리가 '머릿속', 즉 뇌 속에서 감각 입력을 통해 행위를 산출하는 과정이다. 이 관점은 우리의 주관적 경험에 부합하며, 뇌 활동과 생각의 상관관계에 대한 신경과학 연구에서도 같은 결과가 나왔다. 신경중심적 관점은 인간의 생각, 언어, 행동과 연관된 거의 모든 분야에서 지배적이다.

다'라는 관념에 반발할지도 모르겠다. '계산'에는 튜링으로 거슬러 올라가는 형식적 정의가 있다. 우리가 튜링식 계산 가능 알고리즘 Turing-computable algorithm이라고 말하는 것은 디지털 기계가 수행하는 간단한 결정론적 규칙으로 (궁극적으로) 풀 수 있는 절차를 일컫는 다. 한편 '풀다'에는 더 수학적인 뉘앙스가 있다. 물체의 운동을 규 정하는 뉴턴 방정식을 비롯한 온갖 방정식을 풀듯 말이다. '계산하 다'와 '풀다'의 두 형식체계에서는 기호를 규칙에 따라 조작하지만, 태드로는 그렇게 하지 않는다. 마이크로컨트롤러에서 일어나는 일 을 제외하면(그림 5.1) 태드로가 조작하는 것은 규칙에 기반을 둔 물리적 세계와 상호작용하는 자신의 몸뿐이다.

물리적 개체 내부의, 또한 개체 사이의 물리적 상호작용을 계산함으로써 우리가 물리적 규칙을 표상할 수 있다고 해서 세계가 같은 식의 물리적 상호작용을 수행한다는 뜻은 아니다. 설의 말을 빌리자면, 컴퓨터는 실제 물리적 상호작용을 하는 것이 아니라 기호 조작으로 이를 시뮬레이션한다고 말할 수 있다.

몸이 '계산작업'을 한다는 말로 트리머가 뜻하는 바는 진행 중인 몸·환경 상호작용이 실제 물리현상이기 때문에 반드시 신경계를 통해 중개될 필요는 없다는 것이다. 신경중심적 관점(그림 5.2)에서 뇌는 꼬리가 물과 상호작용하는 방법을 통제할 필요가 없다. 뇌 없는 물리학이 상호작용을 주관하기 때문이다. 뇌는 뉴턴의 운동방정식을 풀 필요가 없다. 물리학은 자신의 규칙에 따라 제 힐일을 한다. 그러니 '행동을 통제'하는 신경 명령이 없다면 신경계는 무엇을 해야 할까?

뇌는 컴퓨터일까?

뇌가 중요하지 않다는 말은 아니다. 뇌는 존재한다면 무언가를 한다. 역설적인 것은 행동을 하는 동물과 로봇 중 일부는 우리가 '뇌'라고 말할 만한 구조나 프로그램이 전혀 없다는 사실이다. 하지만 뇌 없는 행동을 이야기하기 전에 뇌가 무엇인지, 무엇을 하는지에 대한 우리의 생각을 더 깊이 들여다봐야 한다.

수많은 물리적 증거에 따르면 온갖 동물의 체화된뇌는 우리가 '환경과 상호작용하는 행위자'로 인식하는 행동을 산출하는 기능적 사건에 관여한다. 이제 만족하나? 이것은 뇌의 중요성에 대한 우리의 직관과 맞아떨어지지 않나? 아니, 그렇지 않다. 연구자들은 결코 만족하지 않는다. 세상은 그렇게 단순하지 않기 때문이다. 뇌가 하는 일도 단순하지 않다.

튜링과 설의 대립하는 패러다임으로 돌아가보자. 튜링은 이 모든 '뇌는 컴퓨터다' 문제의 장본인으로 간주된다. 사람이 맞닥뜨릴 수 있는 모든 종류의 생각이 알고리즘(명시적 과제를 완수하기 위한, 수학적으로 표현할 수 있는 일련의 명령)이라면 컴퓨터는 뇌와 같은 방식으로 작동하며 결정론적 방식으로 기호를 조작한다.[23]

내가 고딕체로 쓴 미묘한 뉘앙스를 놓쳤다면, 여기서 핵심 구절은 '같은 방식으로'다. 이게 문제의 핵심이다. 두 유형의 물리적 장치가 '같은 방식으로' 작용한다면 이것은 두 장치가 같은 일을 한다는 뜻일까? 이를테면 석탄을 때는 증기 기관차와 경유를 태우는 승용차 둘 다 연소실에서 가스를 팽창시켜 이 압력·부피로 실린더를 밀어낸다면 둘은 같은 일을 하는 걸까? 압력·부피 일이 선형 이동으로 변환된다는 차원에서는 그렇다. 하지만 다른 차원에서는 그렇지 않다. 기관차는 보일러를 데워 물을 증기로 바꾸지만 승용차는 기화된 경유를 압축했다가 폭발시킨다. 열 살배기 우리 딸이라면 기관차는 철로를 달리지만 승용차는 도로를 달리고, 기관차는 객차를 많이 달고 다니지만 승용차는 작고 고무 타이어가 달렸다고 말할 것이다.

기차를 좋아하는 독자 중 몇 명은 우리의 작은 사고실험을 방해할 못된 생각(석탄연료 기관차를 승용차처럼 경유 동력 기관차로 바꿔봐야지)이 떠올라 키득거리고 있을 것이다. 그러면 기관차와 승용차는 똑같은 방식으로 작동하는 같은 동력원을 이용하게 된다. 크기가 문제라고? 여러분 중에는 승용차나 버스 크기의 미니 기차를 타본 사람이 있을 것이다. 타이어와 철로는 어떡하느냐고? 이제 눈치를 챘으리라. 동일성 주장에 반대가 제기되면 문제가 되는 성질을 같은 것으로 바꾸면 된다. 이것은 무한히 이어질 수 있다.

처음에 우리가 한 일은 계(동력원)의 본질적 성질에 집중하여 이를 바탕으로 같은 논의를 이끌어가는 것이었다. 이것은 유추과정과 비슷하다. 두 상황이나 심적 표상 사이에서 유사점을 찾아 이 유사점을 근거로 두 실체 중 하나에 대해 새로운 무언가를 추론하는 것이다.[24] 기관차와 승용차는 둘 다 경유를 연소하는 내연기관을 이용한다는 점에서 같으므로 우리는 유추를 통해 둘 사이에 유사점이 더 있으리라고 추론한다. 범주를 어떻게 구성하느냐에 따라 실제로 유사점이 더 있을 수 있다.

우리가 만들어내는 심적 범주는 계층을 이루고 있으며 어떤 계층 수준에서든 각 심적 범주는 상호배타적이므로 (범주를 엄밀하게 정의한다면) 모든 물리적 사물들 간에 유사성이 존재한다.[25] 이런 종류의 보편적 동일성(이를테면 모든 물리적 사물은 물질로 이루어졌다는 점에서 비슷하다)을 철학에서는 '무의미'하다고 말한다. 무의미 추론은 동어반복(여기서처럼 대상을 단순히 다시 언급하여 정의하는 것)일 수도 있고 자명할 수도 있다.

교훈은 다음과 같다. 두 사물이 같거나 다르다고 이야기할 때는 우선 ●용어를 정의하고 이 정의에 대해 합의하고 ●비교 범주를 정의하고 구분하며 ●그 용어와 범주에 논의를 한정해야 한다.

직접 적용해보자. 유추와 범주 확장을 활용하면 언제나 뇌가 컴퓨터와 같은 것이라고 주장할 수 있다. 하지만 '같은 방식으로' 차원에서의 유의미한 범주, 즉 뇌와 컴퓨터의 기능적 등가성을 찾을 수 있을까? 그렇다. 뇌와 컴퓨터는 둘 다 (적어도 일부 단계에서는) 명시적 알고리즘 단계를 계산에 이용한다. 여기서 '계산'은 튜링식 계산 가능 알고리즘에서와 마찬가지로 숫자나 단어 같은 기호로 설명할 수 있는 명령의 단계를 뜻한다. 게다가 이 명령을 정확히 따르면, 같은 입력에서 출발할 경우 언제나 같은 결과가 산출된다. 따라서 '계산하는 자$^{\#}$' 범주로 보면 뇌와 컴퓨터는 '1＋1＝2' 같은 수학 계산을 할 수 있다. 외부 센서 입력이 있으면 뇌와 컴퓨터는 '축구공이 언제 내 머리에 부딪칠 것인가' 같은 더 복잡한 계산도 할 수 있다.

이제 여러분은 계산이 무의미하고 자명한 유사성이라고 주장할지도 모른다. 인간은 자신의 뇌로 디지털 계산기(우리가 '컴퓨터'라고 부르는 것)를 만들었으니 말이다. 따라서 여러분은 우리가 뇌의 작동방식을 알아내서 똑같은 일을 하는 기계를 만든 것에 불과하다고 주장할 것이다. 바로 그렇다. 하지만 나는 이것이 무의미하기는커녕 심리철학자와 인공지능 철학자가 '기능주의'라 부르는 것, 즉 서로 다른 두 실체가 작동하는 방식의 유사성의 한 예라고 주장할 것이다.[26] 기능주의에서 인간의 '마음'에는 타고난 기능과 학습된 기능의 전체 목록이 들어 있다. 이 기능들은 뇌와 컴퓨터를 비롯해 어떤 물리적 메커니즘을 통해서든 수행할 수 있다.[27] 이 관점에서 보면 뇌와 컴퓨터가 적어도 일부 시간에 적어도 일부 종류의 작업에서는 같은 방식으로 (기호를 조작하여) 작동할 수 있다는 점에서 뇌가 컴퓨터고 컴퓨터가 뇌다.

예상되는 정서적 반응 뇌와 컴퓨터가 다르다는 건 아무리 바보라도 안다구! 보면 알잖아. 하나는 세포에서 생기고 동물에게 있어. 다른 하나는 인간이 실리콘, 금속, 플라스틱으로 만들고 내 책상에 놓여 있지. 계산과 기억 같은 일부 기능을 공유할 순 있지만, 내 컴퓨터가 음식을 찾고 번식하고 진화하는 피조물이라고는 생각지 않아. 음... 아닌가? 어쩌면 내 뇌와 마찬가지로 내 컴퓨터에도 몸이 필요한지도 모르겠다.

뇌의 기초를 다시 살펴보자

혼란스러운가? 기분이 나쁘더라도 이것이 좋은 징조다. 혼란은 자신의 가정이 도전받고 있으며 어쩌면 의지에 반하여 새로운 것을 배울 준비가 되었음을 뜻한다. 하지만 혼란은 취약한 상태다. '인지 과학 입문' 수강생들은 혼란과 그로 인한 취약함을 증오한다. 이들이 대학에 들어온 것은 정보를 얻기 위해서지 질문을 받기 위해서가 아니다(젠장!). 배우고 적용하고 과시할 사실들이 없다면 자신이 똑똑하다는 걸 어떻게 내게 보일 수 있겠는가? 사람들은 학생들에게 혼란이 아니라 깨달음을 주는 것이 선생의 역할이라고 말한다.

그럴 수밖에 없는 이유가 있다. 기능주의는 마음과 지능을 인간의 고유 영역에서 끌어내 혼란을 일으킨다. 학생들은 인간 아닌 존재에서 지능을 발견하고 만들 수 있다는 엄청난 개념을 접하면 대부분 위안거리를 찾는다. 이들은 메뉴판에서 신경과학을 주문하며 말한다.

"이거 봐요. 신경과학적 관점에서 출발하면 신경전달물질, 시냅스, 신경회로를 종합해 뇌가, 특히 인간의 뇌가 어떻게 작동하는지 이해할 수 있다고요."

이들의 논리는 이렇다.

"인간 뇌가 어떻게 작동하는지 알면 지능이 실제로 무엇인지 알 수 있고요!"

알았네, 제군들. 어디까지 파고들 수 있는지 보자구. 강력한 신경중심적·환원주의적 관점을 취하여(비꼬는 게 아니라 정말로 강력하다) 백지에서 뇌를 만들어보자. 어쨌든 이것은 과학의 문제다. 게다가 3장에서 보았듯 엔지니어의 비밀코드에 따르면, 이해하면 만들 수 있어야 한다.

악당 교수가 말한다.

"근데 말이지, 만들고 싶은 게 뭐지?"

뇌를 만들고 싶은가? 어떤 뇌를?

'동물의 뇌'라고 답하면 이렇게 물을 것이다.

"어떤 동물이지?"

'인간의 뇌'라고 답하면 이렇게 물을 것이다.

"어떤 해부구조를 포함할 거지?"

구조적 차원에서든 기능적 차원에서든, 인간의 뇌에 대한 우리의 이해가 불완전하다면 어떻게 할 텐가? (실제로 불완전하다.) 그게 아니라면 더 포괄적인 (척수와 그 전방 확장 부위를 포함하는)

'중추신경계'에서 출발하고 싶은가? 이른바 말초신경계를 포함하고 싶은가? 우리의 관절과 근육에 있는 고유감각계를 비롯한 감각계는 어떤가? 화학물질을 만들어 뇌 기능을 변화시키는 샘을 비롯한 내분비계는 어떡할 건가? 포도당과 산소 같은 이 화학물질을 신경계로 전달하는 순환계는 또 어쩔 건가? 산소를 공급하는 폐와 포도당을 공급하는 (간을 비롯한) 소화계는 포함할 건가?

내가 빠뜨린 게 있나? 없다. 이것은 축복이자 저주다. 뇌를 어떻게 정의하든 어떤 구조적 맥락에 놓든, 뇌가 뇌 아닌 것에 의존한다는 사실을 받아들임으로써 방금 우리는 체화된뇌, 즉 생물 전체에 통합된 뇌를 묘사했다. 뇌만 잘라낼 수 있을까? 물론이다. 그렇지만 《선과 모터사이클 관리술》에서 파이드로스가 지적했듯[28] 어떤 계를 지적 메스로 자르는(분석하는) 것은 자의적일 수밖에 없다. 우리는 깔끔하게 미리 정해진 '뇌'와 '몸'의 경계를 찾지만 그런 건 없다. 분석이 하는 일을 인정하고, 위너의 고양이를 해부하는 방법이 무수히 많다는 것을 자신과 남들에게 분명히 하는 것이 최선이다.[29]

분석의 칼을 들이댈 만한 곳 중 하나는 해부와 생리의 중간이다. 해부적(구조적) 관점에서 보면 뇌는 뇌를 이루는 물질이다. 최대한 일반적으로 시작한다면, '뇌'에 대하여 모든 동물에 적용되는 해부학적 정의를 내려야 한다. 무척추동물학자 리처드 브러스카와 게리 브러스카가 말한다.

"중추신경계는 앞쪽에 위치한 신경덩어리(신경절)로 이루어지며 여기서 종축 신경삭이 하나 이상 뻗어 나온다."[30]

이 앞쪽 신경덩어리를 (일반인에게 말하느냐, 전문가에게 말하느냐에 따라) '뇌'라고 하기도 하고 '전前신경절'이라고 하기도 한다.

캘리포니아대학 어바인 캠퍼스의 신경생물학·행동학 부교수 게오르그 스트리터에 따르면 척추동물의 뇌는 구역, 세포, 분자라는 세 가지 해부학적 차원에서 정의할 수 있다.[31] 구역으로 정의하면 '모든 척추동물 성체의 뇌는 종뇌, 간뇌, 중뇌, 능뇌로 나뉜다'. 세포로 정의하면 턱이 있는 척추동물의 뇌에는 신경세포와 교세포라는 포괄적 유형의 세포가 들어 있다. 분자로 정의하면 척추동물의 뇌와 무척추동물의 뇌는 둘 다 글루탐산염, 감마아미노부티르산, 아세틸콜린, 도파민, 노르아드레날린, 세로토닌을 비롯한 신경전달물질(이것에 대해서는 나중에 자세히 설명할 것이다)이 존재한다는 것이 특징이다. 인간중심주의와 관련하여 스트리터는 해부학적 측면에서 인간의 뇌가 다른 척추동물의 뇌와 양적으로 다르다고 지적한다. 인간의 뇌는 몸무게가 같은 포유류보다 네다섯 배 크며(이것을 상대적 뇌 크기라고 한다) 피질(종뇌의 한 부위)의 신경세포층이 가장 많다.

해부학적 관점이 엉망진창이라고 생각한다면 생리학에 접근할 때는 비웃을 입으시길. 생리학적(기능적) 관점에서 뇌는 뇌가 하는 일이다. 문제는 뇌라는 전신경절이 척추동물의 거의 모든 기능을 '한다'(또는 관여한다)는 것이다. 근육 수축은? 당연하지! 심박수는? 물론이다. 성장과 발달은? 뇌가 호르몬 조절에 관여한다는 점에서 이것조차 참이다.

뇌는 이 모든 생리작용을 매개하므로 그중 한 기능에 집중하는 것이 절대적으로 유용하다. 지능으로 돌아가보자. 문제는 우리가 정의에조차 합의할 수 없다는 점이다. 우리가 훑어본 튜링 대 설 논쟁은 수많은 논쟁의 한 축에 불과하다. 재주 기반 정의를 고집하더라도 어떤 능력이 지능을 나타내느냐를 놓고 이견이 분분하다. 하버드 교육대학원 인지·교육학 교수 하워드 가드너는 인간에게 '다중 지능'이 있다는 유명한 주장을 폈다. 가드너는 지능을 확고하게 정의하지 않았음에도 공간 지능, 언어 지능, 논리·수학 지능, 신체·운동 지능, 음악 지능, 개인 간 지능, 개인 내 지능, 실존 지능의 여덟 가지 영역 특수적 유형을 구분했다.[32] 물론 가드너의 접근법 또한 엉망진창이 된다. 따라서 이런 역설이 대두된다. 우리 모두가 저마다 다른 것을 연구하는데 어떻게 어떤 '사물'을 연구할 수 있을까?

기본적 감각·운동계로서의 신경회로

여기서 신경과학이 막강한 실력을 발휘한다. 깐깐한 제군들, 신경계의 기초에서 출발하여 경험주의적이고 물질적인 토대, 즉 '분자 → 세포 → 구역 → 몸'의 인과적 이해사슬을 만들어낸다는 제군들의 말에는 동의한다.[33] 하지만 이런 이해에는 한계가 있다. 우리는 인간 지능을 직관적으로 파악하는 주관적 '1인칭 및 다른 마음 경험'에 머물게 된다. 캘리포니아대학 샌디에이고 캠퍼스의 퍼트리샤 처칠랜드와 폴 처칠랜드는 설득력 있는 경험주의적 약속을 내세웠다. 급성장하는 신경과학적 이해가 신경과학 기반의 새로운 심리학을 만들어내고 있다는 것이다.[34]

신경과학을 토대로 하는 또 다른 중요한 접근법은 팜 컴퓨팅 앤드 핸드스프링 창립자 제프 호킨스가 제시한다. 그는 인간 피질의 해부구조가 지능의 두 근본적 조각(기억과 예측 능력)에 대한 생리작용을 반영함을 입증했다.[35] 호킨스는 피질의 해부구조와 생리작용을 면밀히 들여다보면서 둘이 결합되어 있고 나눌 수 없음을 밝혀냈다. 비교생체역학 분야를 공동으로 창시한 스티븐 웨인라이트와 스티븐 보겔은 초창기 실험실 지침서에 이렇게 썼다.

"기능 없는 구조는 시체이고 구조 없는 기능은 유령이다."[36]

유령 얘기가 나왔으니 말인데, 뇌와 몸의 차이에 대한 혼란 중 하나는 인류 문화에 퍼진 암묵적 실체이원론에서 비롯한다. 르네 데카르트가 주도면밀하게 정식화한 실체이원론에서는 마음을 구성하는 재료가 몸을 구성하는 물리적 재료와 다르다고 주장한다. 많은 사람들이 '마음'을 '뇌'와 동일시하거나 뇌의 산물로 여긴다는 사실을 생각해보라. 직관에 의해서든 종교에 의해서든 마음이 다른 차원이나 내세에 존재하는 신비하고 비물질적인 재료로 이루어졌다고 믿는다면, 뇌 역시 몸과 다른 특별한 재료나 성질을 갖고 있거나 (데카르트 말마따나) 비물리적 영역과 상호작용하는 능력이 있어야 한다. 한편 흙으로 빚어진 몸은 세속적이고 덧없는 토기다. 하지만 실체이원론의 논리와 예측은 번번이 기각되었다.[37] 우리는 뇌와 몸이 둘 다 물리적 실체임을 알아가지만, 이원론의 유령이 어슬렁거리고 있음을 인정한다.

현실적으로, 뇌를 과학적으로 연구하려면 몇 가지 선택을 해야 한다. 당분간 감각·운동 신경회로에만 집중하기로 한다면 문제는 신경세포(뉴런)들의 해부학적 연결 패턴과, 회로 내에서 작동하는 화학·전기신호의 유형 및 타이밍의 생리작용이다.[38] 회로가 어떻게 작동하는지 알려면 그 회로를 가진 동물이 무언가를 할 때 회로가 언제 활성화되는지 측정할 수 있어야 한다. 회로의 활성화와 동물의 행동 사이에 이 상관관계를 확립하면, 다음으로는 그 회로가 그 행동의 필요충분조건인지 아닌지 검증해야 한다. 필요조건임을 검증하려면 회로를 유전적으로나 수술적으로 제거하여 행동이 어떻게 달라지는지 보면 된다.

충분조건임을 밝히는 것은 훨씬 힘들다. 회로의 활성화는, 그 회로의 활성화와 사전에 상관관계를 맺은 행동을 다른 회로와 독립적으로 일으킬 수 있어야 한다. 충분조건에 필요한 회로의 분리를 달성하는 유일한 방법은 컴퓨터나 자율로봇에서 회로를 시뮬레이션하는 것일 때가 많다. 이 책에서 보았듯 시뮬레이션의 문제는 비판자들이 시뮬레이션을 '그저' 시뮬레이션으로, 즉 사물 자체가 아닌 모형으로 본다는 점이다.

신경회로가 특정 행동의 충분조건임을 보이는 또 다른 방법은 해당 행동과 회로는 있지만, 분석상황을 복잡하게 만드는 나머지 모든 (척추동물의) 신경기관이 없는 '단순한' 동물을 찾는 것이다 (대개는 괄시받고 천대받는 무척추 나새류, 선형동물, 초파리). 무척추동물의 단순한 뇌가 가진 대단한 힘은 각 신경세포와 그 연결을 확인할 수 있다는 점이다. 척추동물에서는 사실상 불가능에 가까운 일이다. 몇 개의 겹치는 회로만으로 이동하고, 먹이를 찾고, 짝짓기하는 무척추동물은 신경과학자에게 강력한 도구가 되었다. 신경과학자들은 무척추동물을 모델 생물로 활용하여 도피, 소화, 비행, 학습의 필요충분조건이 되는 여러 회로를 찾아냈다.

신경회로를 행동과 연결하는 두 연관된 분야는 행동신경과학과 행동신경생물학이다. 캘리포니아대학 어바인 캠퍼스 신경생물학·행동학 교수 토머스 커루는 (동물이 어떻게 행동하는지 설명하는 데 필요충분조건이 되는) 신경회로를 만들어내기 위해 기본적 해부학 원리와 생리학 원리를 이해할 때 무척추동물이 도움이 된다고 단호하게 주장한다.[39] 무척추동물에게서 얻은 일반 원리들에다 앞에서 설명한 실험방법들을 곁들이면 신경과학자들은 척추동물의 일부 행동을 이해할 수 있다. 분자 수준에서 행동 수준에 이르기까지 메커니즘이 조사되어 가장 속속들이 이해된 행동은 박쥐의 반향정위, 올빼미의 사냥, 쥐의 방향 찾기다.[40]

행동신경과학에서 근사하게 보여주는 것은 트리머가 말한 바로 그것, 즉 모든 뇌는 몸이 있다는 것이다. 한 번 더 힘주어 말한다. 행동을 이해하는 것은 그냥 신경회로가 아니라, 신경계 안에 있는 신경회로와 연관되어 있다. 신경계는 감각기관 및 근육과 연결되어 있고, 감각기관 및 근육은 특정한 몸의 일부이며, 특정한 몸은 다른 행위자를 비롯한 물리적 세계와 상호작용한다.

우리는 백지에서 뇌를 만들지 않았다(그러니까 뇌는 가장 단순한 것에서 출발해 상향식으로 만들어진 게 아니다). 하지만 우리는 회로에서 출발해 뇌의 작동을 이해하는 면에서 앞으로 나아가고 있다. 행동신경과학의 뇌 관련 기본 지식과 인공지능의 기능주의를 결합하면 세 가지 불가분의 결론에 이른다.

- 모든 뇌는 협력적 생리작용과 연결적 해부구조의 두 측면에서 몸

이 있다. 뇌만으로는 행동을 설명하기에 충분하지 않다.

- 체화된뇌는 컴퓨터 및 마이크로컨트롤러와 공유하는 기능도 있고 그렇지 않은 기능도 있다.
- 우리가 척추동물의 뇌라고 불리는 조직과 연관 짓는 일부 기능은 이른바 단순한[41], 뇌가 없는 유기적이거나 인공적인 행위자에게서도 찾아볼 수 있으며, 따라서 뇌가 모든 행동을 통제하거나 결정하는 것은 아니다. 뇌는 행동에 필수적이지 않다.

마지막 결론이 아마도 가장 논란거리일 것이다. 반대론자로는 철학과 인지언어학 분야에서 체화된 마음 개념을 발전시키는 데 한몫한 조지 레이코프를 들 수 있으리라.[42] 레이코프는 '언어의 신경학적 이론Neural Theory of Language'의 발전에 관한 글에서 이렇게 말한다.

"몸이 수행하는 모든 행위는 뇌의 통제를 받으며 외부 세계의 모든 입력은 뇌에서 의미를 부여받는다. 우리는 뇌로 생각한다. 다른 선택의 여지는 없다."[43]

여기서 알 수 있듯 레이코프의 체화 관점은 여전히 신경중심적이다(그림 5.2). 그러면 뇌를 아예 없애버리면 어떤 일이 일어나는지 보자!

똑똑한 몸이 있는데 뇌가 왜 필요하지?

트리머 말마따나 세상과 상호작용하는 몸이 신경계의 계산작업에서 일부를 담당한다면, 우리는 뇌가 매우 작거나 아예 없는 몸이 자율적 행위자처럼 흥미로운 일을 수행하는 모습을 볼 수 있어야 한다.[44] 친숙하게 들리지 않는가? 이 장 첫머리에서 주장했듯 태드로3가 바로 이런 일을 한다. 그러니 태드로3를 계속 이용해서 뇌 없는 지능 개념을 어디까지 밀어붙일 수 있는지 보자. 나는 태드로3가 가능한 한 가장 단순한 자율적 행위자의 한계에 근접한다고 여러분을 설득할 것이다. 나는 한계를 밀어붙임으로써 작은 키스KISS 만으로도 지능적 행동을 만들어낼 수 있음을 밝히고 싶다.

우리는 앞에서 태드로3의 신경 프로그램을 보았다(그림 5.1). 핵심 계산을 컴퓨터 코드에서 수학용어로 변환하여 태드로3의 프로그램이 얼마나 단순한지 보여드리겠다. 컴퓨터 코드는 태드로3의 안점 하나에서 전압 입력을 받아 이를 세기값 i로 변환하고, 세기값은 다시 꼬리의 회전신호인 꼬리각을 나타내는 값 ß로 변환된다.

$$ß(t) = i(t) \times c$$

여기서 t는 i와 ß 둘 다 시간에 따라 달라짐을 나타내며 c는 비례상수(조도를 현실적 꼬리각의 계산에 필요한 크기로 보정하는 산술적 오차범위)다. 이 방정식을 말로 바꾸면 다음과 같다.

"임의의 시각에 꼬리의 각도는 임의의 시각에 광저항에 부딪치는 빛의 조도에 선형적으로 비례한다."

바로 이거다. 변수가 있는 방정식 중에서 이보다 단순한 것은 상상하기 힘들다(c를 없애면 더 단순해지겠지만, 그러면 단순한 항등식이 되어버린다).

뇌와 관련해서는 이걸로 안 된다. 우리가 이 계산을 수행하는 회로를 만들면 여러분은 척추동물에서 이와 비슷한 것을 보게 될 것이다. 조도에 따라 막전위가 끊임없이 달라지는 감각세포인 1차 감각 신경세포 말이다. 감각 신경세포는 감각세포의 차등적 입력을 활동전위의 연쇄로 변환하고, 다른 두 신경세포와 연결한다. 두 신경세포 중 하나는 좌회전 근육에 연결되어 운동 신경세포의 활동을 감소시키는 억제 사이신경세포, 다른 하나는 사이신경세포의 개입 없이 우회전 근육에 연결되어 있는 운동 신경세포다(그림 5.3). 이 단순한 회로는 신경세포 네 개와 그 밖의 세포 세 개만 가지고 감각·운동 시스템을 완성한다.

회로를 더 단순하게 바꿔보자! 생체공학자가 웨트웨어(필요에 따라 배열할 수 있는 생물학적 세포와 단백질)를 이용하여 이 작업을 수행하는 광경을 생각해볼 수 있다. 자신의 뇌제작 실험실에서 생체공학자는 신경세포가 전혀 없이 근육세포에 직접 연결되는 수용체를 만들어 회로를 단순화할 수 있다. 이 단순한 회로가 이론상 가능하다고 가정하자. 그러면 이 생체공학적 설계에서 곤란한 질문이 제기된다. 척추동물은 왜 자신의 회로 설계를 그토록 엉망으로 했을까? 왜 키스원칙을 완전히 적용하지 않을까? 이렇게 물을 수도 있다. 여러 세포의 연쇄를 만들어내는 수고를 왜 하는가?

여기에는 그럴 만한 이유들이 있다. 신경세포가 많아지면 시냅스도 많아진다. 각 시냅스는 전기신호를 화학신호로 바꾸기 때문에 '하향' 세포에 신호를 보내는 '상향' 세포에 신경세포나 근육이 어떻게 반응할지를 살피고 조절할 수 있다. 이 세포 수준 조절은 발달

척추동물은 태드로3의 신경계를 어떻게 만들어낼까?

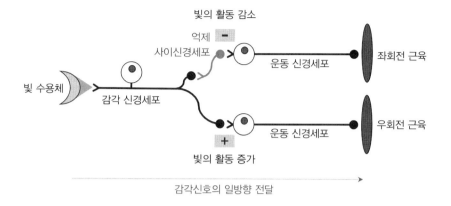

생체공학자는 태드로3의 신경계를 어떻게 만들어낼까?

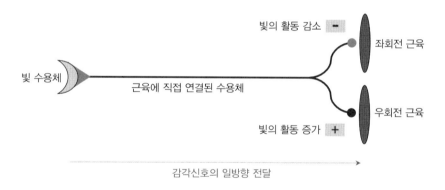

그림 5.3 **태드로3의 신경계를 웨트웨어로 설계하기** 척추동물이 신경회로를 만드는 방식으로 만든 위쪽 회로에는 세포가 일곱 개(수용체 하나, 감각 신경세포 하나, 억제 사이신경세포 하나, 운동 신경세포 둘, 근육세포 둘) 들어 있다. 생체공학자가 시도할 법한 방식으로 만든 아래쪽 회로에는 세포가 세 개만 들어 있다(세포 하나가 근육세포 두 개와 직접 연결된다). 두 가설적 신경회로는 기능이 동일하다. 수용체에 빛이 닿으면 좌회전 근육의 활동이 감소하고 우회전 근육의 활동이 증가한다. 세포와 세포 사이 공간은 시냅스를 나타낸다. 세포는 시냅스로 화학적 신경전달물질을 전달하여 소통한다. 부호가 없거나 + 부호가 붙으면 흥분 시냅스고 − 부호가 붙으면 억제 시냅스다. 위쪽 회로의 작은 회색 원을 둘러싼 큰 원은 신경세포의 세포체를 나타낸다.

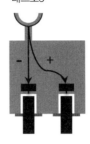

바퀴 달린 이동체로서의
태드로3

그림 5.4 **바퀴 달린 이동체로서의 태드로3** 태드로3를 바퀴 달린 이동체로 변형했다. 빛 센서(컵 모양) 하나가 후진신호(− 부호)와 전진신호(+ 부호)를 두 모터(검은색의 작은 직사각형)에 전달하며, 모터는 서로 다른 속도로 회전하는 두 바퀴(검은색의 큰 직사각형)를 독립적으로 제어한다.

과 학습 과정에서 회로의 기능적 변화를 만들어내는 데 중요하다. 또한 신경세포가 여러 개이면 회로가 다른 회로와 맺는 연결의 개수를 증가시켜(보이지 않는 연결들에 다리를 놓는다) 협동과 계산의 기회를 늘릴 수 있다.[45]

그림 5.3의 신경회로를 보면 우리가 이번에도 몸을 깜박했다는 사실을 알 수 있을 것이다. 솔직히 말하면 태드로3 신경계를 분리했을 때 어떻게 생겼는지 보여주려고 일부러 그랬다. 또한 이 회로가 브러스카 형제가 말하는 무척추동물의 해부학적 의미에서는 뇌가 아님을 유념하라. 이 회로는 신경덩어리가 아니다. 이것은 산만신경계diffuse nervous system*이며 몸이 필요하다. 우리는 생체공학자의

* 신경세포가 중추나 말초의 구별없이 거의 일정하게 동물체 전체에 걸쳐 존재하는 신경계를 이른다.

신경회로와 비슷하게 추상적인 몸을 만들 수 있다. 상황을 단순화하기 위해 태드로3의 신경계를 바퀴 달린 이동체로 표현하자(그림 5.4). 몸이 땅 위를 이동하도록 하면 앞에서 언급한 헤엄의 온갖 복잡한 물리학을 신경쓰지 않아도 된다.

태드로3에게 단순한 바퀴를 달아주자. 가장 단순한 바퀴는 회전은 하되 조향은 되지 않는 바퀴다. 태드로3는 바퀴를 구동하는 두 모터에 서로 다른 세기의 동력을 전달하여 방향을 전환한다. 바퀴 달린 태드로3에서 모터 두 개가 조향하도록 하는 것은 헤엄치는 태드로3에서 근육 두 개가 쌍을 이뤄 작동하면서 꼬리의 방향을 제어하여 조향하는 것과 기능적으로 같다(그림 5.3). 또한 여기서 가장 단순한 신경회로가 쓰이고 있음에 유의하라. 빛 센서 하나가 흥분신호와 억제신호를 둘 다 보낸다. 컵 모양의 빛 센서는 빛이 오목한 면에 (컵 뒤를 뚫고서가 아니라) 직접 닿을 때만 빛을 인식한다는 점에서 지향성이다.

차량형 태드로3$^{\text{vehicular Tadro3}}$(줄여서 vT3)는 어떻게 행동할까? 지금은 사고실험, 즉 인지적 시뮬레이션을 할 때다(그림 5.5). 우선 vT3는 원래의 바퀴 회전속도가 있어서 늘 돌아다닌다고 가정한다. vT3가 어둠 속에 있으면 왼쪽 모터가 오른쪽 모터보다 동력을 많이 받아서 vT3가 오른쪽으로 호를 그린다. 하지만 vT3의 빛 센서에 빛이 부딪치면 오른쪽 모터가 동력을 더 많이 받기 시작하며 왼쪽 모터는 억제되어 동력을 덜 받는다. 이렇게 되면 vT3는 직진한다.

바퀴 달린 이동체와 간단한 센서·모터 회로로 하는 이같은 사고실험은 신경해부학자 발렌티노 브라이텐버그의 아이디어다. 브

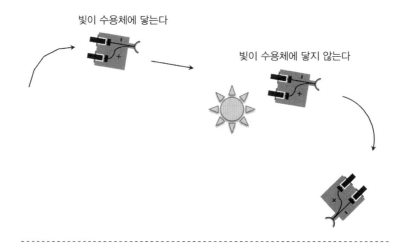

빛이 수용체에 닿는다

빛이 수용체에 닿지 않는다

그림 5.5 **빛에 반응하여 방향을 바꾸는 차량형 태드로3 vT3** 이 사고실험에서는 컵 모양 빛 수용체에 빛이 전혀 닿지 않을 때 vT3가 오른쪽으로 호를 그린다. 수용체가 빛을 향하고 이 빛이 센서에 인식될 만큼 거리가 가까우면 동력이 오른쪽 바퀴의 모터에 더 전달되고 왼쪽 바퀴의 모터에 덜 전달되어 vT3가 직진한다. vT3는 발렌티노 브라이텐버그가 만든 이동체에서 영감을 받았다.

라이텐버그는 1984년에 출간된《이동체: 합성심리학 실험Vehicles: Experiments in Synthetic Psychology》으로 한 세대의 인공지능 및 행동 기반 로봇공학 연구자들에게 영감을 주었다. 그는 진화하는 이동체 집단을 이용한 사고실험으로 '오르막 분석과 내리막 발명의 법칙'을 만들어낸다. 이 법칙의 원천은 기능주의적 견해라고 부를 법하다.

"상자를 열지 않고서는 숨겨진 메커니즘이 무엇인지 정확히 판단하는 것이 이론적으로 불가능하다. 동일한 행동을 하는, 저마다 다른 여러 메커니즘이 언제나 존재하기 때문이다."[46]

브라이텐버그가 분석을 '오르막'이라고 부르는 이유는 '우리는 메커니즘을 분석할 때 복잡성을 과대평가하는 경향이 있기 때문'이다.[47] 브라이텐버그에게서 알 수 있는 것은, 우리가 지능이라 부르는 행동을 비롯해 행동의 역학적 기초를 이해하려면 (우리가 설의 모자를 썼을 때처럼) 상자를 열거나 (브라이텐버그처럼) '내리막 발명'을 선택하여 비밀코드를 적용하는 엔지니어처럼 백지에서 행동을 만들어내야 한다.

우리는 태드로3를 vT3로 변형함으로써 적어도 두 메커니즘(우리의 경우 두 신경회로)이 빛에 대해 감각·운동반응을 추동할 수 있음을 밝혀냈다. 또한 우리는 브라이텐버그의 접근법을 이용하여 태드로3가 행동하기 위해 필요한 것이 (회로적 관점에서) 얼마나 적은지도 밝혀냈다. 태드로3나 vT3의 회로 어디에서도 뇌라고 부를 만한 사이신경세포의 집합이나 연결을 찾아볼 수 없다.

브라이텐버그 이동체는 뇌가 없음에도 (이동체의 내부 메커니즘을 모르는 관찰자에게) 우리가 (적어도 목표지향적 자율성의 수준에서는) 지능이라고 부를 만한 것을 보여준다. 하지만 공정을 기하자면, 우리는 vT3가 실제로 작동한다는 것을 보이지는 못했다. 머릿속에서 시뮬레이션을 돌렸을 뿐이다. 애덤 래머트는 배서대학 인지과학 졸업논문을 쓸 때 vT3가 우리의 상상대로 작동하는지 알아보기 위해 바퀴 달린 로봇에 vT3 회로를 장착했다. 결과는 성공적이었다(그림 5.6).

체화된 브라이텐버그 이동체는 물리적 현실에서도 시뮬레이션에서도 작동하기 때문에 우리는 이를 이용해 어떤 종류의 몸이 행동을 하고 어떤 종류의 몸이 행동하지 않는지 탐구할 수 있다(그림 5.7). 이 체화 관점에서는 자율적 행위자에게 무엇이 필요한지 한

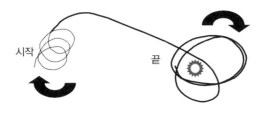

체화되어 작동하는 vT3

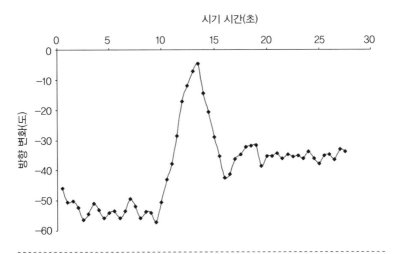

그림 5.6 **체화되고 자율적인 바퀴 달린 로봇으로서 작동하는 vT3** 위쪽 그림은 애덤 래머트의 3분짜리 실험에서 vT3가 그린 원호 경로를 나타낸다. 가는 선에서 굵은 선으로 경로가 바뀐 지점에서 vT3는 빛을 감지했다. 아래쪽 그림은 vT3가 빛을 감지했을 때 어떤 일이 일어나는지 보여준다. 시기가 시작되고 약 10초가 지났을 때 vT3는 빛을 감지하자 방향을 55도 가까이 틀어 빛을 향해 직진한 뒤에 주위를 맴돈다. vT3를 '브랜드1.5 브라이텐버그 이동체'로 생각할 수 있음을 명심하라.

행동하지 않는 비非자율 이동체를 만드는 세 가지 방법

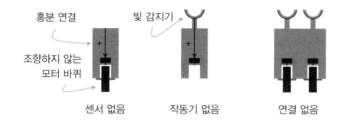

흥분 연결

빛 감지기

조향하지 않는
모터 바퀴

센서 없음   작동기 없음   연결 없음

서로 다른 행동을 하는 자율 이동체를 만드는 다섯 가지 방법

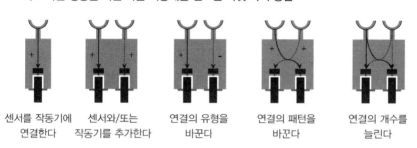

센서를 작동기에   센서와/또는   연결의 유형을   연결의 패턴을   연결의 개수를
연결한다   작동기를 추가한다   바꾼다   바꾼다   늘린다

이동체의 모수공간

1 센서   0, 1, 2
2 작동기   0, 1, 2
3 센서와의 연결   0, 1, 2
4 모터와의 연결   0, 1, 2
5 연결 유형   흥분(+) 또는 억제(−)

그림 5.7 **체화 관점** 지능은 우리가 자율적으로 행하는 것이다. 발렌티노 브라이텐버그
가 창안한 사고실험에서 단순한 이동체는 뇌의 매개 없이 센서를 작동기에 직접 연결할
수 있다. 센서와 작동기, 둘 사이에 연결이 없으면 이동체는 행동할 수 없다. 감각이나 운
동을 수행할 방법이 없기 때문이다. 자율적 행동을 하려면 센서가 작동기에 연결되어야
한다. 간단한 사고실험을 해보자. 빛 센서 하나, 모터 달린 바퀴 하나, 둘 사이의 흥분 연
결이 있는 자율 이동체가 있다. 이 이동체 앞에 빛을 놓는다. 어떤 일이 일어날까?

눈에 알 수 있다. 센서 하나와 바퀴 하나가 달린 가장 단순한 자율 이동체(브라이텐버그는 '브랜드1'이라고 불렀다)는 광원을 향하고 있으면 빨라지고 그렇지 않으면 느려진다.

이것은 엄청나게 흥미진진한 행동은 아니지만 우리가 정의한 행동, 즉 행위자와 환경의 상호작용이다. 브랜드1 이동체는 행동의 필요충분조건이 ●센서가 모터에 연결될 것 ●작동기가 달린 동체胴體에 센서·모터 연결부가 체화될 것 ●센서가 감지할 수 있는 가변적 에너지장이 있는 환경에 이동체가 놓일 것 ●작동기가 운동량을 전달할 수 있는 물질이 있는 환경에 이동체가 놓일 것임을 보여준다. 이 가운데 하나라도 빠지면 행동은 불가능하다.

이 브라이텐버그 이동체(그림 5.7)를 살펴보면 vT3가 어디에 속하는지 알 수 있다(첫 번째 자율 이동체와 두 번째 자율 이동체 사이). 따라서 브라이텐버그의 용어로 하자면 vT3는 브랜드1 이동체(센서 하나, 모터 하나)도 아니고 브랜드2나 브랜드3 이동체(센서 둘, 모터 둘)도 아니다. 래머트는 vT3의 성격이 중간임을 알고는 이동체1.5라는 이름을 붙였다. 우리는 이동체1.5의 성격(●센서 하나 ●작동기 둘 ●센서 하나와의 두 연결 ●각 모터에 대한 연결 하나씩 ●흥분 연결과 억제 연결)을 시각적(그림 5.4)으로뿐 아니라 이동체의 모수공간(그림 5.7)을 이용하여 나타낼 수 있다.

물리적 몸을 가진 행위자

뇌가 없다고? 그래도 아무 문제 없다. 태드로3, vT3, 브랜드1.5 브라이텐버그 이동체에서 보듯 우리는 (매사추세츠공과대학 로드니 브룩스 교수가 말하는) '인지상자'가 없는 자율적 행위자를 만들 수 있다. 인공지능 분야의 주류 연구자인 브룩스는 1980년대에 인공지능에 혁신을 가져왔다. 남들이 느림보 로봇을 가지고 시각, 경로 계획, 지도 작성 같은 계산 집약적 문제로 쩔쩔맬 때 브룩스는 복잡한 형제들을 능가하는 단순한 로봇을 만들었다.[48]

브룩스와 동료들은 무척추동물이 뇌라고 할 만한 것 없이도 여러 행동을 할 수 있다는 사실에 착안해 이동로봇의 컴퓨터 안에 대다수 사람들이 '반사작용'이라고 부를 법한 병렬적 배열을 프로그래밍했다. 반사작용은 손바닥에 뜨거운 물체가 닿는 것 같은 단순한 자극이 팔 관절을 구부리는 것 같은 즉각적 반응을 일으키는 걸 말한다. 관절을 구부리면 손이 몸 쪽으로 이동하여 대개는 열원에서 멀어진다. 이 점에서 테드로3도 일종의 반사작용으로 작동한다. 즉 온오프 스위치로 작동하는 것이 아니라 지속적이고 점진적으로 작동한다는 말이다.

브룩스는 로봇이 다양한 반사작용을 이용하여 당시의 뇌 기반 인지상자 로봇이 하지 못하는 일(변화하는 환경에서 방향을 찾는 것)을 할 수 있으리라 추론하고 1980년대 중엽에 이를 입증했다. 브룩스의 자율 6족 로봇 칭기즈Genghis는 사람을 따라 험로를 걸을 수 있었다.[49] 당시 칭기즈는 진정한 혁신이었으며 훗날 행동 기반 로봇공학으로 불릴 분야의 존재 증명이었다.[50]

행동 기반 로봇공학은 합성적 방법을 이용하여 백지에서 로봇을 만든다. 이것은 행동을 이해하기 위한 브라이텐버그의 '내리막 발명'과 일맥상통한다. 합성적 접근법은 키스원칙과도 맞아떨어진다.

반사 모듈 같은 구성요소들이 반응에 직접 연결된 자극에서처럼 단순하다는 개념이 전부이기 때문이다. 합성적 접근법은 엔지니어의 비밀코드에도 부합한다. 단순한 요소를 이해한 뒤에 이를 하나하나 조합하여 우리가 여전히 이해할 수 있는 좀더 복잡한 시스템을 만들 수 있기 때문이다.

반사 모듈로 자율적 행위자의 신경계를 합성하기 시작하면 당장 '이 모듈들을 어떻게 조율할 것인가?'라는 문제와 맞닥뜨린다. 자극 스위치가 켜져 각 반사 모듈이 자동으로 어떤 행동을 한다면 두 행동 모듈이 한꺼번에 켜질 때는 어떤 일이 일어날까? 또 행동이 순서대로 자극되는 상황에서 자동적 행위가 시간상 겹치면 어떤 일이 일어날까?

자동 제어들 사이의 이런 갈등은 어느 모듈이 실행권을 가질지 결정하는 시스템인 중재자^{arbiter}가 해결해야 한다. 브룩스는 이번에도 동물에게서 영감을 얻어 이른바 포섭^{subsumption}이라는 결정 도식을 만들었다. 포섭식 신경구조에서는 로봇의 프로그래머가 행동 모듈의 서열을 정한다. 갈등이 일어날 경우 높은 서열의 행동 모듈이 낮은 서열의 행동 모듈을 포섭, 즉 억압한다.[51] 일단 프로그래밍되면 포섭은 내장된 결정 중재자가 된다. 자율적 행위자는 다음에 무엇을 해야 할지 생각할 필요가 없다. 다른 행동에 대한 자극을 받을 때까지 기본값인 최저 수준의 행동을 하면 된다.

나는 운전할 때 나 자신을 포섭방식으로 프로그래밍하려고 시도한 적이 있다. 체계의 맨 아래 계층에서 나의 기본값은 '효율적으로 운전하라'라는 행동이다. 이 모듈은 사실 '급가속을 삼가라', '빨간

불을 피하기 위해 속도를 조절하라', '붐비지 않는 길을 선택하라' 같은 행동을 포함하는 하위 모듈의 집합이다. 나의 두 수준 포섭계층의 꼭대기에는 '안전하게 운전하라'가 있다. 이 모듈은 '도로를 벗어나지 마라', '안전거리를 유지하라', '앞 차를 들이받지 마라', '전방을 주시하라'처럼 운전교육 시간에 가르치는 모듈의 조율된 집합이다. 현실에서 '안전하게 운전하라' 행동은 대부분 '효율적으로 운전하라'보다 우선한다. 다른 차가 있거나 비나 어둠, 낯선 도로 같은 악조건이 이 모듈을 촉발하기 때문이다.

나는 포섭을 염두에 두고서 다른 사람들의 운전행위를 즐겨 분석한다. 가장 낮은 수준에서, 많은 운전자들은 '거칠게 운전하라' 행동을 하는 듯하다. 이 기본값은 '앞 차를 추월하거나 바짝 따라붙으라', '잽싸게, 필요하다면 깜박이를 넣지 말고 차선을 변경하라', '다른 차들이 추월하지 못하도록 하라', '정지상태에서 급가속하라' 같은 행동을 비롯한 하위 모듈의 집합으로 이루어진 듯하다. 대다수 운전자는 고高자극 문턱값에서 '안전하게 운전하라' 모듈이 '거칠게 운전하라' 모듈보다 우선하는 듯하다.

포섭을 통해 즉흥적으로 행동할 수 있는 행위자는 몸, 센서가 달린 몸, 작동기가 달린 몸, 실제 세계에서 작동하는 몸 같은 친숙한 장비를 가지고 있음에 틀림없다. 브룩스는 이 요건을 다음과 같이 요약한다. 자율적 행위자는 체화되고 위치구속되어야 한다. 체화된 행위자가 세상의 사건에 반응할 수 있는 것은 물리적 몸을 가지고 있기 때문이다. 이것이 앞에서 말한 '몸 계산'이다. 위치구속된 행위자가 실제 세상에 일어나는 사건에 반응할 수 있는 것은 감각을 가졌기 때문이다. 이 감각은 우리가 신경계의 회로도식을 통합하는 순간에 호출하는 '신경 계산'의 바탕이다.

잡아먹되 잡아먹히지 말기

지금쯤 눈치챘겠지만 태드로3는 포섭식 신경계가 없다. 태드로3의 결정은 꼬리 회전각을 실시간으로 끊임없이 조정하는 것뿐이다. 그 결과로 빛을 좇는 행동을 하게 된 태드로3는 빛을 감지하고 빛을 향해 이동하고 조도가 가장 높은 점을 중심으로 맴도는 요령을 익혔다.

태드로3는 몸을 진화시킴으로써 더 나은 섭이행동을 진화시킬 수는 있지만, 애석하게도 다른 재주를 진화시킬 유전적 수단은 가지고 있지 않다. 이를테면 위험이 닥쳐도 알 도리가 없다. 안점 하나로 빛의 세기를 감지할 뿐이다. 악의 기운은 보지도 듣지도 못한다. 태드로3의 모형화 대상인 피낭동물 올챙이 같은 유기체 행위자가 이렇게 요령이 없으면 생명경기에서 점심거리가 되기에 딱 맞다.

4장 끝머리에서 이야기했듯 포식은 현생 어류에게서 가장 강한 선택압 중 하나로 생각된다. 따라서 포식처럼 강하고 생태적으로 유관한 선택압을 가하는 것은 '무엇이 물고기를 닮은 최초의 척추동물에서 척추골의 진화를 추동했는가를 이해한다'는 우리의 출발점으로 돌아가는 훌륭한 길인 듯하다.

포식이 선택압이라는 가설을 세우면 앞에서 이야기했듯이 태드로3는 그 일을 할 수 없다. 먹잇감이 되도록 만들어지지 않았으니 말이다. 이제 우리는 잡아먹되 잡아먹히지 않는 신경계와 몸을 가지도록 태드로를 업그레이드해야 한다. 그렇게 해서 탄생한 것이 태드로4다. 이 장에서 체화된 지능에 대해 발전시킨 개념을 이용하여 태드로4의 설계에 대해 설명하겠다.

우리는 현생 어류가 하는 (하지만 피낭동물 올챙이는 하지 않는) 행동을 하도록 태드로4를 설계했다. 태드로4는 두 눈(광저항)을 달고 헤엄치며 먹이를 찾고 먹는다. 태드로4가 포식자의 접근을 감지하는 수단인 적외선 근접 감지기는 옆줄(물고기의 몸 양옆에 늘어선 작은 털과 세포로서 자신이나 근처에서 움직이는 무언가가 물살을 흔들면 움직인다)과 같은 기능을 한다.[52] 몸의 어느 쪽에서든 감지기가 자극되면 태드로4는 달아나려고 시도한다. 섭이에서 도망으로의 행동 전환을 수행하는 것은 두 계층의 포섭체계를 갖춘 신경계다(그림 5.8).

이 두 계층 포섭 설계에서 정말 근사한 점은 물고기의 신경계가 실제로 작동하는 방식을 기능적 수준에서(기능주의를 생각해보자!) 매우 비슷하게 흉내냈다는 점이다. 대부분의 물고기는 헤엄쳐 돌아다니며 먹잇감을 찾는다. 이것이 제1계층인 기본값 행동이다. 이것은 빛을 먹잇감으로 가장했을 때 태드로3가 수행한 행동이다. 여기에 더해 물고기는 포식자를 감지할 수도 있다. 포식자가 덮치면 먹잇감은 신경공황 버튼을 눌러 우리 '창조생물학자'들이 급출발fast start이라고 부르는 일을 수행한다. 이것이 제2계층으로, 중요성 면에서 제1계층보다 서열이 높은 행동이다.

이 급출발은 물고기에게서 측정한 가속 중에서 가장 빠른 도피 반응으로, 중력가속도의 10배가 넘는다.[53] 비교를 해보자면 미국

우주왕복선 비행사들은 궤도진입 추진의 마지막 순간 주엔진이 점화될 때 약 3G의 최대 가속을 경험한다.[54] 이 놀라운 가속이 가능한 것은 물고기의 몸 한쪽에 있는 거의 모든 근육이 일제히 점화되기 때문이다. 이 근육 활동을 조율하는 것은 그물척수계recticulospinal system라는 특수 목적 신경회로다.[55] 그물척수회로는 8차 뇌신경(물고기의 속귀와 옆줄에 연결된 신경)에서 오는 자극을 받은 뒤 근육의 운동 신경세포를 활성화한다. 내게는 '포식자 감지'로 들린다. 많은 물고기는 옆줄이 꼬리까지 죽 이어지기 때문에 이것은 머리 뒤에(음... 몸 뒤라고 해야 하려나) 눈이 달렸다는 속담을 연상시킨다.

여기 진짜로 근사한 부분이 있다. 물고기가 헤엄치다가 포식자를 감지하면 이 도피반응 신경회로가 헤엄쳐 돌아다니기 회로보다 우선한다! 이게 바로 포섭이지, 베이비.

코넬대학 신경생물학 교수 조 페초는 금붕어를 대상으로 한 멋진 실험들로 이 관계를 밝혀냈다.[56] 페초와 카렐 스보보다는 급출발회로와 지속영持續泳회로에서의 신경 활동을 직접 측정했다. 지속영의 신경신호는 이른바 중앙 패턴 발생기(다른 회로로부터 입력을 별로 받지 않은 채 꾸준히 박자를 맞추는 신경세포 무리)의 체계에서 온다. 하지만 도피가 활성화되면 급출발회로에서의 입력이 지속영회로를 즉시 끈다.

태드로4의 설계를 추동하는 것은 살아 있는 물고기가 신경회로, 유영행동, 진화의 관점에서 포식자에게 어떻게 반응하는지에 대한 우리의 지식이다. 우리는 이에 대해 수많은 차원의 지식을 가지고 있기에, 포식자·먹이체계는 척추골의 진화적 기원에 대한 가설을

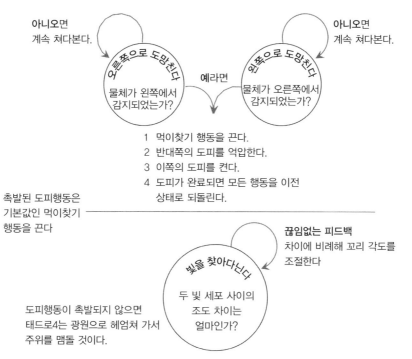

태드로4의 행동 전환

아니오면
계속 쳐다본다.

오른쪽으로 도망친다
물체가 왼쪽에서
감지되었는가?

예라면

왼쪽으로 도망친다
물체가 오른쪽에서
감지되었는가?

아니오면
계속 쳐다본다.

1 먹이찾기 행동을 끈다.
2 반대쪽의 도피를 억압한다.
3 이쪽의 도피를 켠다.
4 도피가 완료되면 모든 행동을 이전
  상태로 되돌린다.

촉발된 도피행동은
기본값인 먹이찾기
행동을 끈다

끊임없는 피드백
차이에 비례해 꼬리 각도를
조절한다

빛을 찾아다닌다
두 빛 세포 사이의
조도 차이는
얼마인가?

도피행동이 촉발되지 않으면
태드로4는 광원으로 헤엄쳐 가서
주위를 맴돌 것이다.

그림 5.8 **태드로4의 행동 전환** 태드로4는 물고기와 마찬가지로 언제 먹이를 찾고 언제 포식자에게서 도망칠지를 결정하도록 만들어졌다. 행동을 전환하는 결정은 두 계층으로 된 포섭구조를 이용한다. 태드로4는 먹이를 찾다가 도피반응이 촉발되면 도피가 완료될 때까지 먹이찾기를 중단한다. 태드로4의 모든 센서는 '먹이가 어디 있는가(눈)?' '포식자가 어디 있는가(옆줄)?'라는 질문에 끊임없이 대답한다고 간주할 수 있다. 그 대답에 따라 지각이 지속적으로 갱신되며, 이는 체화된뇌의 상태를 바꾸고 태드로4의 즉각적 행위를 추동한다.

검증하는 데 안성맞춤이다.

척추골이라고? 여전히 기억하고 있나? 체화된 뇌와 지능적 행동을 탐구하면서 이 축 구조를 잊고 있었다. 우리는 태드로4를 위해 진짜 척추골이 있는 몸통뼈대를 만들었다. 그래서 먹잇감 태드로4 개체군이 포식자에 의한 선택에 (척추골 개수의 측면에서) 어떻게 반응하는지 보기로 했다. 생명경기는 계속된다.

포식자와 피식자 세계의
진화하는 로봇

　포식이 왜 그토록 강한 선택압인지는 누구나 안다. 죽으면 끝 되니까. 여기서 여러분에게 인사드릴 죽음을 앞둔 존재는 앞 장에서 먹거나 도망치는 진화봇으로 소개한 먹잇감 태드로4다. 태드로4는 ('태드로'라는 이름을 달고 있기는 하지만) 태드로3와 비교하면 다른 종류의 물고기다. 가장 중요한 변화는 태드로4와 새로운 세계가 어떤 대상(먹잇감 대 포식자 세계에 놓인 척추동물)을 모형화하는가다. 태드로4는 먹되 잡아먹히지 않기 위해 새로운 신경계와 새로운 몸을 얻었다. 이를 위해 우리는 먹잇감 태드로4를 추적하고 쫓아다닐 수 있는 포식자를 설계하고 만들어야 했다.

　태드로3 마라톤Tadro3-athon 같이 다년간의 거대한 프로젝트를 진행하고 있을 때는 돌이킬 수 없는 결정을 내리기 전에 곰곰이 따져볼 시간이 있다. 우리는 배서대학의 우리 팀 전체와 라피엣대학 연구진과 정기적으로 회의하고, 진도를 보고하고, 자기 분야에 대해 가르쳐주고, 동료와 학생에게 그들의 작업결과가 또…, 또…, 또띠

야라고 점잖게 말할 방법을 찾는다. 이것은 학계의 축복이자 저주다. 우리는 움직이는 것은 무엇이든 비판하도록 훈련받는다. 우리는 지적 포식자로 훈련받는다. 직업 유형으로 보자면 우리는 학생들을 대상으로 이 포식행위를 모형화한다. 단, 우리가 괴롭히는 건 사람이 아니라 그가 이용하고 만들어내는 아이디어다. 한편 우리는 먹잇감의 행위도 모형화한다. 원을 그리는 상어들에게 논증을 제시하는 먹잇감 말이다.

모든 학생은 먹잇감이다. 유감이다. 우리가 학생 모드일 때는 자신이 무언가를 모른다는 사실을 처음에는 자신에게, 다음에는 남들에게 인정해야 한다. 약점에 대해 말해야 하는 것이다. 약점을 드러낸 먹잇감이 되고 싶어 하는 사람이 어디 있겠는가? 하지만 무지나 오해는 문제다. 에둘러 갈 방법은 없다. 그러니 자신이 하는 일을 더 잘하고 싶다면, 문제가 있음을 인정해야 한다. 의류업체 올드네이비 공동창업자이자 전 사장 제니 밍 말마따나 "잘못임을 인정하지 않으면 고칠 수 없다."[1]

우선 태드로3의 문제부터 되돌아보자

좋았어. 태드로3의 잘못은 무엇일까? 심각한 신뢰의 위기에 대해서는 4장에서 자세히 설명했다. 태드로3 개체군이 예상대로 진화하지 않자 우리는 집단적 행동 모드를 '실험을 수행하고 데이터를 분석한다'에서 '멈추고 잘못을 찾는다'로 전환했다. 우리는 잘못이 행운임을 발견했다. 태드로3의 갈팡질팡은 에너지 비효율의 신호가 아니라 기동력이 개선되었음을 보여주는 지표였다. 문제는 전술적 차원에 있었다. 전략적 차원의 만성적 문제를 이런 식으로 해결할 수는 없다. 이런 문제는 계획의 부산물이기 때문이다. 특정한 전략 계획이 실행되면 이를 수정하거나 새로 시작하지 않는 한, 전략적 결함이 있는 실험을 평가하여 실험을 새로 설계할 때까지 만성적 문제가 계속된다.

1장에서 나의 생물학자 동료가 말했듯 전략적 차원에서 모형화 자체가 개념적으로 결함 있는 과정이라고 주장할 수도 있다. 내가 모형화에 대해 언급한 것을 고려한다면 여러분은 내가 모형화를 덮어놓고 비판하는 사람들에게 반대한다고 해도 놀라지 않을 것이다.

이와 동시에 나는 바버라 웨브에게 동의한다(3장). 우리는 자신이 채택한 구체적 모형화 접근법을 신중하게 정당화해야 한다. 따라서 설계과정을 완료하고(3장) 태드로3 모형 시스템이 작동하는 것을 관찰하고(4장) 태드로3의 행동을 이해하는 데 도움이 되는 메커니즘을 맛보았으니(5장) 이제는 웨브의 기준을 다시 불러와 우리의 생물로봇 모형의 가치를 판단할 수 있으리라.

웨브의 기준에서 볼 때 우리는 좋은 모형을 만든 걸까? 우리가 진화봇 모형의 장점으로 '관련성'(=가설을 검증할 수 있음)과 '매체'(=로봇의 물리적 바탕) 말고도 '행동의 일치'와 '메커니즘적 정확성'을 선택했음을 상기하라. 골격 → 개체 → 개체군의 체계 안에서 일치된 행동과 정확한 기능을 찾아볼 수 있는가? 행동 일치의 관점에서 태드로3 시스템의 진화 패턴이 복잡하다는 것은 시스템이 개체군 수준에서 현실적으로 행동한다는 증거다. 게다가 우리는 선택과 무작위의 진화 메커니즘이 이런 복잡한 패턴을 일으킨다는 사실을 알기 때문에 이 메커니즘의 정확성도 높다.

하지만 태드로3 자체의 메커니즘적 정확성, 즉 개체와 골격 체계에서의 수준은 어떨까? 통합·비교생물학회 연례대회에서 우리의 진화생물로봇공학 연구를 발표하기로 했을 때 나는 캘리포니아대학 다지류연구소 소장 로버트 풀 교수의 실험실에서 건설적 포식자 하나가 우리를 방문할 수도 있다고 학생들에게 말했다. 풀은 무척추동물에 대한 주도면밀한 연구, 달라 보이는 행동들을 통합하는 기능적 원리의 분리, 생체모방 로봇의 설계 및 작동 원리의 구현으로 세계적인 명성을 얻었다.[2] 그래서 풀이나 그의 동료 중 한 명이 비판을 위해 온다고 하니 우리는 페렝기* 말마따나 귀를 쫑긋 세웠다.[3]

풀의 실험실에서 나온 가장 혹독한 비판 중 하나는 태드로가 너무 단순하며, 따라서 생물학 현상의 정확한 모형이 아니라는 것이었다. 태드로3는 개별 행위자 수준에서는 모형으로서 실패했다. 쓸모 있는 비판이 으레 그렇듯 그 말은 부분적으로 참이었다. 그리하여 우리는 배움을 갈망하는 먹잇감으로서 처음에는 우리에게 문제가 있음을 인정하려 애썼다. 그 다음에는 문제를 해결할 수 있는지, 할 수 있다면 어떻게 해야 하는지 알아내고자 했다. 한 가지 방어적 해결책은 생물로봇을 과학적 모형으로서 판단하는 다른 방법들을 더 훌륭히 설명하려고 시도하는 것이었다. 애초에 내가 생물로봇 모형화에 대한 바버라 웨브의 접근법을 요약한 것은 이 때문이

---

* 〈스타 트렉〉에 등장하는 종족이다.

었다.[4]

또 다른 해결책은 처음으로 돌아가 키스원칙을 다시 살펴보는 것이었다. 우리는 처음에 간단한 모형을 만드는 일을 정당화하기 위해 키스를 이용했다. 그런데 이제 태드로3가 단순하다는 비판이 제기되었다. 그렇다면 다음은 무엇일까? 모형에 어떤 요소를 왜 넣어야 할까? 새 성질들은(그러면 로봇이 복잡해질 것이 틀림없는데) 우리 모형을 메커니즘적으로, 또한 생물계를 표상한다는 점에서 더 정확하게 만들기에 알맞을까? 내가 5장에서 시간을 들여 체화된 뇌, 신경회로, 그리고 어류의 그물척수 감각·운동계 모형화에 관한 포섭적 접근법을 이야기한 것은 '다음은 무엇?'이라는 물음에 답하기 위해서였다. 우리가 태드로3의 신경계에 생물학 기반의 복잡성을 더한 것은 태드로4를 만들기 위해서였다.

그런데 초기 척추동물의 척추골 진화에 대한 가설 검증은 어떻게 되었을까? 태드로3 시스템은 제 역할을 했을까? 물론이다. 우리는 진화봇을 이용하여 섭이행동 개선을 위한 선택이 초기 척추동물에서 척추골의 진화를 추동했다는 가설을 검증하기 시작했다. 척주의 척추골 개수는 척삭의 구조경직도로 대체했다. 태드로3 개체군은 구조경직도가 감소했지만 선택 하에서의 유영행동은 개선되도록 진화했기 때문에 우리는 섭이행동 개선에 대한 선택이 척추골 진화를 추동했다는 가설을 기각했다. 하지만 섭이행동과 척삭의 구조경직도 자체가 (오로지 섭이에 해당하는 하위행동들에만 보상하는) 적합도 함수와 분리될 수 있다는 점에서 가설 자체가 너무 단순화되었을 수 있음을 깨달았다. 그래서 우리는 태드로3의 선택환경에 포식자를 던져 넣어 복잡성을 추가하고 거친 야생의 새로운 환경을 태드로4에게 만들어주었다.

태드로3에 대한 또 다른 비판은 내부의 포식자들에게서 제기되었다. 우리가 여러 기관과 공동연구진을 구성할 때마다 라피엣대학 수학과 교수이자 진화 시뮬레이션 연구진의 우두머리인 롭 루트는 로봇 태드로3를 물어뜯지 못해 안달이었다. 롭과의 공동연구에는 수많은 이점이 있는데, 그중 하나는 그가 살살 깨물며 늘 건설적인 태도를 취한다는 점이다. 우리가 스스로에게 문제가 있음을 부인하고 싶을 때 그가 강경하게 버티는 것도 유익하다.

우리가 태드로3 실험의 방법과 결과를 서서히 풀어놓는 동안 롭의 심기를 건드린 문제점은 ●우리의 적합도 함수는 (이를테면) 모아들인 먹이의 실제 양이 아니라 섭이 관련 행동의 합성물이라는 점 ●우리의 적합도 함수는 비례를 맞추지 않은 측정치의 합계라는 점 ●합성물인 섭이행동에 가속능력이 포함되지 않는다는 점 ●개체군 크기가 너무 작다는 점(주지하다시피 2장에서 롭은 소수의 사례에서는 무작위가 큰 영향을 미칠 수 있다고 지적했다) ●큰 진화 추세를 보여주기에는 세대 수가 너무 적다는 점 ●척추골의 작용이 누락되었다는 점 등이었다.

얼마 전에 롭과 이 일에 대해 이야기를 나눴는데 롭은 이것들이 자신의 주된 비판이었다는 데 동의했다. 롭은 척추동물에서 척추골이 여러 번 독자적으로 진화했다는 사실이 늘 흥미로웠다고 덧붙였다. 그러고는 이 수렴진화는 감각계가 향상되는 선행 진화, 특히 (척추동물의 특징인) 쌍을 이루는 눈, 코, 귀에 동반되는 듯하다고 언급했다. 이것은 앞 장에서 이야기한 정교한 신경계와 감각계에 대한 정당화의 일환이다. 태드로4가 피식자 대 포식자 세상에서 먹잇감으로 살아남으려면 생존 가능성을 부여하는 신경계와 감각·운동계가 있어야 한다.[5]

롭이 비판을 제기했을 때 (진화하는 태드로3의 시스템을 중도에 바꿀 수 없던) 우리가 할 수 있는 말은 고작 이거였다.

"좋은 지적이네요, 롭! 잘 알겠습니다. 다음에는 꼭."

다행히도 로봇 태드로3 시스템이 진화하느라 여념이 없을 바로 그때 롭은 우리의 또 다른 공동연구자인 라피엣대학 전산학 부교수 춘와이 리우와 함께 태드로3 시스템과, 이 시스템이 검증하는 생물학 가설에 다른 기법으로 접근하고 있었다. 바로 디지털 시뮬레이션이었다.

그럼 디지털 시뮬레이션도 해보자

1장에서 나는 포식자의 이빨을 세운 채 디지털 시뮬레이션을 난도질했다. 나의 비난이 전적으로 정당한 것은 아니었으며, 1장 초고를 읽은 친구들 중 몇몇은 격분하기도 했다. 내 논점은, 이것은 여전히 유효하다고 생각하는데, 체화된 로봇이 디지털 로봇보다 우위에 있는 이유는 체화된 로봇이 물리법칙을 어길 수 없기 때문이다. 이것은 참이다. 하지만 정확한 물리 엔진physics engine[6]을 제작해 디지털 시뮬레이션에 이용할 수 있으면 완전히 비현실적인 모형을 만드는 일은 피할 수 있다. 이제부터 소개하겠지만 심지어 무언가를 배울 수도 있다.

자신의 행위를 예측할 수 있도록 하는 세계를 모형화하려면 물리 엔진이 법칙을 제공해야 한다. 중력, 운동량 전달, 포물선 운동은 모두 '그랜드 테프트 오토$^{Grand\ Theft\ Auto}$' 같은 롤플레잉 비디오 게임에서 암묵적 규칙이다. 배서대학 전산학과 부교수 톰 엘먼이 주장하듯 오락은 물리 기반 애니메이션에서 빙산의 일각에 불과하다. 과학, 교육, 공학에서도 현실적인 세계 모형이 중요하다. 상황에 들어맞는 애니메이션을 만드는 일은 힘들고 시간이 많이 걸리지만, 톰은 사람 이용자가 쌍방향으로 전달하는 입력을 바탕으로 해서 자동으로 물리 기반 세계를 만들어내는 소프트웨어를 개발했다.[7] 항공공학자와 자동차공학자는 실시간 3차원 강체 애니메이션을 이용하여 신형 항공기와 자동차의 개발을 앞당긴다. 차량을 컴퓨터에서 만들고 시험할 수 있으면 차량을 구부리고 비틀고 망가뜨리고 부수고 파괴해도 괜찮다. 차량 설계에 변화를 주었을 때 어떤 영향이 미치는지 알기 위해 이 과정을 몇 번이고 반복할 수도 있다.

공학자들은 설계과정에서 디지털 시뮬레이션을 이용할 때 이른바 유전 알고리즘$^{genetic\ algorithm,\ GA}$을 채택하기도 한다. GA 접근법은 무작위를 이용해 설계의 새로운 변이형을 만들어낸다는 점에서 진화적이다. 변이형의 성능은 (대체로) 성능의 단일 측면을 극대화하는 적합도 함수로 평가한다. 적합도가 가장 큰 변이형이 선택되어 돌연변이와 짝짓기를 통해 다음 세대의 새 설계를 만들어내면 이를 다시 시험한다.

성능의 단일 측면(이를테면 연비)을 최적화하는 공학적 설계를 찾는다는 점에서 GA 과정은 '언덕 오르기' 루틴으로 불리는 절차

집합의 사례다. 여기서 언덕은 설계공간에서 최선의(최적의) 결과를 내놓도록 성질들을 조합하는 특정 영역이다.[8] 진화 시뮬레이션이 언덕 꼭대기를 찾으면 과정을 종료하고 승리한 설계를 물리적 실체로 만든다. 그런데 디지털 시뮬레이션이 '검증되었다'라고 말할 수 있는 때는 디지털 시뮬레이션을 물리적으로 체화한 것이 예상대로 작동할 때뿐이다. 우리는 물리적 시스템인 태드로3에서 출발하여 그 디지털 시뮬레이션을 만들었는데, 이것은 여러 면에서 검증절차를 거꾸로 진행한 것이다.

태드로3 세계에 물리 엔진이 필요했을 때 롭, 춘와이, 이들의 지도학생인 메건 커민스와 그레그 로드보가 제작을 맡았다. 이들은 태드로3의 꼬리와 몸이 만들어내는 물 움직임이 태드로3의 탄력 있고 유연한 꼬리와 (힘을 매개로) 상호작용하는 것을 시뮬레이션 해야 했다. "태드로3의 물리 엔진을 만들어"라고 말하는 것은 간단하지만, 실제로 이 문제는 여간 힘들지 않다. 나는 앞 장에서 온갖 복잡한 계산문제를 신경계가 아니라 몸을 이용해 '푸'는 것에 대해 이야기했다. 이를 다루는 건 정말 여간 어려운 일이 아니다. 여기서 우리는 실제로 온갖 복잡한 수학과 씨름해야 했다. 롭과 그레그는 물리학을 다루는 수월한 접근법을 만들어내는 데 집중했다. 두 사람은 우선 뉴욕대학 쿠런트연구소의 수학 교수 찰스 페스킨이 만든 가상경계법을 헤엄치는 물고기라는 특수 상황에 맞도록 변형했다.

한편 진화 컴퓨터 프로그래밍 전문가 춘와이는 롭과 그레그가 개선된 물리 엔진을 만드는 동안 자신과 메건은 덜 정확하지만 전산학적으로 단순한 수학 모형(제임스 라이트힐 경이 개발한 길쭉한 몸 이론elongated-body theory, EBT)을 이용하여 디지털 진화의 최전선에서 전진하겠다고 제안했다. 춘와이와 메건은 롭의 도움으로 EBT를 이용하여 디지털 태드로3가 만들어내는 추력을 계산했다. 디지털 태드로3가 꼬리를 흔들고 추력을 만들어내고 헤엄치고 방향을 전환할 수 있게 되자 둘은 디지털 태드로3(이 녀석을 디지태드3digi-Tad3라고 부르자)가 빛을 감지하고 그쪽으로 헤엄치고 주위를 맴도는 진화적 세계를 창조했다(그림 6.1).

어디서 들어본 말 같지 않은가? 그럴 수밖에 없다. 디지태드3 세계는 로봇 태드로3의 물리적 세계를 모형화했으니 말이다. 실제 로봇 세계에서 실험할 때는 시간적·인적 제약이 있지만 우리는 그런 제약에서 벗어나 디지태드3 개체 수천 마리를 각 세대에서 시험했을 뿐 아니라 수천 세대를 시험할 수 있었다. 무엇보다 디지태드3를 이용하면 개체군의 꼬리경직도 초기값을 매번 달리하면서 실험을 수백 번 되풀이할 수 있었다.[9] 정말이지 체화된 로봇으로는 불가능한 일이다.

모든 디지태드3 실험에서 가장 흥미로운 결과는 이것이었다. 디지태드3 개체군의 평균 꼬리경직도가 얼마에서 시작했든 녀석들은 모두 (평형으로 보이는) 똑같은 경직도값을 향해 진화했다(그림 6.1 아래 그래프). 우리는 이 평형값을 '최적 꼬리경직도 언덕'이라고 불렀다. 빠른 추진과 기동이라는 역학적 요구에서 균형을 이룬 것처럼 보이기 때문이다. 척주가 매우 뻣뻣하면 디지태드3가 빨리 헤엄칠 수 있지만 광원 주위를 가깝게 맴돌지는 못한다. 속도와 기동력의 균형은 적합도 함수로 강화된다. 속도 증가와 선회 반지름

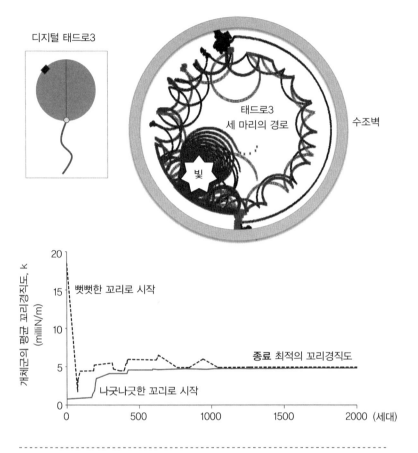

그림 6.1 로봇 태드로3 실험을 확장한 디지털 태드로3 실험 디지태드3는 체화되지는 않았지만 스스로 움직이고 자율적이어서 컴퓨터 시뮬레이션 안에서 빛을 찾고 그 주위를 맴돈다. 디지태드3 세 마리의 경로를 겹친 그림(위 오른쪽)에서는 녀석들이 어떻게 빛을 향해 회전하고 주위에 머물러 있는지 알 수 있다. 아래쪽 그래프에서는 꼬리의 평균 경직도가 전혀 다른 두 디지태드3 개체군이 1,000여 세대 만에 비슷한 경직도를 진화시켰다. 개체군의 평균 꼬리경직도가 최초의 값과 상관없이 같은 값으로 수렴하는 현상은 100여 개의 개체군에서 일관되게 나타났다. 최적의 꼬리경직도(이 글에서 말한 '언덕')가 있다는 사실은 로봇 태드로3의 세계에서 로봇 태드로3 개체군이 최적보다 큰 경직도에서 출발했으리라는(진화적으로 하강했음을 상기하라) 예측으로 이어진다. 또한 디지태드3로부터 얻은 결과에서 우리는 진화하는 척추골이 몸통뼈대를 최대한 뻣뻣하게 하지 않을 것임을 알 수 있다. 경직도는 추진력과 기동력이라는 상충하는 역학적 요구와 맞아떨어져야 한다. 그런데 디지태드3가 표상의 표상이라는 기묘한 사실을 명심하라(피낭동물 올챙이 → 체화된 태드로3 → 디지털 태드로3).

감소 둘 다에 보상하기 때문이다.

디지태드3의 최적(으로 보이는) 꼬리경직도에서 얻은 정보는 체화된 태드로3를 이해하는 데도 도움이 된다. 기억할지 모르겠지만, 태드로3 개체군에서 선택이 존재한 네 번 중 두 번에서 꼬리경직도가 증가했다. 선택이 존재한 나머지 두 번에서는 개체군의 꼬리경직도가 감소했다. 4장에서 우리는 같은 선택압이 서로 다른 두 방향의 추세를 산출한다는 놀라운 사실을 지적하며 이 패턴을 강조했다. 이 변동에 대해 디지태드3가 시사하는 것은 태드로3의 꼬리경직도가 '언덕'을 올라가며 평형을 찾기 위해 앞으로 갔다 뒤로 갔다 했다는 점이다. 말하자면 꼬리경직도가 한 방향으로 진화하지 않은 것은 우연히 태드로3 개체군을 최적 경직도의 언덕 옆에서 출발시켰기 때문이다. 태드로3는 '기슭에서 태어났다.'[10]

이제 진짜로 만들어보자

디지털 세계에서든 체화된 세계에서든 적합도 함수는 각 세대에서의 선택압을 계산한다. 적합도 함수는 생명경기에서 선수들을 평가하는 알고리즘이다. 선수들의 점수 차이에다 짝짓기, 돌연변이, 유전자 부동의 무작위 영향이 결합되면 선수들의 개체군 구성이 세대 간에 달라진다.

선택이 진화경기에서 중추적 역할을 하는 것을 보건대 태드로3의 적합도 함수 구현에 대한 롭의 지적은 대단한 것이었다. 롭은 우리가 단지 각 태드로3가 거두는 에너지를 측정하는 것이라고 말했다. 배서대학 로봇공학 협동과정연구소의 닉 리빙스턴 부소장에게도 같은 아이디어가 떠올랐다. 닉은 태드로3가 거둔 에너지의 양을 측정하려면 각 태드로의 꼭대기에 소형 태양전지판을 달아서 이들이 수집하는 에너지를 직접적인 적합도 함수로 활용하라고 제안했다. 태드로에게 이렇게 말하는 것이다.

"날아! 자유롭게!"[11]

적합도가 가장 높은 태드로가 최후에 (비유적으로) 서는, 또는 (말 그대로) 헤엄치는 진화봇이 될 것이다.

태양전지 태드로4는 전략적 이유에서나 전술적 이유에서나 기막힌 아이디어였다. 전략적으로 보면 우리는 유기체 행위자와 마찬가지로 태드로가 실제로 거둔 에너지를 생존과 직접 연관된 행동으로서 이용할 수 있다. 직접 거둔 에너지는 우리가 자의적으로 고른 행위들에 부여한 숫자로 적합도 함수를 계산하여 선택을 시뮬레이션할 '뿐'이라는 비판을 없애줄 것이다.

전술적으로 보면 에너지를 직접 거두게 하면 실험이 훨씬 빨라질 것이다. 동영상을 프레임 단위로 분석하고 모든 로봇의 점수를 수작업으로 선택하려면 수십 인시人時를 쏟아부어야 한다. 동영상 데이터가 필요한 이유는 적합도를 계산하기 위해서고, 적합도가 필요한 이유는 다음 세대 태드로3의 유전체를 만들어내기 위해서이므로 동영상 분석은 작업속도를 늦추는 병목이다. (어쩌면) 더 중요한 사실은 지긋지긋한 수작업 때문에 다들 미쳐가고 있었다는 점이다.[12] 동영상 분석은 무척 지루하기 때문에 이 일을 잘하는 학생을 보면 대견하다. 끈기가 정말 대단한 학생들이다(심지어 어떤 학생들은 분석작업에 짓눌리면 머리를 텅 비운다고 말한다. 선승이

따로 없다).

직접 거둔 에너지를 이동에 쓰는 데 문제가 있을 리 없다. 세계 태양광 자동차 대회 World Solar Challenge에서는 태양전지 자동차가 오스트레일리아 오지를 횡단한다.[13] 우리는 대회 안내서를 참고하여 태드로3에 태양전지판을 달고는 전선으로 전지에 전력을 공급했다. 하지만 당장 문제가 생겼다. 태양전지의 전력이 충분하지 않았던 것이다. 태드로3의 수중세계는 사막과 달리 빛 공급이 제한적이다. 조명이 집중되어 있고 주변은 암실에 가까운 조건이기 때문이다. 우리는 전체 광량을 높이려고 했지만, 그러자 빛 센서가 먹통이 되어 조도 차이를 감지하지 못했다. 선글라스를 씌워도 (농담이 아니다!) 소용이 없었다.

그래서 작전을 바꿨다. 우리는 태드로가 어둠 속에서 돌아다닐 수 있도록 소량의 전기를 충전했다. 하지만 실제로는 각 태드로마다 에너지양이 조금씩 달랐다. 이런 불공평한 조건은 에너지를 얼마나 저장하고 얼마나 수월하게 흘려보내느냐를 결정하는 전력밀도와 그 밖의 전기적 성질이 전지마다 약간 다르기 때문이다. 우리는 충전량을 동일하게 하려 했음에도 태드로들이 똑같이 충전되었는지 확신할 수 없었다. 게다가 전지를 조금씩만 충전하면 방전도 불규칙하다. 우리는 수중세계의 물리적 현실에 좌절하며 태양전지 배를 포기했다.

우리는 예전의 간접적 적합도로 돌아가 온갖 능력수치를 계산하고 이들을 합산하여 개체의 진화 적합도라는 하나의 숫자를 산출해야 했다. 포식자 회피행위를 추가하려면 약간 뒤죽박죽을 만들어야 함이 분명했다. 4장에서 태드로3에 대해 알아낸 정보를 바탕으로 우리는 섭이행동을 두 하위행동(●전체 시기의 평균 속도 ●조명과의 평균 거리)으로 잘 측정할 수 있으리라 추론했다.[14] 우리는 가속에 대한 롭의 지적을 가슴에 새기고 포식자 회피에 필수적이라고 생각되는 하위행동 세 개를 추가했다(●도피 중의 최대 가속도 ●도피 횟수 ●포식자와의 평균 거리).

롭은 우리가 시험하는 개체 사이의 변이에 따라 각 하위행동을 보정해야 한다고도 지적했다. 또한 통계를 알고 중요시하는 사람들을 위해 z점수라는 것을 쓰라고 조언했다. 우리는 우선 (이를테면) 5번 개체의 최대 가속도와 해당 세대에 속한 모든 태드로4 여섯 마리의 평균 최대 가속도 사이의 차이를 구했다. 그 다음 이 차이를 해당 개체군의 모든 개체에 대한 최대 가속도의 표준편차로 나누어 보정했다. 이렇게 하면 포식자·피식자 세계에서 개체의 진화 적합도는 다섯 개 하위행동에서 얻은 z점수의 합이다.

z점수에 대해 이렇게 설명하면서 우리는 태드로3에 대한 롭의 또 다른 비판을 반영했다. 개체군 크기를 3에서 6으로 늘린 것이다. 이 이야기를 했더니 롭은 웃음을 터뜨렸다.

"와우! 여섯 마리라니. 정말 큰 개체군이군요, 존."

터무니없는 것을 반어적으로 지적해주는 친구가 있어서 다행이다. 하지만 여기서도 실험을 실제로 해보면 고충이 이만저만이 아니다. 개체군 크기를 두 배로 늘리면 만들어야 할 꼬리 개수와 분석해야 할 동영상 양도 두 배로 는다. 우리는 여섯 마리를 시도해보고 우리가 살아남을 수 있을지 보자고 생각했다. 그리고 우리는 살아

남았고, 이제부터 보듯 이 모든 결과가 어찌나 뿌듯한지 모르겠다.

우리의 전체 작업은 지금까지 설명한 작업들에 세대수를 곱해야 한다. 롭이 세대수를 늘리라고 한 것은 진화적 변화가 대체로 느리고 점진적임을 알기 때문이었다. 또한 롭은 디지테드3 개체군이 최적 경직도의 평형을 찾으려면 최소한 100세대가 필요하다고 봤다. 하지만 개체군 크기를 두 배로 늘려 이미 작업량이 두 배로 늘어난 상태에서 우리가 약속할 수 있는 최대치는 열 세대를 시도하는 것이었다.

아! 척추골이 있어야지!

마지막 비판('척추골이 없다')은 진화봇 프로젝트를 시작하면서부터 다들 알고 있던 것이다. 조 슈마허는 태드로2를 만들면서 긴 지우개를 척삭으로 삼고 뻣뻣한 척추골을 흉내내려고 플라스틱 죔쇠를 끼웠다. 당시에는 근사한 해결책이었다. 태드로3를 설계할 때는 생체모방 몸통뼈대를 만드는 데 집중했다. 뼈대 수준의 메커니즘적 정확성에 대해 로버트 풀이 제기한 비판 탓도 있었다. 생체모방 뼈대의 척삭은 실제 동물성 결합조직인 분자 콜라겐으로 만들었기에 정확성에 대해서는 무척 흡족했다. 하지만 생체모방 척삭에 조가 만든 플라스틱 죔쇠를 끼우려다 망가뜨리고 말았다. 누르거나 끼우는 힘을 버티기에는 젤라틴이 너무 약했다. 처음에는 작은 금이 생기더니 이내 전체에 퍼져, 헤엄치는 동안 척삭이 완전히 부서져버렸다.

"빌어먹을 어뢰 같으니. 전속력으로 전진!"[15]

우리는 척추골이 있어야 했다. 3장에서 척주를 만드는 일이 왜 힘든지 이야기했다. 그것은 건조하고 뻣뻣한 구조인 척추골을 축축하고 나긋나긋한 구조인 추간관절에 부착해야 하기 때문이다. 척추골과 관절이 교대로 배열된 복합구조는 태드로의 추진 꼬리로 이용될 수 있도록 역학적으로 튼튼해야 한다. 게다가 휘어지는 부위인 관절의 경직도는 생물학적으로 사실적이어야 한다. 태드로3 시절에는 이 설계요건을 충족할 수 없었기에 재료경직도가 저마다 다른 통짜 하이드로젤을 만드는 식으로 타협했다.

태드로3의 실패에서 우리는 태드로4에 새로운 기법이 필요하다는 교훈을 얻었다. 따로따로 일할 때 창의적이고 예상치 못한 결과가 나올 수도 있음을 알기에 공동연구진을 둘로 나누기로 했다.[16] 해병대 제1소대는 플로리다 주 탬파 슈라이너스아동병원의 톰 쿠브가 지휘했다. 톰은 워싱턴대학 부교수이자 프라이데이 하버 연구소의 부소장 애덤 서머스, 애덤의 박사과정생 저스틴 섀퍼와 함께 과감한 방식을 택했다. 우선 솔리드워크스^{SolidWorks}라는 엔지니어용 소프트웨어 프로그램으로 아름다운 이중 컵 모양의 척추골(상어의 척추골을 빼닮았다)을 만들었다. 그런 다음 쾌속성형기^{rapid prototyping machine}를 이용해 3차원 소프트웨어 오브젝트를 3D 물리 오브젝트로 변환했다(그림 6.2).

한 개의 척추골은 여러 개의 구조로 이루어진다. 척추중심^{vertebral centrum}은 그림 6.2의 원통으로, 추간관절을 사이사이에 두고 뼈 사슬을 이룬다. 신경활^{neural arch}은 척추중심 꼭대기에 놓인 딱딱한 구조체로서 신경계의 척수를 덮는 'C' 모양 덮개를 이룬다(참고: 척

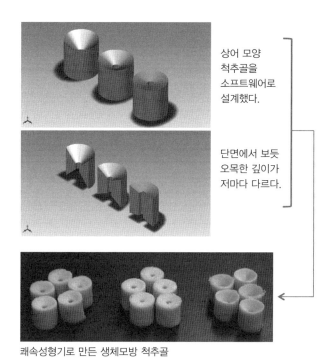

상어 모양
척추골을
소프트웨어로
설계했다.

단면에서 보듯
오목한 깊이가
저마다 다르다.

쾌속성형기로 만든 생체모방 척추골

그림 6.2 **생체모방 척추중심** 이 생체모방 척추중심은 애덤과 저스틴이 솔리드웍스라
는 소프트웨어에서 상어의 척추골 구조를 바탕으로 하여 설계했다. 척추중심은 컵 모양
표면이 이루는 각도가 저마다 다르며, 이 표면이 추간관절의 유연한 재료에 부착된다. 척
추중심은 관절에 비해 뻣뻣하다. 경직도를 부여하기 위해 척추골의 재료인 분말에 시아
노아크릴레이트 접착제를 첨가한다. 척추중심은 생체모방 척주에서는 이 그림과 다르게
배치된다.

수는 그림 6.2에서 척추중심을 통과하는 구멍인 중심안길intracentral
canal을 지나지 않는다). 신경돌기neural spine가 있을 때도 있는데, 이
것은 신경활 위로 튀어나온 뼈 가시다. 혈관활hemal arch은 신경돌기
의 거울상으로, 중앙 후방으로 항문까지 이어진 대동맥과 대정맥을
덮는다. 혈관돌기hemal spine가 있을 때도 있는데, 이것은 혈관활 아

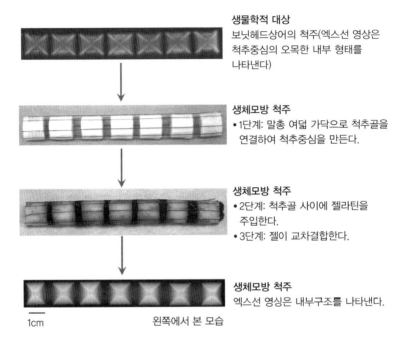

생체모방 척주 모델 1: 인대연결식

생물학적 대상
보닛헤드상어의 척주(엑스선 영상은 척추중심의 오목한 내부 형태를 나타낸다)

생체모방 척주
• 1단계: 말총 여덟 가닥으로 척추골을 연결하여 척추중심을 만든다.

생체모방 척주
• 2단계: 척추골 사이에 젤라틴을 주입한다.
• 3단계: 젤이 교차결합한다.

생체모방 척주
엑스선 영싱은 내부구조를 나타낸다.

1cm

왼쪽에서 본 모습

변이하고 진화할 수 있는 성질
1 척추중심 길이
2 오목한 관절면의 각도
3 추간관절 길이

그림 6.3 **생체모방 척주 모델 1** 저스틴과 톰은 보닛헤드상어의 척주를 생물학적 대상으로 삼아 사실적 형태의 척추골(그림 6.2)을 척주에 조립했다. 말총을 척추중심 바깥에 접착하여 실제 추간인대와 비슷하게 척주를 지탱하도록 했다. 사이에는 젤라틴을 주입하여 추간관절을 만들었다. 젤라틴을 안정화하고 경직도를 조절하기 위해 화학적으로 교차결합(연하고 축축한 재료를 보존하는 절차)했다.

갓 해부한 상어 Squalus acanthias**의 척주**
여기서는 신경활과 혈관활이 보이지 않는다. 왼쪽에서 본 모습

척추중심   추간관절

상어Mustelus canis**의 척주를 말린 것**
왼쪽에서 본 모습

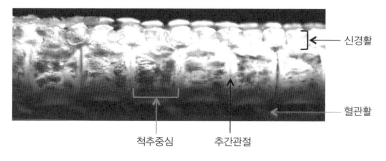

신경활

혈관활

척추중심   추간관절

그림 6.4 **상어의 척주** 이 부분은 척주에서 복강 끝과 꼬리지느러미 시작 부위 사이다.

래로 튀어나온 뼈 가시다.

척추골의 정확한 구조는 어떤 종을 대상으로 삼았는지, 척주의 어느 부위를 참고했는지에 따라 다르다. 우리는 상어의 꼬리 척추골을 생물학적 대상으로 삼았기 때문에(그림 6.2와 6.3) 이것에 대해 설명해야겠다.[17] 상어의 척추골은 경골어류와 달리 신경돌기와 혈관돌기가 없어서 비교적 단순하다(그림 6.4). 신경활과 혈관활은 척추중심에 융합되어 있지 않으며, 지름이 작은 기둥을 형성하며

추간관절을 따라 이어진다.

저스틴과 톰은 척주를 만들기 위해 기다란 말총을 각 척추골 둘레에 접착하여 척추골들을 잇는 법을 고안했다. 말총은 실제 척주의 추간인대와 같은 역할을 하기에 우리는 모델 1을 인대연결식 인공 척주라고 불렀다(그림 6.3). 척추골 사이에는 초코파이 속 마시멜로처럼 젤라틴을 주입했다. 젤라틴이 굳으면 화학고정액에 척주를 통째로 넣었다. 이 고정액은 젤라틴을 교차결합시켜 분자 콜라겐을 격자 모양으로 만드는데, 이렇게 하면 생 젤라틴보다 뻣뻣해지고 부패 저항성도 커진다. 이 말은 들어본 기억이 날 것이다. 우리는 젤라틴으로 만들어 교차결합한 하이드로젤로 인공 척삭을 제작해 태드로3의 몸통뼈대로 삼았었다.

우리의 해병대 제2소대는 배서대학에서 작업했다. 지휘관은 당시 신경과학·행동 프로그램을 전공하던 키라 어빙이었다. 키라는 생화학 전공의 키언 콤비, 생물학 전공의 버지니아 엥겔과 지애나 맥아더와 함께 태드로3 팀에 속해 있었다. 제2소대는 신경과학·행동을 전공하던 커트 밴틸런과 배서대학에 상주하는 기계 전문가 칼 버트시에게도 도움을 받았다.

딱딱한 부속과 유연한 부속으로 사슬을 잇는다는 문제를 해결하기 위해 키라의 팀이 내놓은 해결책은 톰의 해결책과 전혀 달랐다(그림 6.5). 키라 팀은 말총을 인대로 쓰지 않고 가는 플라스틱 커피스틱을 각각 척주 위쪽과 아래쪽을 따라 이어지는 신경활과 혈관활로 이용하여 각 관절을 연결하고 이탈을 방지했다. 이것은 상어와 비슷한 해결책이었으며(그림 6.4) 그 덕에 추간관절이 매우 긴

이례적인 상황을 탐구할 수 있었다. 우리는 모델 2를 활연결식 인공 척주라고 불렀다.

모델 1과 모델 2 둘 다 ●척추중심 길이 ●척추중심에 있는 오목한 관절면의 각도 ●추간관절 길이의 세 가지 구조를 진화시켰다. 이 점에서 둘은 대등한 모델이었다. 하지만 척주를 휠 때의 역학적 작동방식은 전혀 달랐다. 모델 1인 인대연결식 척주를 지배하는 것은 말총의 역학적 성질인 듯하다. 톰 실험실에 있는 유능한 기계공학자 더그 프링글은 저스틴의 생체모방 척주 휨 시험을 도왔다. 이들은 척주가 휠 때 한쪽(볼록한 쪽)에서 말총이 늘어나고 다른 쪽(오목한 쪽)에서 관절재료가 압축되는 것이 아니라 애초에 말총이 뻣뻣하여 별로 늘어나지 않는다는 사실을 알아차렸다. 그 결과 모델 1에서는 한쪽이 압축되면서 각 관절이 국소적으로 눌려 척주가 휘었다. 이 기하학적 형태를 머릿속에 그릴 수 있다면, 척주의 한쪽이 압축되는데 다른 쪽의 길이가 그대로라면 전체 구조가 휘어 짧아짐을 알 수 있다.

모델 2인 활연결식 척주에서는 척주길이가 짧아지지 않았다. 커피스틱이 중심에서 척주길이를 일정하게 지탱했기 때문이다. 척주를 휘면 관절의 오목한 부분이 압축되고 볼록한 부분이 늘어나는 것을 볼 수 있었다. 처음에는 괜찮아 보였다. 하지만 늘어난 쪽의 딱딱한 척추골 표면에서 이따금 하이드로젤이 삐져나오는 것을 볼 수 있었다. 이것은 관절의 휨 성질을 통제하는 것이 압축 부위의 하이드로젤과 중심의 신경돌기와 혈관돌기뿐이라는 뜻이었다. 우리는 시아노아크릴레이트 접착제를 조금 넣으면 관절을 척추골에 붙

생체모방 척주 모델 2: 활연결식

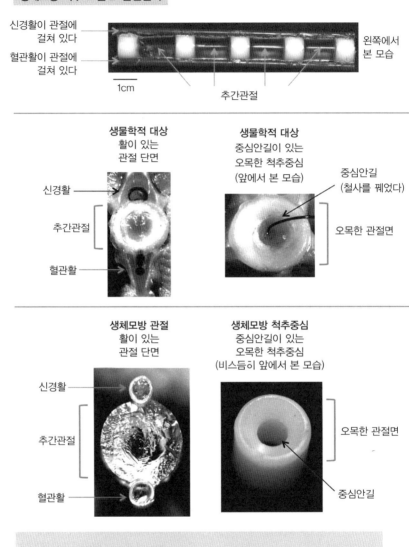

신경활이 관절에 걸쳐 있다

혈관활이 관절에 걸쳐 있다

1cm

추간관절

왼쪽에서 본 모습

생물학적 대상
활이 있는
관절 단면

신경활

추간관절

혈관활

생물학적 대상
중심안길이 있는
오목한 척추중심
(앞에서 본 모습)

중심안길
(철사를 꿰었다)

오목한 관절면

생체모방 관절
활이 있는
관절 단면

신경활

추간관절

혈관활

생체모방 척추중심
중심안길이 있는
오목한 척추중심
(비스듬히 앞에서 본 모습)

오목한 관절면

중심안길

변이하고 진화할 수 있는 성질

1 척추중심 길이
2 오목한 관절면의 각도
3 추간관절 길이

여둘 수 있음을 발견했다.

　모델 1 척주와 모델 2 척주 둘 다 생체모방 설계의 근사한 예다 (팔이 안으로 굽어서 하는 얘기가 결코 아니다). 두 모델은 진짜 척주의 복합적 성격을 반영하여 딱딱한 재료와 유연한 재료로 사슬구조의 척주를 만들었다.[18] 둘 다 점탄성^{viscoelastic} 추간관절을 위해 콜라겐 하이드로젤을 이용했다. 척추중심은 둘 다 상어에서 보듯 컵 모양의 관절면으로 이루어졌다. 게다가 두 척주가 휘는 방식은 다르지만 경직도는 상어의 척주에서와 같은 범위 안에 있었다. 우리는 생체모방 설계를 섬세하게 조정하기 위해 내 실험실의 박사후 연구원 매리앤 포터 박사의 전문적인 지도를 받아 생체모방 척주와 상어의 척주에서 역학적 행동을 탐구했다.

　예비조사에서는 톰의 실험실에서 제작한 생체모방 설계가 승리했다. 우리는 말총 개수를 줄이거나 인대재료를 바꾸면 뻣뻣한 말총 문제를 해결할 수 있겠다고 생각했다. 활연결식 설계에서는 관절이 없어도 (활 때문에) 휨경직도가 존재했다. 말총에서와 마찬가지로 활의 경직도를 줄여 이 문제를 해결할 수 있었다. 활 설계에서는 척추골을 만들고 (앞서 언급했듯) 관절을 척추골에 부착하는 것에서도 문제가 있었다. 컴퓨터로 제어하는 쾌속성형 덕에 수작업 때보다 척추중심을 더 일관되게 제작할 수 있었다. 말총은 죄어져

그림 6.5 **생체모방 척주 모델 2** 키라는 버지니아, 지애나, 키언과 함께 상어의 척주를 생물학적 대상으로 삼아 척주에 걸친 신경활과 혈관활로 구조를 안정시킨 척주를 설계했다. 칼은 우리 팀이 커피스틱을 척추중심에 반복적으로 접착할 수 있도록 거푸집을 만들었다. 그 다음 거푸집에 젤라틴을 주입하여 젤상태가 되면 화학적으로 교차결합했다.

휨을 강화하기에 척추골에서 관절 물질이 삐져나오는 일은 결코 없었다.

따라서 우리는 인대연결식 모델 1로 시작했다. 우리는 배서대학에서 로봇 실험을 진행하고 있었기 때문에 모델 1 생체모방 척주 제작법을 학생들에게 훈련시켜야 했다. 톰과 나는 가을마다 메인주 솔즈베리코브의 마운트 데저트 섬 생물학 연구소에서 연구회의를 열었는데, 그 시간을 이용해 제작기술을 전수하기로 했다. 키언과 버지니아가 작업을 배우려고 동행했다. 키언은 언제나 새 기법을 배우고 싶어 했기에 첫 번째 훈련생이 되겠다고 자원했다.

톰의 끈기와 키언의 실험 기량에도 불구하고 인대연결식 척주의 제작은 지지부진하거나 엉망진창이었다. 작은 물체 일곱 개를 같은 간격으로 나란히 배치하고 기다란 섬유를 바깥쪽에 접착한다고 상상해보라. 우리는 척추골을 배열하고 모든 부위를 고정할 수 있도록 작은 틀을 만들었지만, 대개는 키언 말고 척주를 다룰 사람이 없었다. 버지니아와 나는 더 형편없었다. 우리는 집단적으로 실패하면서 플로리다에 있는 톰 실험실에서 오리지널 모델 1 척주를 만든 저스틴의 능력을 새삼 실감했다. 하지만 저스틴은 자신의 박사연구 때문에 배서대학에 있는 우리의 척주 공장에서 전업으로 일할 수 없었다.

우리가 모델 1의 비보를 들고 배서대학으로 돌아왔을 때 키라는 모델 2를 만드는 더 나은 방법을 찾겠다고 다짐했다. 키라는 뻣뻣한 커피스틱으로 연결하는 게 아니라 척추골을 실에 꿴 진주처럼 거푸집에 넣어 전체 구조물 주위로 젤라틴을 붓는 방식을 설계했다. 젤라틴은 척주를 감싸 일종의 소시지롤빵을 형성했다. 나는 이 아이디어가 마음에 들었다. 이렇게 겉을 감싸는 것이야말로 몸의 시작인데 예전에 척추 꼬리를 만들 때는 미처 생각을 못했기 때문이다. 좀더 작업해보니 이 새로운 척주＋몸 디자인이 효과가 있을 것 같았다.

키라, 키언, 커트, 지애나, 버지니아, 그리고 내가 새로운 소시지롤빵 디자인을 다듬는데 문득 '멈춰!' 하는 깨달음이 찾아왔다. 우리는 생체모방 척주를 만드는 데 전념하느라 진화하는 로봇을 까맣게 잊고 있었던 것이었다. 유능한 로봇 엔지니어로 인지과학을 전공하는 니콜 도를리를 실험실에 막 초빙했으니 동작하는 태드로4 시스템이 없다는 사실이 더욱 뼈아팠다. 니콜을 잃지 않고 연구 프로그램을 지속하려면 신뢰성 있는 맞춤형 척주를 우리의 불안정한 손으로, 우리가 원하는 속도로 제작할 수 있는 척주 디자인을 신속하게 확정해야 했다.

타협. 이 말을 좋아하는 사람은 아무도 없다. 타협은 아무도 만족시키지 못한다고들 한다. 팀 태드로에서 타협에 만족할 사람은 아무도 없었다. 가상의 모델 1과 모델 2를 설계하고 시제작하는 데 너무 많은 시간을 쏟아부었기 때문이다. 침대 밑에 숨은 타협의 악몽이 우리의 모든 노고를 물거품으로 만들까 봐 두려웠다. 잠귀신이 기다리고 있었다.

"내 손을 잡아. 꿈의 나라로 떠나자."[19]

태드로4의 새로운 포식자·피식자 세계에서 우리가 타협한 생체모방 척주는 태드로3의 인공 척삭을 가져다 거기에 고리를 끼워 척추골로 삼은 것이다(그림 6.6). 우리는 이것을 '모델 3'라고 불렀는

생체모방 척주 모델 3: 고리 척추중심

척추중심 개수가 저마다
다른 생체모방 척주

교차결합 하이드로젤(척삭)

생체모방 척주는 추진 꼬리의 일부를 이룬다

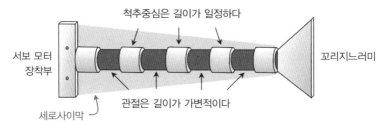

척추중심은 길이가 일정하다

서보 모터
장착부

꼬리지느러미

관절은 길이가 가변적이다

세로사이막

변이하고 진화할 수 있는 성질
추간관절 길이(척추골 개수로 조절한다)

그림 6.6 **생체모방 척주 모델 3** 태드로4 프레이로에 쓰려고 선택한 이 모델은 모델 2를 작업한 팀과 실험실 신참(해나 로젠블럼, 엘리스 스티클스, 하산 사크타, 안드레스 구티에레스)이 만들었다. 고리 척추중심을 통짜 하이드로젤에 끼우고 접착한(위쪽 사진) 이 모델은 척추골이 있어야 한다는 조건과 여러 개의 척추를 빠르고 반복적으로 제작할 수 있어야 한다는 조건에 따른 타협의 산물이다.

데, 이 고리 척추중심 척주는 놀랍게도 예전 척주 모델들에 비해 여러 장점이 있었다. ●인대나 신경활로 연결할 필요가 없다. ●모델 1이나 모델 2보다 부품 개수가 적다. ●부품만 있으면 약 5분 만에 조립할 수 있다(예전 모델은 30분이 걸렸다).

모델 3에서 잃은 것은 척추중심의 형태가 진화하는 능력이었다. 고리 척추중심에는 컵 모양 관절면이 없기 때문이다.[20] 이렇게 단순화함에 따라 상어의 척주와도 모양이 달라졌다. 이게 끝이 아니다. 우리는 척주의 전체 길이를 일정하게 하여 제작공정을 더욱 단순화했다.

단순화는 단순화를 낳는다. 척주길이가 일정하고 척추중심이 변하지 않는다는 것은 척추골 개수에 따라 추간관절 길이만이 달라질 수 있다는 뜻이다. 이렇게 단순할 수가! 척추골 개수를 늘리면 휠 수 있는 추간관절의 양이 줄어 척주가 뻣뻣해진다.

모델 3의 전체 제작공정은 다량의 하이드로젤을 만들고, 동일하게 교차결합하여 비슷한 물질적 성질을 가진 인공 척삭을 만들고, 각 척삭에 고리 척추중심을 접착하여 인공 척주를 만드는 것이었다(그림 6.6). 지애나의 감독 아래 해나 로젠블럼, 하산 사크타, 엘리스 스티클스, 안드레스 구티에레스가 조립 라인에 투입되어 이 공정을 태드로4 생명경기의 생산 규모에 맞게 확대했다.

척추동물의 형질들은 독자적으로 진화할까? 맞물려 진화할까?

우리는 척주의 진화에서 하나의 형질(척추골 개수)을 뽑아냈기

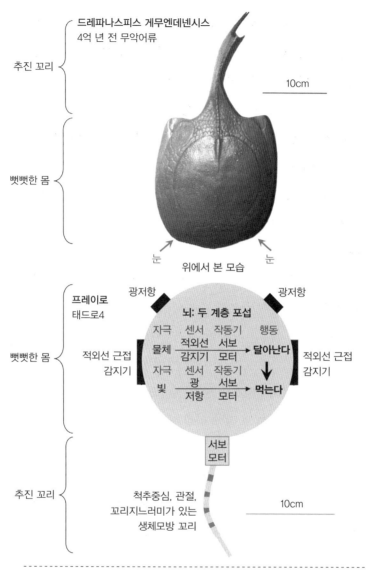

추진 꼬리

드레파나스피스 게무엔데넨시스
4억 년 전 무악어류

10cm

뻣뻣한 몸

눈   위에서 본 모습   눈

프레이로
태드로4

광저항   광저항

뇌: 두 계층 포섭

자극	센서	작동기	행동
물체	적외선 감지기	서보 모터	달아난다
자극	센서	작동기	
빛	광 저항	서보 모터	먹는다

뻣뻣한 몸

적외선 근접
감지기

적외선 근접
감지기

서보
모터

추진 꼬리

척추중심, 관절,
꼬리지느러미가 있는
생체모방 꼬리

10cm

그림 6.7 **프레이로는 태드로4 진화봇** 프레이로는 초기 척추동물 어류인 드레파나스피스를 모형화했다. 사진은 미국자연사박물관에서 루이스 페라갈리오의 1953년 모형(표본번호 8462)을 내가 직접 찍은 것이다. 대상과 모형 둘 다 몸통이 뻣뻣하고, 원형에 가깝고, 몸통이 등배 쪽으로 팬케이크처럼 납작하며, 짧은 추진 꼬리와 한 쌍의 눈이 있다. 포식자 탐지를 위한 옆줄(적외선 근접 감지기), 두 계층 포섭 신경구조, 상어 같은 척추중심을 가진 척주 등 프레이로의 나머지 형질은 현생 어류를 참고했다.

210

태디에이터가
공격한다

프레이로가
달아난다

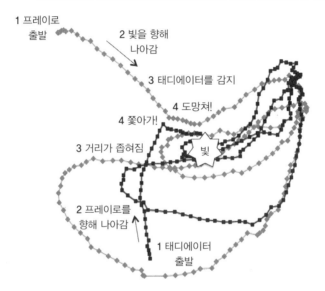

1 프레이로
출발

2 빛을 향해
나아감

3 태디에이터를 감지

4 도망쳐!

4 쫓아가!

3 거리가 좁혀짐

빛

2 프레이로를
향해 나아감

1 태디에이터
출발

그림 6.8 **프레이로 대 태디에이터** 프레이로는 진화하지 않는 포식자 로봇인 태디에이터를 감지하면 도피반응을 시작한다(위쪽 사진). 경로가 겹치는 것에서 보듯 3분의 시기 동안 프레이로와 태디에이터는 여러 번 마주친다. **1 시점** 프레이로와 태이데이터가 수조 맞은편에서 출발한다. **2 시점** 프레이로가 빛을 향해 나아가고 태디에이터가 프레이로를 향해 나아간다. **3 시점** 태디데이터가 거리를 좁히고 프레이로가 태디에이터를 탐지한다. **4 시점** 태디에이터가 프레이로를 잡기 전에 프레이로가 재빨리 돌아서서 달아난다. 첫 번째 근접 조우는 20초밖에 걸리지 않았다. 경로의 각 점은 프레이로나 태디에이터의 위치를 초 단위로 표시한 것이다.

에 섭이행동 강화에 대한 선택 및 포식자 회피가 척추골 진화를 추동했다는 생물학 가설을 검증할 시스템을 얻었다. 이 가설의 검증은 척주에 부착되는 것의 설계에도 의존하는데, 이제 이 이야기를 해보겠다. 우리는 빛과 포식자를 추적할 센서, 두 계층 포섭 신경계를 계산할 마이크로컨트롤러, 꼬리를 치고 흔들 모터가 필요하다. 이 모든 것이 태드로4에 접목되었다(그림 6.7).

태드로4는 사실 두 가지 다른 종류의 로봇이다. 하나는 프레이로^{PreyRo}(Prey(먹잇감)와 Robot의 합성어)라고 부르는 진화봇이고, 다른 하나는 진화하지 않는 로봇 포식자 태디에이터^{Tadiator}(Tadpole(올챙이)과 Gladiator(검투사)의 합성어)다. 광원이 있는 수중세계에서 프레이로와 태디에이터가 상호작용하면 이것은 태드로4 포식자·피식자 세계가 된다(그림 6.8).

그나저나 태디에이터가 진화하지 않는다는 사실에 대한 우려는 없었다. 실제 포식자·피식자 생물계에서는 포식자가 피식자보다 대체로 훨씬 오래 산다. 물론 진화하는 포식자가 흥미롭지 않다는 말은 아니다! 하지만 태드로5 세계에도 무언가 남겨두어야 할 테니까.

프레이로는 고생대 어류 드레파나스피스 게무엔데넨시스를 모형화했다(그림 6.7). 4억 년 전에 살았던 바다 무악어류 드레파나스피스는 짧고 나긋나긋한 꼬리와 뻣뻣하고 납작한 원형 몸통으로 헤엄쳤으며 쌍을 이룬 지느러미는 전혀 없었다. 뻣뻣한 원형 몸통을 이루는 뼈에는 작고 벌어진 눈과 옆줄 등 감각계의 증거가 남아 있다.[21] 드레파나스피스의 납작한 몸통은 홍어류, 색가오리류, 전기가오리류를 닮았다. 이 현생 어류들은 대부분 해저에서 먹이를 먹고 굴을 파고 쉬면서 시간을 보낸다. 매리앤이 지적했듯 전기가오리는 이동방식의 측면에서 드레파나스피스와 가장 비슷한 현생 종일 것이다. 둘 다 원형 몸통을 추진에 이용할 능력이 없(었)기 때문이다. 두 어류는 짧은 꼬리로 추력을 일으키는데, 이 때문에 전체적인 모습이, 팬케이크를 머리 없는 물고기가 뒤에서 예인선처럼 밀어 추진하는 것처럼 보인다. 전기가오리에 대해 우리가 아는 것은 물기둥 속에서 위로 헤엄쳐 올라갈 수 있다는 것이다. 우리는 드레파나스피스도 같은 능력이 있으리라 추측한다.

드레파나스피스나 고대 연체동물처럼 딱딱한 껍질을 가진 생물은 포식자로부터 심한 선택압을 받아 튼튼한 갑옷을 진화시키고 바다 밑바닥을 좋아하는 습성을 진화시킨 듯하다.[22] 하지만 둔클레오스테우스 같은 당시의 거대 무악어류는 이런 껍데기와 갑옷도 으스러뜨릴 수 있었다. 필드자연사박물관 동물학 큐레이터이자 생물다양성종합센터 소장인 마크 웨스트니트가 밝혔듯 녀석들은 그 일에 걸맞은 크기, 뼈대구조, 근력을 갖췄다.[23] 그러니 여러분이 (진화적 의미에서) 똑똑하다면, 무악어류이고 먹잇감 신세일 때 갑옷에만 의존할 수는 없다. 애초에 갑옷을 시험할 일이 없는 것이 최선이다. 도망쳐!

겁쟁이는 오명을 쓴다. 하지만 '죽으면 좆 된다'라는 말 기억하나? 겁쟁이는 포식자를 마주치면 재빨리 달아나 그 순간만큼은 목숨을 부지한다. 동물이 위험에 처했을 때 달리거나 헤엄치거나 날아서 도망치는 것은 거의 보편적인 반응이다. 바위에 붙어 살거나 굴에 숨거나 위장을 할 수 있거나 번식기에 호르몬에 취한 녀석들만이 위험 앞에서도 달아나지 않는다. 앞에서 보았듯 물고기는 옆줄만으로 위험을 감지하므로 우리는 옆줄 역할을 할 적외선 근접 감지기를 달았다. 이 소형 장치는 적외선 펄스를 방출하여 이 펄스가 물체에 튕겨 돌아오는 시간으로 물체와의 거리를 계산한다. 메커니즘은 꽤 다르지만 기능은 똑같다.[24]

태드로4 프로젝트의 수석 엔지니어 니콜은 프레이로의 양쪽에 적외선 센서를 달고 안점 역할을 하는 광저항 두 개를 달았다(그림 6.7). 기판에 부착된 마이크로컨트롤러는 감각기관 두 쌍으로부터 끊임없이 표본을 추출한다. 5장에서 설명한 포섭구조를 기억한다면 우리가 어떤 해결책을 썼는지 짐작할 것이다. 기본값(가장 낮은 값)에서 프레이로는 두 광저항 사이의 조도 차이를 이용해 광원의 방향을 계산하면서 먹이를 찾고 먹는다. 프레이로는 조도 차이가 0이 되도록 끊임없이 방향을 조정한다. 차이가 0이면 조도가 높은 곳으로 직진하고 있다는 뜻이다. 이런 식으로 프레이로는 빛을 찾고 먹는다. 하지만 도피행동은 취식행동* 모듈에 우선한다.

왼쪽이나 오른쪽의 적외선 근접 센서가 미리 설정된 거리 문턱 값 이내에서 물체를 감지하면 도피행동이 촉발된다. 왼쪽 센서가 물체를 감지하면 프레이로는 취식행동을 중단하고 미리 정해진 방향전환 기동을 시작하여 재빨리 오른쪽으로 움직인다. 오른쪽 센서가 물체를 감지하면 정반대 행위가 일어난다. 이 '포식자 감지 문턱 값'은 마이크로컨트롤러 프로그래밍으로 바꿀 수 있으므로 진화시

---

* 이 책에서 '취식'은 먹이를 찾고 먹는 것을 일컫는다.

킬 수 있다.

　이런 감각 특징을 이용하면 척추동물의 신경계(이 신경계의 특징 중 하나가 쌍을 이룬 감각계다)가 척추골의 진화를 위해 먼저 진화해야 한다는 롭의 예상을 투박하게나마 검증할 수 있다. 말하자면 우리는 척추골의 진화가 이 특별한 경우에서의 사전진화(포식자 탐지 시스템의 민감성)에 부수적이라고 예측한다. 이것은 기능적으로 타당하다. 척추골에 따른 추진력 향상을 동원해야 할 때 포식자를 탐지할 수단이 없다면 뭐하러 척추골을 진화시키겠는가? 이를 확인할 유일한 방법은 포식자를 감지할 수 있는 감각계를 가지는 것이다. 취식에 이용하는 눈으로 어느 정도 포식자를 감지할 수는 있지만 밤이나 어두운 곳에서는 볼 수 없다. 하지만 옆줄은 언제 어디서나 작동한다. 물론 어떤 패턴이 우리에게 기능적으로 타당하다고 해서 그 패턴이 실제로 어떻게, 왜 생겼는지 설명할 수 있는 것은 아니다.

　우리가 제안한 기능적 상호의존성이 참이라면 나는 이 패턴을 부수적·순차적 진화contingent-sequential evolution라고 부르고 싶다. 용어가 길어서 송구스럽지만, 진화현상을 언급할 때는 아무리 조심해도 지나치지 않다. 부수성contingency이란 형질들의 (확인된) 인과적 상호작용을 구체적으로 일컫는다. 인과 메커니즘이 없는 것은 상관관계일 뿐이다. 상관관계는 우연히 일어날 수도 있다. 무관한 두 사건이 아무 이유 없이 그냥 패턴을 공유할 수 있기 때문이다. 하지만 상관관계를 무시할 생각은 전혀 없다. 기능적으로 상호의존적인 두 체계는 늘 어떤 식으로든 상관관계를 이루기 때문이다.

두 형질(또는 그 이상)의 진화 패턴에 상관관계가 있으면 이 패턴은 (여러분의 짐작대로) 상관진화correlated evolution라고 불린다. 상관관계에 인과적 기반이 있으면 (이것은 결코 짐작하지 못했을 텐데) 동조진화concerted evolution라 한다. 이제 특정한 순서로 진행되는 동조진화 패턴에 대해 내가 '부수적·순차적 진화'라는 명칭을 제안한 이유가 이해될 것이다. 동조진화의 패턴을 보인다고 주장하려면 형질 간에 특수한 기능적 상호의존성이 있음을 보여야 한다. 잠재적인 기능 메커니즘의 범주로는 유전 메커니즘, 발달 메커니즘, 생리 메커니즘 등이 있다.

동조진화는 둘 이상의 형질이 상호작용으로 인해 진화한 것을 뜻하는 반면 상호작용이 전혀 없는 것은 모자이크 진화mosaic evolution 패턴이라고 부른다. 모자이크 진화는 2장에서 소개했는데, 이는 종이 '원시적'이거나 '파생적'인 것이 아니라 조상 형질과 파생 형질 둘 다의 모자이크라는 중요한 점을 지적하기 위해서였다. 모자이크 진화는 생명의 실제지만 유일한 실제는 아니다. 동조진화도 실제다. 충분히 많은 형질을 살펴보면 어느 종에서든 두 종류(모자이크 진화와 동조진화)의 형질 진화를 목격할 수 있다.[25]

우리는 '옆줄 → 척추골'의 부수적·순차적 진화 패턴과 더불어 추진계 자체 내에서도 동조진화가 일어날 것이라 예상한다. 멸종종과 현생 종을 막론하고 모든 어류에서 천차만별로 변이하는 형질로 꼬리지느러미 모양이 있다. 알려진 최초의 척추동물인 하이쿠이크티스[26]의 꼬리지느러미는 뱀장어처럼 점점 가늘어진다. 하지만 태드로4의 대상인 드레파나스피스는 두 겹 꼬리지느러미가 벌어져 날카로운 수직의 날개 뒷전^{trailing edge}을 이룬다(유체역학 용어로는 쿠타 조건^{Kutta condition}이라 한다).[27] 꼬리의 종류는 가늘어지는 꼬리와 벌어진 꼬리 말고도 많다. 추진의 관점에서 중요한 것은 뒷전의 길이로, 꼬리지느러미의 '폭'으로 측정한다. 뒷전은 몸이 이른바 '묶인 소용돌이도^{bound vorticity}'를 물로 내뿜는 곳이다. 앞에서 디지태드3를 추진하는 데 활용한 라이트힐의 '길쭉한 몸 이론^{EBT}'을 다시 언급하자면, 물고기가 발생시키는 추진력은 꼬리 폭의 제곱에 비례한다. 제곱은 엄청난 차이를 낳으므로 꼬리 폭이 조금만 넓어져도 추진력이 훨씬 커진다.

꼬리 폭과 척주 둘 다 추진력 발생에 관여하기 때문에 우리는 두 형질이 동조진화를 나타내리라 예측한다. 이유를 구체적으로 설명해보겠다. 폭 제곱의 마법이 효력을 발휘하려면, 꼬리지느러미를 얼마나 좌우로 움직이는지(꼬리지느러미의 측면 진폭^{lateral amplitude}으로 측정)를 비롯해 물고기 몸의 움직임에서 나머지 모든 것이 동일하다고 전제해야 한다. 하지만 몸통에 다는 꼬리지느러미 크기가 커지면 꼬리지느러미의 진폭은 감소할 것이다. 그럴 수밖에 없다. 승용차를 타고 고속도로를 달릴 때 부모님의 충고에도 아랑곳없이 창밖으로 손을 뻗으면 이를 실감할 수 있다. 손바닥을 도로와 평행하게 아래로 향하게 할 수 있나? 그건 아무 문제 없을 것이다. 이제 손바닥을 90도 회전시켜보라. 빵! 손이 뒤로 휙 젖혀지고 팔이 창틀에 부딪힌다. 아야! 둘의 차이는 항력이다. 손바닥이 아래로 향한 자세에서는 항력이 작고 손바닥을 세운 자세에서는 항력이 크다.

폭이 넓은 꼬리는 좌우로 움직일 때 폭이 좁은 꼬리보다 저항을 많이 받는다. 폭이 커졌을 때 항력의 증가에 맞서 꼬리지느러미의 진폭을 일정하게 유지하는 유일한 방법은 꼬리를 구동하는 기관에서 내부적으로 더 많은 힘을 발생시키는 것뿐이다. 무슨 말인지 알겠는가? 내부 기관에는 휘어지면서 탄성에너지를 저장하고 방출하는 척주가 포함된다. 따라서 우리가 동조진화를 예측하는 바탕은 이렇다. 척주가 뻣뻣해지면 꼬리지느러미 폭이 넓어짐에 따른 항력 증가를 상쇄할 수 있을 것이다.

태드로4, 정말 근사한 가설 삼총사를 검증해내다

우리는 섭이능력 향상과 포식자 회피에 대한 선택이 척추골 개수를 증가시킬 것이라는 가설을 검증하고자 했다. 그 다음은 여러분도 알다시피 또 다른 두 형질인 포식자 감지 문턱값과 꼬리지느러미 폭을 진화시켜야 할 처지가 되었다. 우리는 이 두 형질이 척추골 개수와 맞물려 진화할 것이라고 예측했다. 그러니까 포식자 감지는 척추골보다 먼저 진화하고(동조진화의 부수적·순차적 패턴) 꼬리지느러미 폭은 동시에 진화할 것이라고(단순한 동조진화) 예측했다. 대안적 가설은 포식자 감지가 척추골 개수와 동시에 진화하거나(동조 진화) 척추골 개수와 상관관계가 없다는(모자이크 진화) 것이다. 꼬리지느러미 폭도 척추골 개수와 상관관계가 없을 가능성이 있다(모자이크 진화).

태드로4의 포식자·피식자 세계에서 수행한 진화실험의 결과는 매혹적이다(그림 6.9). 우리 놀라운 태드로4 팀은 모든 기대를 충족하고 넘어섰다. 2007년 여름 지애나의 지휘 아래 해나, 엘리스,

안드레스, 하산은 생체모방 척주 생산라인을 완비하여 1차 진화실험을 수행했으며, 다섯 세대 만에 로봇이 손상되어 시즌을 종료했다.[28] 2008년 여름에는 해나와 안드레스의 지휘 아래 소니아 로버츠와 조녀선 히로카와가 2차 진화실험을 열한 세대에 걸쳐 수행했다. 두 개체군에서 진화하는 형질의 평균값을 똑같이 하여 시작했기 때문에 두 실험은 같은 실험을 독자적으로 복제한 셈이다. 두 실험을 비교하는 것은 우리의 가설을 검증하는 데 필수적이다.

첫째 두 차례 포식자·피식자 세계의 실험 모두에서 프레이로 개체군의 척추골 개수가 처음의 평균 4.5개에서 3세대의 평균 5.5개로 빠르게 진화한다. 2차 실험에서는 평균 5.7개에서 평형에 도달한 듯하다. 이러한 초기의 정향적인 양(+)의 증가는 (완만하기는 하지만) 개체군이 섭이 및 도피능력 향상에 대한 선택압을 받을 때 척추골 개수가 증가한다는 우리의 원대한 가설을 잠정적으로 뒷받침한다.

내가 '잠정적으로 뒷받침한다'라고 말할 수밖에 없는 이유는 4장에서 언급했듯 엄밀히 말하자면 가설은 반증할 수밖에 없기 때문이다. 가설을 입증할 수는 없다. 따라서 '잠정적으로 뒷받침한다'라는 문구는 ●우리가 반증하는 데 실패했음과 ●시간이 흐르면서 반복되는 반증 실패는 결국 가설이 참일 수 있다는 결론으로 이어질 것임을 인식한다는 뜻이다. 여기서 우리는 신중을 기하고 숙고해야 한다.

하지만 진화적 변화의 이러한 패턴을 보았을 때 희희낙락하지 않기란 정말이지 힘든 일이다. 정서적 측면에서 우리는 (적어도,

나는) 이렇게 외치고 싶다.

"근사해! 물고기를 닮은 이 자율 행위자에 대한 이 특정한 선택이 우리의 예상대로 작용한다는 것을 입증했다구!"

하지만 그래서는 안 된다. 이렇게 외쳐서도 안 된다.

"이 냉소주의자 새끼들아, 우리는 실험을 두 번 했는데 두 번 다성공했어! 진화봇이여 영원하라!"

그래서 우리는 입을 다문다. 앞으로도 그럴 것이다. 흠흠. 내가 뭐라고 했을까?

그렇다.

"품격을, 늘 품격을."[29]

그림 6.9에서 보듯 프레이로 개체군은 명백한 평형에 도달함으

그림 6.9 **프레이로의 척추골 진화는 정향적이고 동조적이고 모자이크적** 개체군에서 평균 척추골 개수 N을 보면(맨 위쪽 도표) 두 진화실험 모두에서 N이 첫 다섯 세대 동안 증가했음을 알 수 있다. 이것은 정향 선택 패턴이다. 2차 실험에서는 디지태드3의 꼬리경직도에서와 마찬가지로 N이 꼭대기에 도달했다(그림 6.1). 점은 개체군 평균을 나타내며 오차막대는 평균의 표준오차를 나타낸다(중앙값이 가까울 때 오차막대가 겹치지 않도록 위아래 중 한쪽만 표시했다).

포식자 감지 문턱값(가운데 도표)은 1차 실험과 2차 실험에서 각각 다섯 세대와 세 세대에 걸쳐 증가했다. 두 실험 모두에서 포식자 감지 문턱값은 첫 다섯 세대에서 N과 강한 양의 상관관계를 나타낸다(r값이 1에서 −1까지 변할 수 있을 때 r값은 0.93과 0.92다). N과 상관관계를 이루는 이러한 진화 패턴은 이 형질들이 서로 동조진화한다는 가설에 부합한다.

꼬리지느러미 폭(맨 아래쪽 도표)은 두 실험에서 서로 다른 패턴을 보이는데, 1차 실험에서는 처음에 감소하다가 증가하며 2차 실험에서는 더 오랫동안 많이 감소하다가 더 오랫동안 많이 증가한다. 첫 다섯 세대에 걸친 꼬리지느러미 폭과 N의 상관관계는 1차 실험에서는 양이고 2차 실험에서는 음이다. N과의 상관관계에서 나타나는 일관적이지 않은 패턴은 두 형질이 서로 모자이크 진화를 한다는 가설에 부합한다.

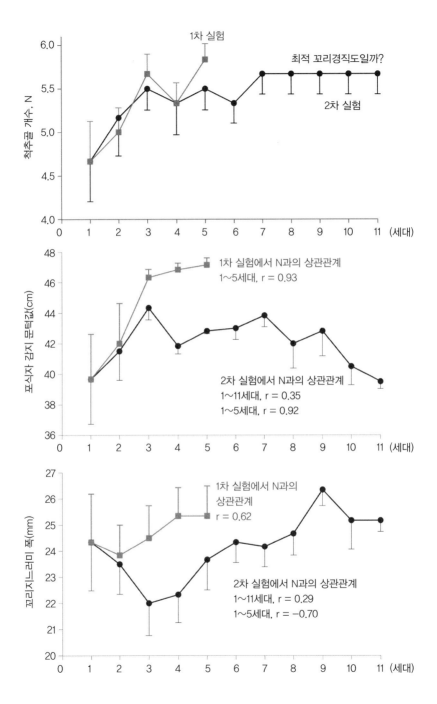

로써 디지태드3와 그 평균 꼬리경직도에서 본 진화 패턴과 비슷한 평균 척추골 개수의 진화 패턴을 나타낸다(그림 6.1). 이것이 우연의 일치일까? 그럴 리 없다. 다시 한 번 우리는 척추동물 몸통뼈대의 경직도가 기동력의 역학적 필요(나긋나긋한 축이 가장 뛰어나다)와 속도의 역학적 필요(뻣뻣한 축이 더 뛰어나다) 사이에 균형을 이루도록 진화했다는 가설과 일치하는 증거를 발견한다.

우리는 ●척추골 개수 ●포식자 감지 문턱값 ●꼬리지느러미 폭, 이 세 형질을 동시에 진화시켰기 때문에 이 형질 사이에 공유되거나 공유되지 않은 진화적 변화 패턴에 대해서도 알 수 있다. 이를테면 포식자·피식자 세계의 두 차례 실험 모두에서 프레이로 개체군의 포식자 감지 문턱값 변화는 (적어도 첫 다섯 세대에서는) 척추골 개수 변화와 강력한 양의 상관관계를 나타낸다(그림 6.9 가운데 도표). 이 강력한 상관관계는 두 형질 사이의 동조진화 가설을 잠정적으로 뒷받침한다. 우리에게 보이지 않는 것은 부수적·순차적 패턴을 뒷받침할 '문턱값 먼저 척추골 나중' 패턴(척추골이 시간상 뒤처진다)이다.

명백한 동조진화를 나타내는 이 동일 위상 패턴은 포식자 감지와 도피 사이에 기능적 상호의존이 존재한다는 증거다.[30] 우리가 놀랐느냐고? 아니다. 이것이야말로 실험을 하는 이유다. 우리가 놀라지 않은 이유는 5장에서 치밀하게 연결된 지각·행위 피드백 루프[PAFL]가 행동 모듈을 만든다는 사실을 알았기 때문이다. 여기서 새로운 사실은 이 특정한 PAFL('도망쳐!')이 포식자를 감지한 다음 달아나는 능력을 특징으로 한다는 것을 밝혔다는 점이다. 또한 무척 흥미로운 사실은 우리가 '도망쳐!' PAFL을 척추골 진화와 연결했다는 점이다. 이 연결(여기서는 포식자 감지 문턱값과 척추골 개수의 강력한 양의 상관관계로 측정된다) 덕에 우리는 행동에 작용하는 선택이 어떻게 뼈대의 성질을 변화시키는지 이해할 수 있다.

또한 우리는 척추골 개수와 꼬리지느러미 폭의 형질 쌍에 대해 동일 위상의 동조진화 패턴을 예측했다. 하지만 여기서는(그림 6.9 맨 아래쪽 도표) 상관관계의 방향이 1차 실험과 2차 실험에서 적어도 첫 다섯 세대 동안은 뒤바뀐다. 두 실험에서 같은 패턴이 나타나지 않기에 이것은 동조진화 가설을 반박한 분명한 사례처럼 보인다. 기본값 또는 '영^{null}' 가설은 두 형질이, 적어도 서로에 대해서는 모자이크 진화를 나타낸다는 것이다.

모자이크 진화는 놀라운 일이었다. 우리는 척추골 개수와 꼬리지느러미 폭의 두 형질이 해부학과 생리학의 측면에서 밀접하게 연관되었기에 기능적 연관성을 나타낼 것이라고 생각했다. 이번에도 이것이 실험을 하는 이유다! 이 결과는 우리가 가정을 늘 검증해야 한다는 사실을 뚜렷이 보여준다. 하지만 두 형질 사이에서 밀접하고 일관된 상관관계를 볼 수 있는 다른 상황들을 상상할 수 있음을 지적하고 싶다. 이를테면 모든 진화적 환경을 배제하고 유영속도만 놓고 보면 나는 우리가 어떠한 관계를 볼 수 있으리라고 예측할 것이다. 그러니 그만!

이제 잠자리에 들 시간

이제 태드로를 침대에 누일 시간이다. 태드로3, 디지태드3, 프레이로(태드로4)는 제 할 일을 했다. 이들은 진화했다. 이들의 형질(꼬리경직도와 척추골 개수)은 진화했으며, 그 과정에서 어떤 선택압이 초기 척추동물의 진화를 추동했는지에 대한 우리의 가설을 검증했다. 우리는 섭이행동 강화에 대한 선택이 척추골 개수 증가의 유일한 동인이었을 리 없으며, 이것이 포식자로부터의 도피와 결합되면 훨씬 강력한 선택압이 된다는 사실을 알게 되었다.

태드로를 통해 우리는 상상할 수 있는 가장 단순한 자율적 행위자에서 출발하여, 새롭고/거나 개선된 생물계 모형을 만드는 데 필요한 최소한의 복잡성을 추가하는 법을 배웠다. 게다가 체화된 뇌로서 태드로의 단순함 덕에 우리는 지능과 섭이·도피행동의 신체적 토대를 이해할 기회를 얻었다. 마지막으로 태드로는 우리가 진화봇이라고 부르게 된 이 특별한 범주의 로봇에 대한 실제 사례다.

태드로는 꿈나라로 가지만 우리는 아직 탐구할 것이 많다.

진화 트래커,
진화의 방향을 탐색하는 로봇

　명심할 것! 어딜 가든 거기 있어야 한다.[1] 진화붓이 놀랍기는 하지만, 가장 짜증스러운 것 중 하나가 이것이다. 진화붓은 진화 가능성이라는 드넓은 형태공간에서 단지 몇 곳만을 방문하기 때문이다(그림 7.1). 앞에서 보았듯 태드로3나 프레이로 개체군은 엄청난 수의 가능한 궤적 중에서 한 경로만을 택한다. 어느 경로를 택하고 얼마나 빨리 이동할 것인가는 2장에서 소개한 진화 메커니즘의 세 가지 포괄적 범주(선택, 무작위, 내력)에 따라 정해진다. 이 메커니즘은 개체군(생명경기에 참가하는 개체들의 한 세대)의 진화여정 위에 있는 특정 시점과 장소에서 무엇이 관찰되는지를 결정한다. 생명경기를 관람하는 일이 매혹적이기는 하지만 내가 관찰하는 '거기'와 내가 있고 싶은 '거기'가 항상 일치하는 것은 아니다.

　우리는 서로 다른 두 프레이로 개체군이 밟은 경로에 대해 궁금증이 일었다. 왜 두 개체군의 척추골은 결코 평균 5.7개를 뛰어넘어 진화하지 않았을까? 많은 디지태드3 개체군의 행동을 (부분적으로) 바탕 삼은 우리의 추측은 프레이로가 평형이나 (어쩌면) 최적의 척추골 개수에 도달했다는 것이다. 하지만 무엇 때문에 5.7이 최적일까? 척추골이 8개나 10개가 되면 왜 안 되나? 프레이로가 12개를 진화시켰다면 어땠을까? 세상이 끝장났을까?

왜 안 되지? 어떻게 될까? 역사적 가정에 대한 의문은 (진화과정을 비롯해) 역사에 조금이라도 관심 있는 사람들의 골머리를 썩인다. 생명체의 진화를 연구하든[2] 공학적 해결책을 연구하든 인공지능을 연구하든, 우리에게 가장 큰 동기부여가 되는 것은 일어나지 않은 일[3]이나 일어났을 법한 일에 대한 호기심이다. 진화적 체계와 관련한 호기심에서 비롯된 가장 핵심적인 의문은 이것이다. 왜 어떤 형태는 진화했는데 어떤 형태는 진화하지 않았을까?[4] 이 의문에서 수많은 연관된 물음이 생겨난다.

- 왜 개체군이 다른 경로를 따라 진화하지 않았을까?
- 개체군이 똑같은 출발점에서 다시 진화하면 어떻게 될까? 같은 경로를 따라 진화할까?[5]
- 상상할 수 있는 모든 형태가 진화하지 않은 이유는 무엇일까?[6]

어떻게 나아가야 할까? 호기심은 고전적인 '금지된 열매' 수수께끼로 우리를 이끈다. 우리가 취할 수 있는 행동은 적어도 세 가지다. 첫 번째 선택은 사과를 베어 물지 않는 것이다. 두 차례의 실험에서 섭이행동 강화와 포식자 회피에 대한 선택 하에서 프레이로의 척추골 개수가 증가했다는 것에 만족하며 연구를 마무리할 수 있

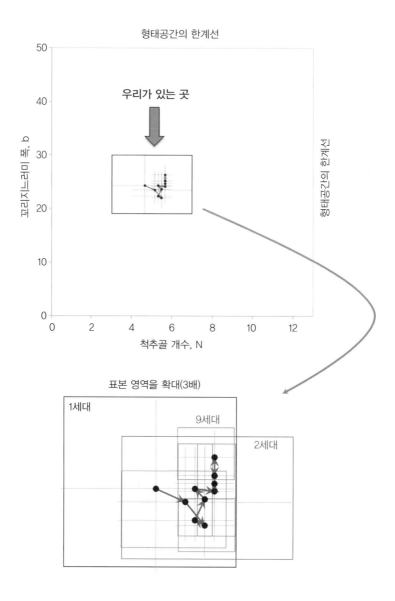

형태공간의 한계선

우리가 있는 곳

꼬리지느러미 폭, b

척추골 개수, N

형태공간의 한계선

표본 영역을 확대(3배)

1세대

9세대

2세대

다. 우리는 많은 것을 배웠다. 다음 연구주제가 기다린다.

하지만 그럴 순 없다. 호기심이 아직 충족되지 않았으니 말이다. C. S. 루이스의 소설 《마법사의 조카》에서 디고리를 놀리는 이 비문^{碑文}을 떠올려보라.

> 모험심에 찬 이방인이여, 선택하라!
>
> 금종을 쳐서 위험을 무릅쓸지
>
> 아니면 무슨 일이 벌어질까
>
> 미쳐버릴 때까지 궁금해 하든지

광기가 바람직하지 않은 것은 분명하다. 궁금증을 풀어야겠다면 모험을 할 수밖에. 금종을 쳐!

모험적 선택은 유도진화^{directed evolution}를 채택하여 체계가 미리 정해진 목표를 향해 또는 특정 경로를 따라 진화하도록 하는 것이다. 이러한 공학적 접근법이 새롭게 보일지도 모르지만(최근 새로

그림 7.1 **우리가 있는 곳** 진화는 형태공간(모든 가능한 형질 조합의 영역)의 작은 부분을 점유할 뿐이다. 이 도표는 프레이로의 2차 진화 실험을 전부 나타낸 것이다. 점은 한 쌍의 형질인 꼬리지느러미 폭 b와 척추골 개수 N에 대한 개체군의 평균값을 나타낸다(두 형질은 상관관계가 없는 모자이크 패턴으로 진화하는 것으로 밝혀졌다). 각 점에서 교차하는 가느다란 회색 수직선과 수평선은 임의의 세대에 대한 각 형질의 범위를 나타낸다. 수직선과 수평선을 둘러싼 직사각형은 개체군의 전체 표현형 발자국(개체군이 점유한 영역)을 나타낸다. **위쪽 그림** 프레이로 개체군은 열 세대 동안 형태공간의 매우 좁은 영역에서 진화한다. 직사각형은 지금까지 진화한 모든 프레이로 개체를 포괄한다. **아래쪽 그림** b-N 형태공간에서 개체군의 진화를 확대하면 선택이 개체군에서 변이(여기서는 수직선과 수평선으로 나타난다)를 제거함에 따라 표현형 발자국이 줄어듦을 알 수 있다. 형질에서 변이가 유실되는 것은 선택이 이루어진다는 표시다.

운 단백질을 합성하는 데 성공하여 많은 관심을 끌었다) 수천 년에 걸쳐 육종가가 소, 벼, 옥수수 등을 가축화·작물화한 것이 유도진화라고 주장할 수도 있다. 육종은 효과가 있지만 한계가 있으며 일부 사례에만 적용된다. 하늘을 나는 소나 말하는 옥수수를 아무리 만들고 싶어도 유전적·물리적 한계 때문에 그럴 수 없다. 표적이 있다고 해서 그 표적을 맞출 수 있는 것은 아니다. 아예 맞출 수 없는 표적일 수도 있다.

우리의 호기심을 충족하는 또 다른 방안이 있다. 진화경관에서 로봇이 어디에 있기를 바라는지 정확히 알면 표적을 맞힐 수 있다. 표적 기능을 가진, 하지만 구조가 알려지지 않은 효소를 합성하려는 화학자와 달리 우리는 (3장에서 말했듯) 역공학 기법을 이용하여, 특정 기능을 찾기보다는 주어진 구조의 기능에 대해 묻는다. 이를테면 우리는 척추골이 열 개인 프레이로를 만들어 어떻게 동작하는지 볼 수 있다. 이것은 적진 후방에 공수부대를 낙하시키는 것과 같다. 우리는 진화지도의 특정 지점에 로봇 개체를 투입하고는 복귀하여 보고하라고 명령할 수 있다. 이 로봇들을 척후병 삼아 우리는 아무도 가보지 않은 곳에 갈 수 있다. 〈스타 트렉〉에 대한 오마주로 첫 번째 작명법(3장 참고)을 이용하여 이 행위자들을 진화 트레커Evolutionary Trekker, 줄여서 ET라고 부르자*.

정의에 따르면 ET는 진화봇이 아니다. 이들은 진화하지 않는다. 유감이다. 스타플릿 장교들에 대한 규칙과 마찬가지로 프라임 디

---

* '트레커'는 〈스타 트렉〉 열성팬을 일컫는다.

렉티브(일반명령 제1호)가 적용되며, ET는 자신들이 연구하거나 맞닥뜨리는 워프 이전 생명체의 진화궤적에 관여하거나 이를 변경하지 않는다. 이런 한계가 있음에도 ET는 진화봇을 훌륭히 보완한다. ET는 진화봇이 겪는 역사적 제약 없이, 말하자면 저마다 다른 몸과 뇌의 기능 영역을 검사하는 연구원이다. 다시 한 번 말하지만 ET는 적응경관의 한 장소에서 다른 장소로 계의 진화를 추동할 수 있는 여러 선택조건들을 검사할 수 없다. 바로 이것이야말로 ET가 진화과정 자체보다는 진화의 결과에 대한 가설을 검증하는 별도의 로봇 집단인 이유다.

지도 위에 펼쳐진 진화경관

ET를 탐구하기 전에 내가 무심코 언급한 용어들을 설명해야겠다. 진화경관evolutionary landscape이라는 용어는 적합도경관fitness landscape이나 (슈얼 라이트가 만들어낸 원래 개념에서는) 적응경관adaptive landscape이라고도 하는데, 나는 이 용어들을 섞어 쓸 것이다. 적합도를 경관에 비유하면 적합도의 봉우리와 골짜기를 개념화할 수 있다. 적합도는 2차원 지도의 등고선으로 나타낸다(그림 7.2).

여러분은 그림 7.2에 프레이로의 진화형질 세 가지가 모두 표시되지 않았음을 눈치챘을지도 모르겠다. 이유는 간단하다. 형질이 두 개 이상 들어 있는 지도는 시각적으로 표현하고 해석하기가 힘들기 때문이다. 이를테면 세 개의 형질을 3차원 표면에 표시하려면 선택 벡터를 다른 각도에서 볼 수 있도록 표면을 회전할 수 있어야한다. 게다가 적합도 경사를 시각적으로 부호화해야 한다. 그래픽

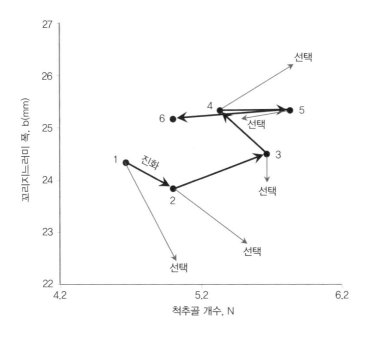

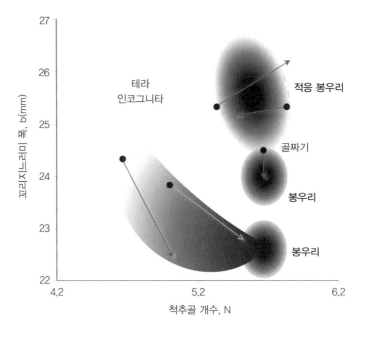

재능이 나보다 뛰어난 사람이라면 해낼 수 있겠지만, 3차원이 넘는 지도를 그릴 수 있는 사람은 아무도 없다.

진화경관이 시각적 도구로서는 심각한 한계가 있기는 하지만, 적어도 여기 표시한 두 형질에 대해서는 매우 많은 것을 알려줄 수 있다(그림 7.2). 앞에서 우리는 척추골 개수 N과 꼬리지느러미 폭 b가 서로 독립적으로 진화했다고 판단했으며, 이러한 형질 상호작용의 패턴을 모자이크 진화라 불렀다(6장 참고). 이 N-b 형질 쌍은 모자이크고, 따라서 상관관계가 없기에 우리는 한쪽의 진화적 변화를 살펴보는 것만으로 다른 쪽에 어떤 일이 생길지 알 수가 없다. 그렇지만 개체군의 진화궤적과 N-b 경관에서의 적응 봉우리를 들여다봄으로써 상관관계는 없을지라도 둘이 공유하는 공동의 진화 내력을 이해할 수 있다.

지도에 나타난 궤적은 마구잡이다(그림 7.2). 위에서 내려다보면

그림 7.2 **적응경관 지도 만들기**
위쪽 우리는 프레이로의 두 진화형질인 꼬리지느러미 폭 b와 척추골 개수 N을 이용해 2차원 '형태공간'의 진화지도를 만들 수 있다. 점은 1차 진화 실험의 각 세대(1~6번)에서 형질에 대한 개체군의 평균값을 나타낸다. 검은색 화살표는 세대 간 개체군의 실제 진화적 변화를 나타낸다. 회색 화살표는 선택 벡터다. 각 선택 벡터는 방향과 크기가 있으며, 크기는 화살표 길이로 나타낸다. 선택 벡터(회색 화살표)와 진화 벡터(검은색 화살표)가 다른 것은 무작위 진화 메커니즘(돌연변이, 짝짓기, 유전자 부동) 때문일 수 있다.
아래쪽 선택 벡터는 국지적 적합도 봉우리를 가리키기 때문에 적응경관 지도를 만드는 데 쓸 수 있다. 여기서 점은 위에서 본 것과 같은 개체군(1~5세대)의 평균값이다. 화살표는 위쪽과 똑같이 선택 벡터다. 적응 봉우리와 산등성이는 어떤 형태든 이룰 수 있다. 선택 벡터가 다섯 개밖에 없기 때문에 적합도 성질의 형태와 위치는 내가 임의대로 추측하여 그렸다. 테라 인코그니타(모든 여백)는 알려지지 않아 지도로 작성되지 않은 영역을 일컫는다. 선택압이 없는 것(짧은 화살표)은 개체군이 적응 봉우리에 있다는 뜻이다.

적응 봉우리가 여러 개 있고 뿌연 적합도 산맥이 남북으로 뻗어 있음을 알 수 있다. 봉우리 사이에는 골짜기처럼 보이는 것이 있으며 나머지 여백은 전부 테라 인코그니타$^{Terra\ incognita}$(미지의 땅)라는 이름이 붙었다. 지도의 여백 전부와 (어쩌면) 회색 산자락 일부는 미지의 영토다.

여기서 우리는 중심 문제로 돌아온다. 적응지형을 지도로 그릴 수 있는 것은 개체군이 그 영역(그 '거기')에서 생명경기를 했을 때뿐이다. 각 개체가 적합도 점수를 얻을 때만 우리는 개체군의 선택 벡터를 계산할 수 있다. 동료들과 나는 프레이로에 대해 벡터가 가리키는 방향을 결정했다(이를테면 척추골은 다섯 개고 꼬리지느러미 폭은 22.25밀리미터로 하자).[7] 선택 벡터는 오로지 선택만이 일으키는 진화적 변화의 방향과 크기를 나타낸다.

하지만 선택은 홀로 작용하지 않는다. 그림 7.2를 보면 선택 벡터들이 개체군의 경관 위에서의 움직임을 정확히 예측하지 않음을 알 수 있다. 선택 벡터와 실제 진화궤적의 편차는(이것은 또 다른 벡터로 간주할 수 있다) 무작위 과정(돌연변이, 짝짓기, 유전자 부동) 때문에 생긴다. 하지만 선택 벡터는 가장 가까운 적합도 최댓값('적응 봉우리')을 향한 오르막을 가리킨다.

선택은 진화적 테라 인코그니타의 지도를 그린다. 이것을 염두에 두고서 프레이로의 3세대 개체군을 살펴보라(그림 7.2의 위쪽 도표에서 세대 번호를 찾아 아래쪽 도표에서 해당 점을 들여다보라). 그 개체군은 내가 '골짜기'로 이름 붙인 곳에 있다. 이곳은 적합도가 상대적으로 낮은 영역으로, 적합도가 높은 적응 봉우리가 둘 이상 남북으로 인접해 있다.[8] 3세대의 선택 벡터는 작고 정남 방향을 가리킨다. 벡터의 크기가 작다는 것은 개체군이 적응 봉우리의 꼭대기 가까이에 있다는 뜻이다. b 차원에서 조금만 더 움직이면 국지적 정상에 도달한다. 3세대 개체군이 정상에 오르지 못하고 4세대에서 이 봉우리로부터 벗어난다는 사실은 진화의 크나큰 아이러니를 보여준다. 즉 돌연변이와 짝짓기 같은 무작위 요인이 (적응적으로 말하자면) 자리를 잘 잡은 개체군을 엉뚱한 곳으로 내몰 수 있다는 점이다.

3세대에서 4세대로 가면서 진화적 조건이 급격히 달라진다. 선택 나침반은 남쪽에서 북동쪽으로 뒷걸음질했다. 이 변화는 개체군이 꼬리지느러미 폭을 줄여 봉우리를 오르는 것이 아니라 꼬리지느러미 폭과 척추골 개수를 둘 다 늘려서 다른 봉우리로 올라감을 뜻한다. 5세대로 넘어가면 개체군은 봉우리를 지나치며 선택은 개체군의 출발점으로 돌아간다.

적응적 N–b 경관을 지도로 만들면, 섭이행동 향상과 포식자 회피에 보상한다는 꾸준한 선택압이 어떻게 꼬불꼬불한 진화궤적을 낳을 수 있는지 알 수 있다. 하지만 전체 경관이 어떻게 생겼는지는 여전히 알 수 없다. 적응 봉우리의 범위는 얼마나 넓을까? 그곳은 봉우리일까, 산등성이일까? 적응 봉우리가 또 있을까?

조합의 폭발을 넘어서

변형된 유도진화 접근법을 쓰면 우리의 진화적 무지를 극복할 수 있다. 우리는 진화봇 개체군을 어딘가에 낙하시켜 진화 실험을 수행하고 선택이 국지적인 지형 지도를 작성하도록 할 수 있다. 이 빔-미-다운-스코티beam-me-down-Scotty* 절차에서 정보를 얻을 수는 있지만, 전체 지도를 놓고 보자면 표적을 맞힐 수도 있고 빗맞힐 수도 있다. 오랜 시간을 들여 진화작업을 끝냈는데 알고 보니 거대한 적합도 골짜기 한가운데일 수도 있다는 것이다.

하지만 시간과 돈이 충분하다면 유도진화를 이용하여 반드시 지도를 확장할 수 있다. 전체 N-b 경관에 진화봇 개체군을 빽빽하게 고루 내려놓으면 '모수공간parameter space에 대한 전수 탐색'(내 동료 춘와이 리우의 표현이다)을 할 수 있을 것이다. 이것은 물리적 모형에서는 현실적이지 않지만 디지털 시뮬레이션에서는 훌륭하게 작동한다.

이때의 전제는 경관에 척추골 개수와 꼬리폭 같은 두 차원만 존재하고 범위가 좁다는 것이다. 그런데 포식자 감지 문턱값, 척추골 형태, 꼬리길이, 근육의 활동 패턴, 그 밖의 온갖 신경제어 메커니즘을 추가하면 어떻게 될까? 조합의 폭발적 수학에 따라 각 차원 k는 가능한 조합 개수 n을 증가시킨다. 우리의 경우 n은 저마다 다른 종류의 유전자형이나 표현형이며, 각 차원 안에서 가능한 값이나 조건 개수 j와 다음과 같은 관계에 있다.

$$n = j^k$$

---

* "그쪽으로 워프시켜줘." 〈스타 트렉〉에서 기관장 스코티에게 순간이동을 요청할 때 하는 말이다.

수식이 간단하다고 해서 얕잡아보면 안 된다. 그 뒤에는 허리케인이 숨어 있으니 말이다. 폭풍이 몰려오기 전에는 바람이 잔잔한 법이다. 차원이 둘(척추골 개수 N과 꼬리지느러미 폭 b)뿐이어서 k=2라고 가정해보자. 두 차원 다 조건을 네 개(j=4) 가질 수 있도록 하면 표현형 개수는 n=4^2, 즉 16개가 될 것이다. 여기까지는 아무 문제 없다.

하지만 삭신이 쑤시는 걸 보니 폭풍이 밀려오고 있음이 틀림없다. 꽉 잡으시라. 차원은 여전히 둘로 하되(k=2) 각 차원의 조건 개수를 더 현실적으로(이를테면 j=14) 바꿔보자. 여기서 14는 프레이로에서 가능한 척추골 개수(0개에서 13개까지)다. 꼬리지느러미에 대해서는 더 많은 조건이 가능하지만(0밀리미터에서 50밀리미터까지 1밀리미터씩 증가하도록 할 수 있다) 일단은 둘 다 j값이 같다고 가정하자. 우리의 b-N 적응경관만 놓고 봐도 낮잡아 n=14^2=196개의 서로 다른 표현형이 생긴다. 바람이 거세진다. 돛을 걸어!

프레이로는 차원이 세 개이므로 k=3이다. 각 차원에서 가능한 조건은 줄잡아 14개로 하자. 세 번째 차원을 추가하면 n=14^3=2,744개의 서로 다른 표현형이 가능해진다. 하지만 이 수치는 조건의 수를 과소평가한 것이다. 꼬리지느러미 폭의 개수가 50개, 포식자 감지 문턱값의 개수가 50개(10센티미터에서 60센티미터까지 1센티미터씩 증가)이기 때문이다. j=25를 선택하고 어떻게 되는지 보자. n=25^3=15,625개의 서로 다른 표현형이 생긴다. 강풍이다! 해치를 닫고 빌지 펌프를 가동하라! 물이 차오른다.

이 간단한 연습으로 몇 가지가 분명해진다. 하나 항해 비유는 무척 짜증난다. 둘 프레이로처럼 단순한 진화봇에서조차 모든 유형을 만들어 검증하는 것은 말 그대로 현실적으로 불가능하다. 셋 적응 경관의 포괄적인 또는 철저한 지도를 만들려는 지도 제작자는 디지털 시뮬레이션에 의존해야 한다. 언덕 탐색과 언덕 오르기 실험에 필요한 개수만큼 시도할 수 있는 유일한 방법이기 때문이다. 전체 경관에 대한 무차별 전수 탐색을 피할 방법이 몇 가지 있는데, 춘와이는 여러 진화 알고리즘을 이용하여 모든 봉우리를 찾아야 하는 요구들 사이에서 균형을 맞춤으로써 몇 년에서 몇 주로 시간을 많이 절약했다. 춘와이는 넓게 찾아다니는 탐색 루틴을 쓸 때와 국지적 언덕을 찾는 집중 루틴으로 전환할 때를 판단하는 메타 알고리즘을 개발했다.[9]

디지털 시뮬레이션의 '우주를 움직일 힘'[10]에 매혹되고 보니 내가 무슨 생각을 했던 건지 의문이 들지 않을 수 없다. 물리적으로 체화된 로봇을 이용하겠다고? 생체모방 신체 부위를 진화시키겠다고? 학생들을 로봇 공장에서 노예처럼 부리겠다고? 자율적 행동과, 위치구속적이고 체화된 지능의 존재를 믿겠다고? 존, 이 멍청아! 네가 허비한 시간과 선의를 생각해봐. 좋든 싫든 디지털 시뮬레이션이야말로 네가 가야 할 길이야.

그때 목소리가 들린다. 크리스마스 과거의 유령이 말한다.

"이봐, 존."

유령이 내 귀에 속삭인다.

"물리적으로 체화된 로봇에 집착하지 않았더라면 네 삶과 주변 사람들의 삶이 전혀 달랐을 거야. 훨씬 나았을 거라구."[11]

그래, 달랐을... 나았을 것이다. 디지털 시뮬레이션을 이용했더라면 눈 깜박할 사이에 초기 척추동물의 적응경관을 전부 탐색할 수 있었을 것이다. 나와 학생들은 척추골을 뛰어넘을 수 있었을 것이다. 심지어 어류에서 왜 쌍을 이룬 부속지와 부레, 다른 신체형태, 육상서식 능력이 진화했는지 탐구할 수 있었을지도 모른다.

유령이 소리를 높인다.

"존, 방법을 바꿔야 해. 아직 시간이 있어. 디지털 시뮬레이션 세상에 있는 친구들과 합류하면 왜 전산생물학이 드 리괴르$^{de\ rigueur}$ (관행)인지 알게 될 거야."

뜻밖에 프랑스어가 나오자 나의 프랑스 유령을 보려고 고개를 돌린다. 근사한 파리대학에서 1년간 안식년을 보내거나 (이게 안 된다면) 지중해의 해양연구소에서 여름집중강좌를 수강하면서 방법론을 개편할 기회가 생기면 좋겠다. 하지만 아무도 보이지 않는다.

의도하지 않았는데 내 목소리가 커진다.

"자네 말이 맞는 것 같아."

유령이 웃는 소리가 들린다(유령이 웃을 수 있나?). 유령이 (적어도 얼굴에서) 빛을 발한다.

"그래, 존. 내 말이 맞아. 자네 자신과 주변 사람들을 위해, 아직 할 수 있을 때 방법을 바꾸는 게 마땅해. 자네가 과거와 미래를 보았으니 나는 이제 떠나가네."

메모판에 붙인 포스트잇이 싸늘한 바람에 바스락거린다. 유령은 오랜만에 만난 동료가 복도 끝으로 걸어가는 것처럼 불쑥 마지막

질문을 던진다.

"하나만 더, 존. 늘 궁금했는데, 로봇이 생물학과 무슨 상관이지?"

유령의 속임수가 보기 좋게 통했음을 깨닫고 만 나는 체화된 로봇을 스스로 배신했다는 자괴감과 '크리스마스 과거의 유령' 수법에 속아 넘어갔다는 당혹감에 빠져 어쩔 줄 모른다. 큐 사인과 함께 말런 브랜도의 내레이션이 흘러나온다.

"공포... 공포에는 얼굴이 있지... 공포와 친구가 되어야 해."[12]

어림없지!

공포의 가면을 벗겨버리자, 이제 얼굴이 드러난다. '왜 로봇이?'란 질문이다. 아하! 1장에서 맞닥뜨린 엉터리 질문이다. 하지만 지금은 다르다. 우리는 더 강해졌다. 우리에게는 데이터가 있다. 경험과 지식의 힘으로 다시 한 번 맞붙을 수 있다. 우리는 지식을 두둑이 쌓았다.

우리는 (우리가 이름 붙인) 진화생물로봇공학이라는 과정이 작동한다는 사실을 안다. 우리는 멸종 동물과 현생 동물을 표상하고 (따라서) 모형화하는 자율 진화봇을 설계하고 만들 수 있음을 안다. 우리는 단순화된 세계에 진화봇 개체군을 풀어놓을 수 있으며 이 개체군은 내력과, 무작위와, 선택의 맞물린 효과 아래서 진화한다. 우리는 진화봇을 이용해 초기 척추동물의 형질 진화에 대한 가설을 검증할 수 있음을 안다. 우리는 진화봇의 명백한 단순함 덕에 복잡한 진화 패턴을 관찰하고 해석하고 이해할 수 있음을 안다.

하지만 이걸로 충분할까? 디지털 로봇에서도 같은 것을, 게다가 더 빨리 배울 수 있지 않을까? 안 돼, 안 돼, 안 돼. 속삭이는 유령이여, 우리를 내버려 둬! 문제도, 차이점도 물리적인 것이다. 우리는 물리적 세계를 시뮬레이션하는 것이 아니다. 그 속에서 살아간다. 1장을 기억하는가? 이제 물리적으로 체화된 로봇을 만드는 이유를 다시 기록하고, 이 목록을 만든 뒤로 배운 사실을 굵은 글씨로 추가한다.

물리적으로 체화된 로봇(웨브의 표현에 따르면 생물로봇)으로 동물을 모형화하면 다음과 같은 일을 할 수 있다.

- 로봇은 물리법칙을 모형화하는 것이 아니라 구현하기 때문에 물리법칙을 어길 수 없다.
- 키스원칙, 엔지니어의 비밀코드, 웨브의 모형화 차원을 지침으로 삼아 동물의 단순화된 버전을 만들 수 있다.
- 실험의 요구조건에 맞추거나 대상 계의 물리적 상황에 맞도록 동물의 크기를 바꿀 수 있다.
- 나머지 조건을 동일하게 하면서 일부분을 고립시켜 변화시킬 수 있다. 그러면 단순한 행위자가 산출하는 복잡한 행동을 이해할 좋은 기회가 생긴다.
- 대상 동물의 해부구조와 생리작용, 이들의 서식환경을 잘 알면 멸종 동물을 재구성할 수 있다.
- 행동은 자율적 행위자가 세계와의 지속적인 지각·행위 피드백 루프 안에서 활동할 때 생기는 역동적 시공간 사건이기 때문에 '행동'을 '뇌'에 부호화하지 않고도, 행위자와 세상의 상호작용으로부터

동물행동을 만들어낼 수 있다.

- 체화된 로봇이 생물계의 명시적 성질을 표상하도록 신중하게 설계했다면 생체역학, 행동, 진화의 관점에서 동물이 어떻게 기능하는가에 대한 가설을 검증할 수 있다.

헉헉. 분명한 것은 말발이 늘었다는 점이다.

더 중요한 사실은 체화되고 위치구속된 생물로봇이 물리적으로 구현된 시뮬레이션, 즉 생물학적 대상의 표상, 그러니까 모형이라는 점이다. 하지만 이게 다가 아니다. 체화된 생물로봇은 그 자체로 물리적 사물이기도 하다. 그 사실을 내게서, 또는 로봇에게서 떼어낼 수는 없다. (6장에서 소개한 나의 지적 포식자 중 한 명처럼) 누군가가 진화봇이 진화하는 물고기에 대한 모형으로서 형편없다고 판단하더라도 이 진화봇은 부인할 수 없이 물리적이고 물질적인 실체다. 물질적 실체처럼 보이고 물질적 실체처럼 느껴지고 물질적 실체 같은 맛이 난다. 물질적 실체 드실 분 계세요? 예, 저요. 저는 물질적 실체만 먹거든요. 냠냠.

이 시점이 되면 나처럼 물리적으로 체화된 로봇을 다루는 사람들은 디지털로 시뮬레이션된 로봇(컴퓨터에 들어 있는 이진수 나부랭이)이 진짜가 아니라고 주장하고 싶어진다. 내 로봇은 진짜다. 진짜가 아닌 것은 디지털 시뮬레이션이다. 나는 진짜고 너는 짝퉁이다.

하지만 그렇게 말하지는 않을 것이다. 이미 말해버리긴 했지만(그래도 의도는 없었다) 내가 말하려는 것은 (이것이 현실을 더 정확히 반영하므로) 디지털 시뮬레이션에도 물리적 현실이 있다는 것이다. 이산화규소 초소형 회로 안에 있는 전자^{electron}는 통제된 움직임을 통해 일련의 불^{Bool} 논리함수를 실행하며 이를 합치면 사람이 알고리즘의 일부로 정의한 기호 조작을 표상한다. 이 전자들은 다른 전자들의 세계와 상호작용할 뿐 아니라 자신이 속한 반도체 규소 환경의 제약 및 통로와도 상호작용한다. 전자는 물질적 세계에 존재하는 영혼이 아니다. 질량, 전하, 속도를 가지고 있다. 전자는 세상과 상호작용하면서 체화된 로봇과 똑같이 행동한다(다시 말해 물리법칙의 지배를 받는다). 따라서 '전자는 현실이 아니며 행동할 수 없다'라는 말은 틀렸다.

그렇다면 이 모든 야단법석은 어찌 된 영문일까? 모형 시뮬레이션으로서의 체화된 로봇과 모형 시뮬레이션으로서의 디지털 로봇 사이에는 어떤 차이가 있을까? 생물로봇공학 분야의 창시자 바버라 웨브(1장 참고)는 소프트웨어 모형화와 하드웨어 모형화를 구분한다. '생물로봇공학 접근법의 가장 뚜렷한 특징은 하드웨어를 이용하여 생물 메커니즘을 모형화한다는 것이다.'[13] 웨브는 이렇게 설명한다. '물리적 모형을 옹호하는 가장 기본적 논증은 행동이 수행되는 환경조건을 이해하는 것이야말로 행동 이해의 필수적 부분이라는 점이다.'[14]

이제 감이 오시는지? 차이는 물리적 시뮬레이션 대 비^{非}물리적 시뮬레이션이란 점이 아니다. 유물론 대 실체이원론의 문제도 아니다(5장 참고). 차이는 행동을 어떻게 모형화할까란 점이다. 우리는 행위자와 환경의 상호작용을 알고리즘적이고 수학적으로 표상함으

물자체
(표상 아님)

~의 표상
물자체(1°) 또는
물자체의 표상(2°) 또는
물자체의 표상의 표상(3°)

멸종물고기자체

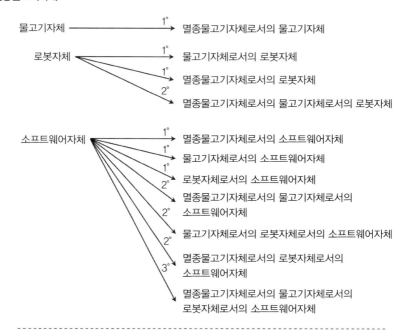

그림 7.3 **물자체와 그 표상** 각 물자체는 (사람이 면밀히 디자인하면) 다른 물자체를 표상할 수 있다. 소프트웨어의 위력은 모든 물자체를, 심지어 물자체의 표상까지도 표상할 수 있다는 점이다. 하지만 물고기에 대해서는 이렇게 말할 수 없다. 물고기자체가 소프트웨어자체를 표상한다고는 결코 주장할 수 없을 것이다. 하지만 표상은 인간 실험자의 의도에 의존하기에 사람들은 물고기자체를 이용하여 멸종물고기자체를 표상할 수 있다고 주장할 수 있으며 실제로 그렇게 주장한다(1차 표상 1°). 우리가 태드로3를 만든 것은 피낭동물 올챙이를 표상하기 위해서였으며, 피낭동물 올챙이를 선택한 것은 척추동물의 초기 척삭동물 조상을 표상하기 위해서였다(태드로3에 의한 척삭동물 조상의 2차 표상 2°). 우리는 태드로3의 표상으로서 디지태드3를 창조함으로써 대상으로부터의 표상적 거리에 또 다른 계층을 더했다(디지태드3에 의한 척삭동물 조상의 3차 표상 3°).

로봇자체와 소프트웨어자체는 둘 다 멸종물고기자체의 1차 표상으로 제작될 수 있다. 이런 의미에서 본다면 둘은 모형 시뮬레이션으로서 대등하다. 차이점은 행동을 어떻게 표상하는가다. 소프트웨어자체는 멸종물고기자체에 대한 표상의 일환으로서 행위자와 환경의 물리적 상호작용을 표상해야 한다. 이것은 자신이 표상하는 대상과 모형의 개념적 '거리'를 늘리는 숨겨진 또는 암묵적 차원의 표상(이것을 '0'라고 부르자)이다.

로써 행동을 만들어내는가? 아니면 상호작용을 전혀 표상하지 않고 '우연히 생기게' 내버려 둠으로써 행동을 만들어내는가? 행동이 우연히 생길 때는 시뮬레이션 계층이 제거된다. 이 표상계층이 존재할 때는 대상과 모형 사이의 개념적 거리가 멀어진다(그림 7.3).

이렇게 표현할 수도 있다. 행동이 물리적 행위자와 물리적 세계의 물리적 상호작용(또는 '피드백'이라고 해도 좋다)이라면, 이 행동은 수학적 표상으로 모형화할 수 있든 아예 모형화할 수 없든 둘 중 하나다. 이렇게 보니 로드니 브룩스가 우리의 발목을 잡으며 했던 얘기가 생각난다.

"세상에 대한 최상의 모형은 세상이다."

여기에 역설이 있다. 세상은 모형이 아니라 세상 자체일 뿐이다. 우리가 세상을 모형으로 만드는 것은 강제로 다른 무언가를 표상하도록 할 때뿐이다. 이것이야말로 물리적으로 체화된 생물로봇공학의 깨달음이다.

우리는 ET가 물리적으로 체화된 생물로봇으로서 진화봇이 아니라고 이미 단언했다. ET는 진화하지 않으며 (따라서) 진화과정에 대한 가설을 직접 검증할 수 없다. 하지만 체화된 로봇을 이용하는 일곱 가지 이유(239쪽)에서 알 수 있듯 ET는 멸종 동물이 어떤 기능과 행동을 했는지에 대한 가설은 검증할 수 있다.

우리는 행동이 자율적 행위자와 환경의 상호작용이라는 인지과학의 정의를 따르므로 ET의 행동을 검증하면 로버트 브랜든이 2장에서 말한 '생태적 상황에서의 기능'(적응을 설명하는 데 필요한 여섯 가지 물리적 증거 중 하나)을 들여다볼 수 있다.

따라서 1차 표상으로서의 ET는 멸종 동물과 비^非존재 동물에 대한 행동 가설을 검증함으로써 진화 연구자의 지식을 넓힌다. 진화 봇에서 보았듯 행동은 선택이 '보'는 것, 즉 적합도 함수를 이용하여 판단하는 생명경기 성적이다. 하지만 행동은 화석으로 남지 않으므로 ET로 행동을 재구성하는 것은 과거를 기억하는 훌륭한 방법이다.

과거로 향하는 로봇

6장 끝에서 약속했듯 나는 'ET를 이용하여 멸종 유기체의 생물학을 연구함으로써 우리가 무엇을 배울 수 있는가'를 살펴보는 일에 태드로를 이용하지 않을 것이다. 어류를 들여다보지도 않고 등뼈를 논하지도 않을 것이다(적어도 많이 논하지는 않을 것이다). 대신 진화경관에서 사라진 행동을 찾는 마법적 미스터리 여행은 '마들렌 로봇'이라는 ET와 함께 계속된다(그림 7.4).

가리비 껍데기 모양으로, 마들렌 빵을 닮아서 마들렌인 이 로봇은 프랑스 빵의 이름을 딴 최초의 로봇이다(그림 7.5). 2004년에 탄생한 마들렌 로봇은 차에 적신 프루스트의 마들렌 빵과 마찬가지로 과거의 것을 탐구하는 촉매 역할을 했다.[15] 우리가 탐구한 '과거의 것'은 플레시오사우루스^{plesiosaurs}로 알려진 멸종 척추동물로, 네 개의 추진용 지느러미발이 달렸으며 2억 년 이전에 쥐라기 바다의 최상위 거대 포식자였다.

기억나지 않을 만도 하다. 우리가 플레시오사우루스에 대해 아는 것은 살아 있는 모습을 보아서가 아니라 뼈대가 화석으로 남았기

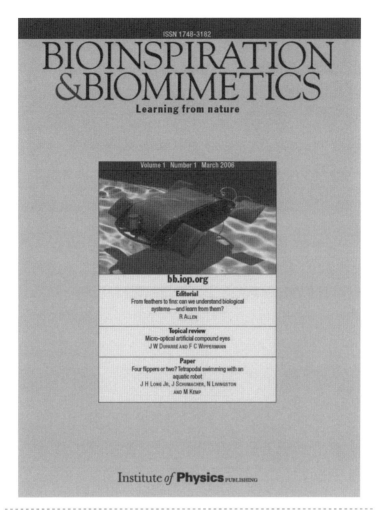

그림 7.4 **지느러미발이 네 개 달린 진화 트레커 마들렌 로봇** 마들렌은 2006년 학술지 《생물영감학·생체모방학》이 창간되는 데 한몫했다. 마들렌은 육지에서 진화했다가 그 뒤에 더 진화하여 물로 돌아간 네발 척추동물의 후손인 수생 사족류를 표상하도록 설계되었다(그림 7.7). 마들렌이 지느러미발을 쓰는 패턴을 변화시키면 네 개의 지느러미발을 이용한 유영행동이 두 개의 지느러미발보다 최고 속도와 가속도가 빠르고 정지능력이 뛰어나다는 가설을 검증할 수 있다. 표지 이미지는 영국물리학회의 허락 아래 실었다. 이 사진은 내 친구 존 켈러의 야외수영장에서 마들렌이 첫 첨벙첨벙 순항을 하는 장면을 찍은 것이다.

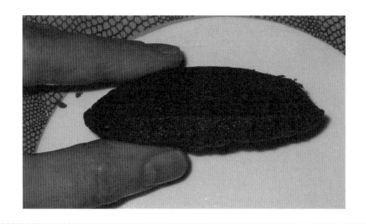

그림 7.5 **가리비 모양의 마들렌 빵** 먹기 직전 초콜릿 마들렌 빵의 옆모습은 유선형의 가리비 모양이다. 마들렌 로봇은 프랑스 빵의 이름을 딴 최초의 로봇이다. 물론 마들렌 빵은 지느러미발이 없으며 헤엄도 못 친다. 하지만 초콜릿 마들렌 빵은 무엇보다 작고 촉촉한 케이크처럼 맛이 매우 좋다.

때문이다. 최초의 플레시오사우루스는 1821년 스물두 살의 메리 애닝이 영국 해협에 있는 웨스트도싯 해안 마을 라임리지스의 절벽을 뒤지다가 발견했다. 많은 척추골이 축을 따라 거대한 뼈 사슬을 이루고 있는 애닝의 해룡은 척추동물이 틀림없었지만, 다리 대신 물갈퀴가 네 개 달렸고 가느다란 갈비뼈 대신 뼈 거들이 몸통을 감싼 신기한 형태였다.[16] '플레시오사우루스'라는 속명은 1824년에 코니베어 목사가 지었는데, 그리스어 '플레시오'(가깝다)와 '사우루스'(도마뱀)의 합성어다. 코니베어 목사는 플레시오사우루스에 대해 이렇게 기록했다.

"바다거북의 물갈퀴와 비교하여 나타나는 새로운 유비로부터 플레시오사우루스가 동물 사지의 여러 형태 측면에서 바다거북과 이

크티오사우루스의 중간임을 알 수 있다. 바다거북의 수근골 중 앞쪽의 세 개가 플레시오사우루스와 다르지 않음을 확인할 수 있기 때문이다."[17]

리처스 엘리스의 《해룡Sea Dragons》에 따르면 코니베어의 설명보다는 버클랜드 주임사제의 1836년 설명이 더 유명하다.

"도마뱀의 머리에 악어의 이빨이 달려 있다. 엄청나게 긴 목은 뱀의 몸을 닮았으며 몸통과 꼬리의 비율은 여느 네발짐승과 같고 갈비뼈는 카멜레온을, 물갈퀴는 고래를 닮았다."

무엇보다 신기한 것은 이 설명들이 상상의 산물이 아니라는 점이다. 이 녀석은 그림 7.6에서 묘사하는 것과 거의 비슷하게 생겼다.[18]

기이한 측면에 눈길이 쏠리긴 하지만 진화적 관점에서 볼 때 플레시오사우루스는 '보행자'다. 칼 지머에 따르면 플레시오사우루스[19]를 비롯해 수많은 네발 육생 척추동물(사족류)이 일련의 반복된 진화실험을 통해 해양동물이 되었으며 이 과정은 지금도 진행 중이다.[20] 이들은 뭍에서 물로 돌아간다. 바다로 기어 돌아간 척추동물 계통은 육생 사족류의 피가 흐르고 있기에 진화적 관점에서는 '수생 사족류'라고 불린다. 여러분이 알 만한 현생 수생 사족류로는 고래와 돌고래, 바다거북, 펭귄, 수달, 바다표범, 바다사자 등이 있다. 이게 다가 아니다!

양서류를 포함하지 않더라도 육생 사족류의 후손이 바다로 돌아가 물속 이동에 적응한 사례는 어마어마하게 많다. 스웨덴 룬드대학의 연구자 요한 린드그렌과 동료들은 아름답게 보존된 백악기 후기 모사사우루스(모사사우루스는 또 다른 거대 멸종 수생 사족류다)를 분석하여 유영능력 향상에 대한 선택 때문에 분명하게 또한 반복적으로 몸통이 유선형으로 바뀌고, 척주형태가 달라져 휨경직도가 강화되고 따로따로 제어할 수 있게 되었으며, 꼬리지느러미 폭이 넓어졌음을 밝혀냈다.[21] 수렴진화(2장 참고)의 모든 패턴은 강하고 꾸준한 선택압이 작용했다는 훌륭한 간접 증거임을 명심하라.

수렴진화를 접하면 생물학자는 소름이 돋는다. 그럴 수밖에 없다. 포유류에서 진화한 돌고래와 고래가 파충류에서 독자적으로 진화한 멸종 이크티오사우루스나 모사사우루스와 닮았다는 사실이 얼마나 근사한가? 수렴은 자연선택에 의한 진화를 뒷받침하는 확고한 증거일 뿐 아니라 어떤 상황에서는 생명경기에서 성능의 한계를 밀어붙이는 방법이 몇 가지밖에 안 된다는 사실을 시사하기도 한다.

경기장이 뭍에서 물로 바뀌었을 때 수생 사족류가 이동의 걸림 돌을 극복할 수 있는 선택지는 기본적으로 둘이다. 하나는 다리, 다른 하나는 체축體軸이다. 웨스트체스터대학 생물학 교수이자 수중 이동 생체역학 분야의 전문가 프랭크 피시는 포유류에서 수생 사족류가 진화한 기능적 경로를 제시했다.[22] 피시에 따르면 부속지로 헤엄치는 것은 물로의 복귀가 시작되는 방식인지도 모른다. 이것은 우리가 보는 거의 모든 육생 포유류가 물에 빠졌을 때 일종의 개 헤엄을 치기 때문인 듯하다. 바다표범과 바다사자 같은 계통은 부속지를 고수하여, 뒤 지느러미발을 키워 흔들거나(바다표범) 앞 지느러미발을 파닥거린다(바다사자). 고래와 바다소 같은 다른 수생 사족류는 부속지 만들기를 그만두도록 발달 프로그램을 진화시켰는데, 뒷다리가 없어지고 (성가신 척주로 고정된) 체축을 이용하여 (새로 진화한) 꼬리지느러미를 위아래로 흔든다.

플레시오사우루스는 바다표범, 바다사자, 바다거북과 비슷한 식으로 진화하여 부속지를 고수한 채 물속 생활에 다시 적응했다. 여기 흥미로운 사실이 있다. 왜 그래야만 했는지를 생각하면 궁금해서 미칠 것 같다. 그것은 바로 현생 수생 사족류 중에서 물속에서 헤엄칠 때 부속지 네 개를 다 쓰는 것이 하나도 없다는 사실이다. 다들 둘만 쓴다. 그런데 플레시오사우루스는 날개 모양 지느러미발로 변형된 네 다리를 모두 쓴 듯하다(그림 7.6 다시 참고). 플레시오사우루스가 네 지느러미발로 바다를 지배하며 중생대 최상위 포식자로 군림했다면, 지금은 왜 안 될까?

금종을 치고 사과를 베어 물자! 알고 싶다. 왜, 왜, 왜? 오늘날 살아 있는 포유류와 바다거북은 왜 지느러미발 네 개 전부를 추진에 쓰지 않을까? 역학적 관점에서는 지느러미발 네 개를 추진에 쓰는 것이 아무리 봐도 유리하다. 각 지느러미발을 프로펠러라고 생각하면 동물이든 로봇이든 지느러미발을 두 개가 아니라 네 개 사용하는 모든 행위자는 더 빨리 가속할 수 있고, 더 빠른 순항속도를 낼 수 있고, 더 빨리 제동할 수 있을 터다. 그런데 왜 그러지 않은 걸까? 이것이야말로 우리가 진화 트레커로 해결하려는 행동의 수수께끼였다. 그러려면 동물이 어떤 진화경로를 밟고 어떤 진화경로를 밟지 않았는지 살펴봐야 했다.

로봇의 지느러미발 만들기

마들렌 로봇이 필요한 것은 이 시점에서다. 우리는 마들렌을 수생 사족류의 일반적인 형태로 제작했다. 마들렌은 물속에서 헤엄칠 때 똑같이 생긴 네 개의 지느러미발로 추진력을 얻는다. 머리에서 꼬리까지의 길이는 0.78미터이며 건조 중량은 20킬로그램으로, 길이와 무게는 바다거북 성체나 플레시오사우루스에서 긴 목을 뺀 축소판과 비슷했다(그림 7.6 참고). 각 지느러미발(엔지니어들은 넥터^{Nektor}라고 부른다)은 단면이 날개 모양(정확히 말하자면 '수중익')이며,[23] 마들렌의 몸통 안에 있는 각각의 모터에 연결되어 축 주위로 움직인다(엔지니어들은 피칭$^{in\ pitch}$이라고 부른다). 너무 강력한 슈퍼 로봇을 만들지 않기 위해 우리는 척추동물 뼈대근육의 근력 밀도(몸무게 1킬로그램당 약 10와트)와 비슷한 모터를 선택했다. 물론 매디(마들렌)의 몸통은 마들렌 빵을 닮았다. 생물학적 관점에서 이 모양은 좌우대칭이라고 말할 수 있으며, 물의 저항을 줄이기 위해 유선형으로 되어 있다.[24]

방금 언급한 매디의 모든 성질은 메커니즘적 정확성을 기하도록 선택했다. 그래서 수생 사족류에서 이루어졌을 수렴진화를 염두에 두고서 이동행동과 (추진력 발생과 관련된) 구조에 초점을 맞췄다. 우리가 수생 사족류를 제대로 재창조했는지 판단할 잣대는 웨브의 모형 로봇 기준 중 다섯 가지, 즉 생물학적 관련성(기준 1), 대상과 모형의 행동 일치(기준 2), 메커니즘적 정확성(기준 3), 구조의 수준(기준 5), 재료(기준 7)다.

매디에게 제기되는 불만 중에서 가장 큰 것은 특정 종을 표상하지 않기에 구체성이 낮다는 것이다(반대로 웨브의 네 번째 기준에 따르면 추상도가 높다고 할 수 있다). 하지만 … 이거야말로! 우리가 바라던 바였다. 웨브의 기준은 마들렌 로봇이 모든 일을 해낼 수 없음을, 심지어 할 수 있어서는 안 된다는 사실을 깨닫고 설명하는 데 도움이 된다. 사실 프랑스 빵을 본떠 로봇의 이름을 지은 것도 이 때문이다. 나는 마들렌을 (이를테면 대중언론에서 붙인 별명처럼) 거북 로봇으로 내세우고 싶지 않았다. 빵을 먹고도 여전히 가질 수 있을까? 마들렌이 거북 로봇이 아니라면, 어떻게 플레시오사우루스 로봇이라고 주장할 수 있겠는가?

나는 그럴 생각이 없다. 내가 주장하는 것은 거북과 플레시오사우루스가 이용한(하는) 것과 똑같은 추진원리를 매디도 이용한다는 것이다. 따라서 매디의 메커니즘적 정확성은 지느러미발을 파닥거려 헤엄치는 어떤 수생 사족류와 비교해도 높다. 모형화를 표상 과정으로 생각하면, 매디가 거북이나 플레시오사우루스와 크기가 비슷하고 지느러미발로 헤엄친다는 특정한 의미에서 매디의 행동은 거북과 플레시오사우루스를 표상한다.

마들렌에 제기된 또 다른 중요한 비판은 지느러미발이 거북이나 플레시오사우루스와 정확히 같은 방식으로 작동하지 않는다는 것이다. 이것은 추진의 차원에서 본 모형의 정확도 문제로 이어진다. 매디의 지느러미발, 즉 넥터의 움직임은 생물학적이지 않다. 여기에는, 이를테면 바다사자의 앞지느러미발 움직임보다 훨씬 단순하다는 사실이 크게 작용한다.[25] 매디와 바다사자 둘 다 매 스트로크마다 지느러미발을 피칭방식으로 회전시키지만, 매디는 이것이 전부다. 바다사자는 그밖에도 어깨관절 부위를 지렛대 삼아 앞다리를 흔들어 지느러미발을 젓는다. 바다사자는 지느러미발을 젓고 긴 축을 따라 회전시키는 한편, 어깨관절 부위에서 지느러미발을 기울여 그 끄트머리가 뒤쪽, 그러니까 엉덩이 쪽을 향하도록 움직인다. 공학용어로 말하자면 바다사자의 지느러미발은 자유도가 3도지만 매디의 지느러미발은 1도에 불과하다. 게다가 3도조차도 너무 단순하다! 지느러미발이 회전할 때 형태가 달라진다는, 다시 말해 앞다리 무릎, 발목, 발가락 다섯 개에 있는 관절들이 휘어지고 늘어난다는 사실은 일부러 뺐다. 무릎, 발목, 다섯 발가락의 관절이 모두 단순한 평면관절이라고 가정하면 자유도는 7도가 늘어난다. 각 지느러미발은 모두 합쳐 관절이 열 개이므로 10도의 자유도가 생기며 각 관절은 가동되고 제어되고 집단적으로 조율되어야 한다.

도전해볼 의향이 있으신가? 여러분은 할 수 있다구! 하지만 팔을 걷어붙이고 더 나은 지느러미발을 만들기 전에, 자유도를 1도에서 10도로 훌쩍 늘리는 것은 키스원칙을 어기는 것이며 그에 따르는 위험을 감수해야 함을 명심하라. 여러분이 하는 일은 최대한 단순한 장치를 만드는 것과 정반대다. 이 반^{反}키스원칙에 이름을 붙여주자. '복잡하게 만들어, 아인슈타인$^{Make It Complicated, Einstein}$', 줄여서 마이스^{MICE}가 좋겠다.

마이스를 적용하려면 유체역학적 부하를 모두 견딜 만큼 튼튼하면서 힘을 많이 들이지 않고도 휠 수 있을 만큼 낭창낭창한 관절로 내골격을 만들어야 한다. 이렇게 만든 관절 열 개를 움직일 방법도 궁리해야 한다. 부피와 무게가 증가하는 것을 감수하고서 발가락에 모터를 달 것인가, 매디 내부에 철사나 유압 튜브를 설치할 것인가? 또한 지느러미발이 움직일 때 형태를 유지하면서도 재배치될 수 있는 유연하고 생물학적인 소재로 뼈대를 감싸고 채워야 한다. 다리는 수리와 유지·보수를 위해 꺼낼 수 있어야 한다.

모든 기계공학 요소에 마이스 원칙을 적용한 뒤에 여러분은 이제 자신의 수작업을 살펴보고 있다. 뭐, 뭐라고? 또 다른 지느러미발을 만들어야 한다고. 수중 로봇 반대편에도 말이다. 어랍쇼! 여러분은 생체모방 발지느러미의 설계와 제작에 대해 박사학위를 따느라 로봇 제작을 보류했다. 물론 큰 희생은 아니다. 이제 여러분은 바다사자의 발지느러미 두 개를 달고 모터에 동력을 공급할 전지를 장착한 로봇을 만든다. 이걸로 끝일까? 천만의 말씀.

이제 20개의 모터를 제어하고 조율할 소프트웨어를 설계하고 테스트해야 한다. 지느러미발을 아래와 뒤로 파닥거렸다가 동작을 반복할 수 있는 위치로 돌려놓기만 하면 되므로 자유도 20도는 큰 문제가 아니다. 여러분의 소프트웨어는 실험실에서, 공중에서, 벤치에서 제대로 돌아간다. 이제 여러분은 로봇을 물에 넣는다. 녀석이 물장구를 치며 움직이려는 순간 긴 지느러미발이 항력을 받아 뒤로 밀려나며 구부러진다. 생각해보니 지느러미발이 특정 형태를 유지하면서 여러분이 지정한 대로 스트로크 중에 형태를 바꾸도록 하려면 각 관절에 센서를 달아야 한다.

동물에게 고유감각proprioception이 있는 것은 이 때문인지도 모른다(눈을 감고 집게손가락으로 코를 만질 수 있는 것은 이 내부적 위치감각계 덕분이다). 마이스 모자를 쓴 채 궁리하다가 여러분은 지느러미발을 처음부터 충분히 복잡하게 만들지 않은 것을 자책한다! 지느러미발을 뜯어 각 관절에 전위차계를 달고 이 20개의 센서를 지느러미발의 동작을 제어하는 컴퓨터에 연결한다. 센서 입력을 모터에 피드백으로 전달하는 소프트웨어 모듈도 새로 만든다. 이제 지느러미발에 특정 형태와 위치를 지정하면 그대로 된다.

수조로 돌아가 시스템을 물에 넣고 녀석이 지느러미발을 대칭적이고 일정하게 움직이며 천천히 헤엄치는 모습을 보며 환호한다 (이제 이름이 시라이어트론SeaLioTron으로 바뀌었다). 잘했어. 이제 시라이어트론이 방향을 전환하도록 할 차례다. 전에도 방향 전환을 생각하긴 했지만, 지느러미발 작업에 전념하느라 이 문제는 미뤄둔 터였다. 진짜 바다사자를 찍은 동영상을 다시 살펴보니 녀석들은 물속에서 몸을 휘어 커다란 방향타로 이용할 수 있기에 무척 민첩하게 방향을 바꾼다. 유연한 몸통은 계획에 없었고 전지, 모터, 컴퓨터의 내부 하중 때문에 온갖 문제가 불거지므로 여러분은 ●시라이어트론 프로젝트의 성공을 선언하고 종료하거나 ●시라이어트론이 유연한 지느러미발과 뻣뻣한 몸통으로 방향을 전환하도록 하는 법을 알아내거나 ●방향타 역할을 하는 유연한 몸통을 제작하는 프로젝트를 아예 새로 시작해야 한다.

이 마이스 실패사례는 내가 지어낸 것이지만 누군가 시라이어트론에 이의를 제기할 가능성이 완전한 환상은 아니다. 여러분은 내가 개략적으로 언급한 문제들에 틀림없이 맞닥뜨릴 것이며 그 과정에서 어쩌면 내가 생각해내지 못할 기발한 해결책을 떠올릴 것이다. 이 모든 어려움은 감수할 가치가 있을지도 모른다. 시라이어트론은 박사과정 프로젝트를 쉽사리 여남은 개 만들어낼 수도 있고, 유연하고 제어 가능한 추진기와 다[※]관절 신경제어기에 대해 근사한 특허를 쏟아낼 수도 있다. 심지어 국립과학재단 연구비를 따낼지도 모른다. 그런데 내가 뭘 하고 있지?

내가 시라이어트론을 예로 든 것은 마이스 원칙을 통해 매디의 자유도 1도짜리 넥터에 대한 다음 사항을 지적하기 위해서다. 물론 매디의 지느러미발은 바다사자나 바다거북이나 플레시오사우루스의 지느러미발에 대한 모형으로 부정확하다. 하지만 매디가 제작된 시기(2003년에서 2004년까지)에는 생물학적으로 가장 사실적인(유연한 박[※]을 파닥거려 추력을 발생시키는) 지느러미발이었으며, 작동시키고 제어하기가 상대적으로 수월하다. 키스원칙은 간단한 것을 먼저 하는 것이다. 그런데 알고 보면 간단한 것이 꽤 복잡하다.

육생 사족류

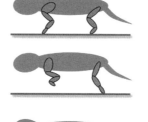

선 자세

네 다리로 통통걸음하는 자세

네 다리와 육지걸음으로 수면에서 헤엄치는 자세

수생 사족류는 여러 육생 조상에서 여러 번 진화했다.

수생 사족류

두 다리를 이용한 잠영: 앞 지느러미발로 추진한다

네 다리를 이용한 잠영: 모든 지느러미발로 추진한다

강치속

크로노사우루스속

두 다리를 이용한 잠영: 뒤 지느러미발로 추진한다

네 다리를 이용한 잠영: 모든 지느러미발로 추진한다

물범속

플레시오사우루스속

신경제어공간

네 지느러미발 헤엄을 위한 차원 k

1. 앞다리: 좌우 위상(0도에서 360도까지 10도씩 증가, j=36)
2. 뒷다리: 좌우 위상
3. 왼다리: 앞뒤 위상
4. 오른다리: 앞뒤 위상

가능한 조합의 수 n
$$n = j^k = 36^4 = 1,679,616$$

지느러미발은 두 개가 나을까? 네 개가 나을까?

다시 거창한 물음으로 돌아가자. 지느러미발 네 개가 뛰어난 솜씨의 열쇠로 여겨지는 상황에서 현생 수생 사족류가 네 개보다 두 개를 선호하는 이유는 무엇일까? 진화 트레커 ET를 이용하면 우리가 지느러미발의 형태공간과 (가능성 있는) 진화과정을 탐구하려 들 때보다 더 수월하게 이 물음에 답할 수 있지만, 여전히 우리는 물리적으로 체화된 로봇이 우리가 예상하지 못한 결과를 산출하리라는 극단적 편견을 밀어붙여야 한다.

우선 우리의 '단순한' 2차원 형태공간을 정의하자. 마들렌에서 변화시킬 수 있는 형질은 쓰이는 지느러미발 개수와 지느러미발 이용 패턴이다. 하지만 첫 실험에서는 이른바 신경제어공간에서의 이용 패턴만 변화시키고 살펴볼 수 있었다(그림 7.7). 이렇게 문제를 단순화해도 패턴은 여전히 어마어마하게 복잡하다. 이것은 매디의 각 지느러미발이 독립적으로 제어되기 때문이다.

그림 7.7 **지느러미발은 두 개? 네 개?** 포유류, 파충류, 조류 같은 육생 사족류의 후손은 거듭하여 바다로 돌아갔다. 이 수생 사족류는 여러 방식으로 진화했는데, 육지의 앞뒤 다리운동 패턴에서 상하운동이나 좌우운동으로 전환함으로써 세대시간에 걸쳐 잠영실력을 향상시켰다. 이러한 움직임 변화는 끌기 기반 젓기에서 들기 기반 파닥거리기로의 변화와 관계가 있다. 강치속 바다사자나 물범속 바다표범처럼 지느러미발을 파닥거리는 현생 수생 사족류는 두 지느러미발만을 추진에 이용한다. 이에 반해 크로노사우루스속의 짧은 목 플레시오사우루스나 플레시오사우루스속의 긴목 플레시오사우루스처럼 지느러미발을 파닥거리는 멸종 수생 사족류는 지느러미발 네 개가 거의 똑같이 생겼는데, 날개를 닮은 모양과 몸에 연결된 해부학적 형태로 보건대 들기 기반 추진에 이용된 듯하다. 유영능력과 지느러미발 움직임의 관계는 금세 복잡해진다. 네 지느러미발로 헤엄치는 사족류는 가능한 지느러미발 패턴이 수백만 개에 이른다. 이 그림은 프랭크 피시의 연구에서 착안했다.

259

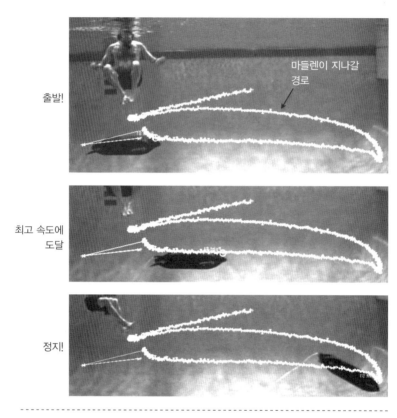

출발!

최고 속도에 도달

정지!

마들렌이 지나갈 경로

그림 7.8 **진화 트레커 마들렌을 이용한 실험** 마들렌 로봇이 지느러미발을 두 개 이용할 때보다 네 개 이용할 때 더 빨리 헤엄치고 더 빨리 가속할 수 있으리라는 가설을 검증하기 위해 우리는 여러 실험을 진행했다. 여기서는 정지상태에서 출발한 마들렌이 뒤 지느러미발 두 개를 이용하여 최대한 빨리 헤엄치다가 최대한 빨리 정지한다. 이 사진은 수중에서 찍었으며 전체 실험에 걸쳐 마들렌의 위치(머리의 위치를 프레임 단위로 추적하여 경로를 나타냈다)를 보여주도록 분석되었다. 스노클을 쓰고 잠수한 사람(나다. 엣헴)은 물 위에 있는 실험자가 실험을 시작하기 전에 마들렌이 수심 2미터에 안착하도록 한다.

지느러미발 하나가 맨 아래에 도달했을 때 또 다른 지느러미발은 맨 위에 도달하고 있을 것이다. 두 지느러미발이 같은 위치에 도달하는 데 걸리는 시간차를 위상phase이라고 한다. 두 지느러미발의 위상이 같으면(이것을 360도 체계에서 0도로 정의한다) 둘은 완벽히 일치하는 동작으로 파닥거린다. 두 지느러미발의 위상이 어긋날 때 가장 쉽게 볼 수 있는 패턴은 180도다. 왼손과 오른손으로 번갈아가며 일정하게 탁자를 두드리는 것이 이에 해당한다. 안타깝게도 위상은 수없이 많은 방식으로 어긋날 수 있기 때문에 실험에서 조합적 폭발이 일어난다.

위상을 10도씩 검사한다고 하면(360도를 가진 차원에서는 정밀한 해상도가 아니다) 네 개의 지느러미발에 36개의 서로 다른 조건을 부여해야 하는데, 전체 경우의 수는 무려 100만 개를 넘는다(그림 7.7 아래). 공교롭기 이를 데 없다. 2차원, 지느러미발 개수, 지느러미발 사이의 위상만 놓고 보더라도 이 '단순한' 신경제어공간을 전수 탐색하는 것은 불가능하다.

어마어마한 복잡성에 맞닥뜨린 우리는 다시 한 번 키스원칙에 도움을 청했다. 지느러미발 개수와 관련해서 우리는 ●앞 지느러미발 두 개 ●뒤 지느러미발 두 개 ●지느러미발 네 개 전부라는 세 가지 조건을 검증했다. 또한 각 조건에서 위상을 다음과 같이 변화시켰다.

지느러미발 두 개로 헤엄칠 때는 일치하는 위상(0도)이나 180도 어긋나는 위상으로 파닥거리도록 했다. 간단하다. 또한 지느러미발 네 개로 헤엄칠 때는 프랭크 피시의 진화 모형을 빌려 육생 사족류에서 볼 수 있는 다리 움직임('보법gait'이라고 한다)의 네 가지 패턴을 이용했다. 그 패턴이란 ●네 다리 모두 위상이 일치하는 뻗정다리pronk ●앞다리와 뒷다리 각각은 위상이 일치하고, 앞뒤는 180도 어긋나는 습보gallop ●왼쪽 앞다리와 오른쪽 뒷다리의 위상이 일치하고 오른쪽 앞다리와 왼쪽 뒷다리의 위상이 일치하여, 대각선으로 180도 어긋나는 속보trot ●왼쪽 다리와 오른쪽 다리는 각각 위상이 일치하고 좌우는 180도 어긋나는 측대보pace다.

우리는 배서대학 수영장의 다이빙장에서 여덟 가지 보법을 이용하여 마들렌을 테스트했다.[26] 수중 비디오카메라로 마들렌이 정지 상태에서 최고 속도까지 가속했다 최대한 빨리 정지하는 동작을 촬영했다(그림 7.8). 마들렌이 움직이는 동안 내장형 3축 가속도계와 전력량계로 가속도와 에너지 소비량을 측정했다.[27]

결과는 어떻게 나왔을까? 최고 순항속도에서는 두 지느러미발이 네 지느러미발 못지않다(그림 7.9). 뜻밖의 결과였다. 경험적 탐구의 돌투성이 해안에서 또 하나의 훌륭한 이론이 무너졌다. 하지만 이 몰락은 우리에게 영감을 선사했다. 네 지느러미발은 두 지느러미발에 비해 최고 속도가 빠르지 않을 뿐 아니라 전력량도 두 배가 든다. 두 지느러미발은 좋고 네 지느러미발은 나쁘다. 됐나? 잠깐, 너무 서두르지 마라. 정지상태에서 급가속을 하고 싶다면 네 지느러미발이 무척 요긴하다. 네 지느러미발을 쓰면 두 지느러미발을 쓸 때보다 1.4배 빨리 출발할 수 있다.

우리가 처한 상황을 '성능 트레이드오프'라고 부른다. 순항이 중요하면 두 지느러미발을 쓰고 가속이 중요하면 네 지느러미발을 써

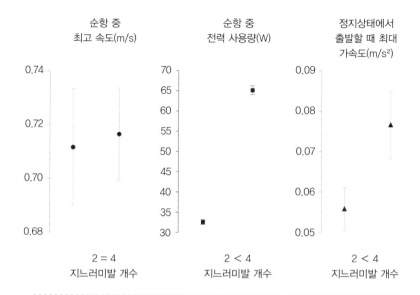

순항 중 최고 속도(m/s)	순항 중 전력 사용량(W)	정지상태에서 출발할 때 최대 가속도(m/s²)
2 = 4 지느러미발 개수	2 < 4 지느러미발 개수	2 < 4 지느러미발 개수

그림 7.9 **마들렌의 지느러미발이 두 개일 때와 네 개일 때의 행동** 놀랍게도 마들렌은 지느러미발을 두 개만 쓸 때에도 똑같은 최고 순항속도에 도달한다. 지느러미발을 네 개 써서 같은 순항속도를 유지하려면 전력을 두 배 써야 한다. 네 지느러미발은 정지상태에서 가속할 때 유리하다. 점은 각 보법에 대해 세 시기의 평균을 나타낸다. 오차막대는 평균의 표준오차다. 통계 검정은 각 성능 항목에 대한 판단(성능이 같은가, 다른가)을 뒷받침한다.

라. 이런 트레이드오프는 진화의 문제다. 선택환경은 주어진 시공간에서 무엇이 개체군에 가장 유리한지 탐색한다. 이를테면 물고기 떼의 분포가 달라지면 먹잇감을 찾기 위해 더 많이 순항해야 할 수 있다.

애초의 물음으로 돌아가자. 왜 현생 수생 사족류는 지느러미발 두 개만을 추진에 쓰는 걸까? 마들렌 로봇의 결과를 바탕으로 경험적 지식을 동원하여 추측할 때 현생 종은 순항을 많이 하며 생명경기에서 순항이라는 유영행동에 가장 많이 의존하는 경향이 있는 듯하다. 이를테면 바다거북은 해저에서 자지 않을 때는 먹이가 있는 바다풀밭을 순항하여 돌아다닌다. 펭귄은 바닷가에서 어장으로 잽싸게 순항한 뒤에 잠수하여 먹잇감 사이에서 기동한다. 바다표범과 바다사자도 물고기를 잡아먹지만 (시라이어트론을 설명하면서 지적했듯이 특히 바다사자는) 빠른 방향 전환과 기동으로 유명하다. 바다사자는 우리가 제시하는 '두 지느러미 순항자' 법칙의 예외인지도 모른다. 프랭크 피시, 제니퍼 헐, 댄 코스타는 캘리포니아바다사자에게서 중력의 최대 다섯 배에 이르는 구심가속도를 측정했다.[28] 이 가속은 마들렌 로봇에게서 측정한 것과 달리 선속도가 아니라 각속도지만, 바다사자가 날쌘 물고기를 잡는 데 필요한 것이 최고 순항속도가 아니라 빠른 가속이라는 사실을 잘 보여준다.

우리의 멸종한 네 지느러미발 플레시오사우루스는 어떨까? 우리는 마들렌 로봇에게서 얻은 물리적 증거를 바탕으로 그럴 법한 시나리오를 그릴 수 있다. 마들렌 크기의 소형 플레시오사우루스는 매복하여 기다리는 포식자라고 상상할 수 있다. 물속에 가만히 있다가 맛있는 먹잇감이 가까이 헤엄쳐오면 가속 페달을 밟아 낚아챈다. 소형 플레시오사우루스에게 이 매복행동이 효과가 있을지도 모르겠다. 하지만 크로노사우루스나 포식자 X 같은 거대 짧은목 플리오사우루스에게는 가능할 것 같지 않다.[29]

문제는 길이가 10~15미터에 이르면 빨리 가속하기에는 덩치가 너무 크다는 점이다. 신호등이 초록불로 바뀔 때 트랙터가 스포츠카를 결코 앞설 수 없는 것과 마찬가지 이유로 매복한 크로노사우루스가 지나가는 물고기를 낚아채는 광경은 결코 볼 수 없을 것이다. 트럭이든 플리오사우루스든 거대한 몸을 재빨리 움직이는 데 필요한 원동력을 만들어낼 수 없다. 정지상태에서 출발할 때 이들의 가속능력은 ●내부 연소나 뼈대근육이 산출할 수 있는 힘의 총량과 ●덩치에 제약된다.

그렇다면 가련한 거대 바다괴물은 지느러미발 네 개를 어디다 쓰는 걸까? 나는 히스토리 채널History Channel에서 방영된 다큐멘터리 〈포식자 X Predator X〉를 위해 매우 대략적인 계산을 했다. 예른 후룸 박사의 지휘 아래 포식자 X를 발견한 고생물학 연구진은 포식자 X의 길이를 15미터로 추정한다. 나는 대형 고래의 길이와 무게에 대해 알려진 데이터를 이용하여 포식자 X의 무게가 약 39,000킬로그램(39톤)이었다고 추정한다. 포식자 X가 정지상태에서 마들렌의 최고 가속도인 약 $0.085m/s^2$으로 가속했다면(그림 7.9 참고) 1초에 8.5센티미터를 움직인 셈인데 1,500센티미터란 전체 길이에 비하면 새발의 피다. 포식자 X가 물속에 가만히 앉아 있는 것을 봐도 전혀 걱정할 필요가 없다. 녀석의 입으로 헤엄쳐 들어가지만 않는다면!

하지만 움직이고 있는 포식자 X와 맞닥뜨리면 난감해질 수 있다. 추측컨대 포식자 X는 순항하다가 혹등고래처럼 커다란 지느러미발로 기동하여 전진 순항 운동량으로 전환한 후 흰긴수염고래처럼 먹이를 덮칠 것이다. $1{\sim}2m/s^2$으로 가속하면 최고 속도가 $2{\sim}3m/s$에 이른다.[30] 하지만 포식자 X는 무엇을 잡아먹었을까? 혹등고래나 흰긴수염고래가 고래수염을 이용하여 바닷물에서 작은 물고기 떼나 크릴새우 무리를 모조리 걸러 먹는 것과 달리 포식자 X는 큰 이빨을 이용하여 덩치가 크고 비교적 굼뜬 동물을 잡아먹었을 것이다. 긴목 플레시오사우루스가 이 짧은목 플레시오사우루스의 먹잇감이었는지도 모른다.

이것이 핵심이다. 포식자 X가 방심한 플레시오사우루스를 찾아 순항한다면 지느러미발은 어느 때든 두 개만 있으면 될 것이다. 마들렌 로봇에서 보듯 지느러미발을 더 써도 유영속도가 전혀 빨라지지 않는데 뭐 한다고 네 개를 파닥거리며 에너지를 낭비하겠는가? 그런데 마라톤을 다리로도 할 수 있고 팔로도 할 수 있다고 상상해보자. 달리다가 다리가 쑤시면 팔을 쓰는 것이다. 터무니없는 생각처럼 들린다. 하지만 네 지느러미발 헤엄의 물리학에 대해 우리가 알아낸 지식에 따르면 전방 추진 시스템과 후방 추진 시스템을 번갈아 사용하는 것은 말이 된다.

고백하자면, 우리는 결코 플레시오사우루스가 어떻게 헤엄쳤는지 확실히 알 수 없다. 멸종하면서 그들의 행동도 사라졌다. 마들렌 로봇의 다리를 해부학적으로 아무리 정확하게 만들더라도, 마들렌을 아무리 크게 확대하거나 작게 축소하더라도, 신경제어공간을 아무리 철저하게 탐색하더라도, 우리가 진화 트레커 ET로 할 수 있는 것은 무엇이 더 가능하고 덜 가능한지 이야기하는 것이 최선이다. ET는 가능성의 한계를 정하는 데 도움이 된다. 우리의 판단지침은 행동의 물리적 현실, 체화된 행위자와 물리적 환경의 상호작용이다.

ET 역할을 한 마들렌 로봇은 네 지느러미발 수생 사족류의 신경제어공간을 누비면서 두 지느러미발이나 네 지느러미발로 헤엄칠 때의 유영행동이 어떤 모습인지 보여주었다. 우리는 편익(속도와 가속도)과 비용(전력 소비)을 비교했다. 마들렌의 유영행동에 따른 에너지 사용의 차이는 빠른 순항속도와 잽싼 가속 사이에 트레이드오프가 존재할 수 있음을 시사한다. 둘 다 바란다면, 행동에 필요한 에너지를 만들기 위해 먹어야 하는 먹이의 형태로 대가를 치르게 될 것이다. 호기심이 완전히 충족되지는 않았지만 다행히 우리는 미치지 않았다. 아니, 미친 걸까?

진화 트레커, 마들렌 로봇

마들렌 같은 자가추진 생물로봇을 만드는 데 일종의 집단적 광기가 필요한 것은 분명하다. 이 광기는 처음에는 공유된 비전, 그 다음에는 과제를 완수하는 데 필요한 노하우와 시간과 자금을 가진 많은 사람들에게서 비롯한다.[31]

마들렌 로봇은 배서대학 로봇공학 협동과정 연구소의 의뢰로 노스캐롤라이나 더럼에 있는 넥턴리서치의 엔지니어들이 2003년부터 2004년까지 약 1년 동안 맞춤형으로 제작했다. 과학기술부사장인 척 펠은 1990년 듀크대학 바이오디자인 연구소에서 스티브 웨인라이트와 함께 넥턴을 공동설립했다. 척과 스티브의 지도 아래 바이오디자인 연구소는 생체모방 장치의 초기 시제품을 제작했다. 이 제품들은 넥터와 트랜스피비언Transphibian(일종의 무인 잠수기인데 그중에서 마들렌이 최초였다) 같은 혁신적 장치로 이어졌다.

상업화할 수 있는 아이디어로 가득한 장난감 상자를 만든 스티브와 척은 1994년 사업가 고든 코들, 제프 본과 힘을 합쳐 넥턴테크놀로지스를 설립했다. 이 독립 스타트업 기업은 2000년에 넥턴리서치가 되었다. 넥턴은 최고경영자인 회장 릭 보스버그의 지휘아래 정부계약을 여러 건 따냈고 2008년 아이로봇에 인수되었다. 그래서 마들렌의 상업적 후손인 네 지느러미발 로봇은 아이로봇 트랜스피비언iRobot Transphibian이라고 불린다. 트랜스피비언은 얕고 파도가 거센 해양환경의 악조건에서 탄광 청소, 감시, 정찰 등에 활용할 수 있다.[32] 넥턴의 수석 해양공학자이자 특허 보유자 중 한 명인 브렛 홉슨이 트랜스피비언을 '스테로이드 맞은 마들렌'으로 부를 만도 하다.[33]

마들렌에 대한 공유된 비전은 척이 자신의 비전을 이야기하면서 시작되었다. 넥턴을 설립하기 전 바이오디자인 연구소를 운영하던 시절 척은 냅킨에 크로노사우루스를 그리고는 실물 크기의 헤엄치는 플리오사우루스를 만들 거라고 이야기했다. 실물 크기의 자가추진 플리오사우루스라... 별 거 아니다. 지금 다시 말하니까 미친 짓처럼 들리지만, 그때는 척이 정신 나갔다는 생각은 들지 않았다. 적어도 이 아이디어 때문은 아니었다. 그런데 척은 이미 1992년에 넥터를 이용해 서프보드를 추진할 수 있음을 입증했다.

내가 이 광경을 처음 본 것은 듀크 해양연구소에서였다. 척은 다리를 쭉 펴고 보드에 앉아 다리 사이에 있는 커다란 금속 손잡이를 앞뒤로 움직였다. 물속에서 샤프트에 부착되어 척의 조종에 따라 움직이는 넥터는 눈에 보이지 않았으므로 척이 손잡이를 재빨리 밀고 당기는 모습은 아무리 보아도 커다란 소켓 렌치로 격렬하게 볼

트를 죄는 것처럼 보였다.

척은 늘 열정적이고 솔선수범하는 선생이었기에 해안에서 그에게 야유를 보내는 모든 사람에게 자신의 수영기계를 직접 몰아보도록 해주었다. 금세 우리 모두는 유연한 박을 파닥거리는 추진방식에 푹 빠졌으며 번갈아가며 손잡이를 밀고 당겨 선착장 주위를 돌아다녔다. 척이 괴상한 장치를 시연하는 모습을 보면서 사업 마인드가 있는 사람들은 무릎을 쳤다. 그리하여 고든은 배스 낚시용으로 저속·저소음 끌낚시 모터를 제작하는 회사를 설립하겠다는 생각을 하기 시작했고, 스티브는 물고기가 어떻게 몸을 휘어 헤엄치는지를 개수대나 욕조에서 볼 수 있는 과학학습용 장난감을 구상했다. 실제로 척이 트위들피시Twiddlefish라고 이름 붙인 이 학습용 장난감은 트위트코라는 장난감회사의 설립으로 이어졌으며, 얼마 지나지 않아 고든과 제프는 전국의 박물관 기념품 판매점에 작은 흰동가리와 상어를 공급했다.

하지만 넥터가 동력추진기로 쓰인 것은 넥턴이 설립된 1994년 들어서였다. 딥플라이트Deep Flight 같은 고성능 잠수정으로 해양공학계에서 이름난 브렛이 넥턴의 첫 직원이었다. 브렛과 에릭 티텔은 타원체 잠수정의 둥근 배 주위에 넥터 넉 대를 배치하여 파일럿피시PilotFish를 제작했다. 파일럿피시는 금세 수중기동력 분야에서 세계기록을 세웠으며, 넥터가 기존 스러스터보다 20배 빠르게 반응하고 어떤 방향으로든 추진할 수 있고 파일럿피시가 모든 자유도를 활용하도록 할 수 있음을 입증했다.

내가 2002년 네 지느러미발 로봇을 의뢰하려고 척에게 연락했을 즈음 (브렛에 따르면) 넥턴은 넥터를 버리고 파일럿피시를 창고에 처박아두고 있었다. 넥턴은 다른 몸체와 지느러미발의 기하학적 구조를 탐구하는 데에도 관심이 있었으나 자금이 없었다. 그래서 우리는 국립과학재단에서 설비지원금을 얻어냈다. 신청서는 내가 배서대학의 동료 켄 리빙스턴, 톰 엘먼, 루크 헌스버거, 브래들리 리처즈와 함께 작성했다.

자금이 마련되자 우리는 마들렌을 열심히 설계하기 시작했다. 내가 넥턴에서 제작팀과 일하기 시작했을 때 척은 이미 매디의 개념 설계도를 작성해두었다. 브렛과 척에 이어 공학자 로버트 휴스와 라이언 무디, 물리학자 매슈 켐프가 합류했다. 브렛은 마들렌 로봇 프로젝트가 자기네에게 중요한 이유를 이렇게 설명한다.

"〔마들렌은〕 넥턴이 생산하고 인도하여 누군가 이용한 최초의 장비였습니다."

매디가 ET로 유용한 점은 근사한 넥터 때문만이 아니었다. 넥터의 작동 프로그램도 한몫했다. 이 프로그래밍은 매슈의 절묘한 솜씨였다. 매슈는 모터 컨트롤러를 프로그래밍했을 뿐 아니라 매디의 내장형 컴퓨터 인터페이스가 (내가 원하는) 모든 센서와 어떻게 상호작용하도록 할지도 궁리해냈다. 이 덕에 매디는 닉 리빙스턴, 조슈마허, 그리고 내가 배서대학에서 지느러미발 실험을 하는 데 필요한 모든 기능을 갖췄다. 게다가 2004년에 매슈는 매디가 자율적으로 움직이고 두 계층 포섭체계를 채택하도록 프로그래밍했다. 우리가 알기로 자율수중로봇이 로드니 브룩스의 구조를 이용한 것은 이번이 처음이었다(5장 참고). 매슈의 자율설계를 발표하지는 않

270

앗지만, 매디가 자율적으로 동작한다는 증거는 오스트레일리아 방송사의 과학기술 프로그램 〈내일 너머Beyond Tomorrow〉에서 확인할 수 있다.[34]

척의 헤엄치는 장치가 넥터 기반 추진 응용제품의 훌륭한 촉매가 되었듯 매디는 넥턴의 응용분야에 대한 훌륭한 대변자가 되었다. 척은 이렇게 회상한다.

"예전에 우리를 퇴짜 놓은 정부 후원자들이 마들렌의 성능 동영상을 보더니 열광해서 더 강력한 이동체에도 자금을 지원하겠다고 하더군요."

브렛과 매슈는 해군 고위층에 시연하기 위해 빌려간 매디에 특수 지느러미를 달고 프로그래밍을 변경하여 수륙양용 쇄파대 탐사선으로 탈바꿈시켰다(그림 7.10). 척은 트랜스피비언이 된 매디를 이렇게 설명했다.

"〔매디가〕목표로 삼은 고에너지 환경에서, 해저용 궤도차는 지형을 주파할 수 없고 항행 이동체는 파도를 이겨낼 수 없습니다. 따라서 전술적으로 중요한 이 구역에서 작전할 수 있는 이동체는 하나도 없었습니다."

하지만 기어다니고 헤엄칠 수 있는 트랜스피비언 덕에 문제가 해결되었다.

또다른 진화 트레커

마들렌 로봇이 세계 최초이자 유일한 진화 트레커는 아니다. 나의 지도학생이었으며, 직원으로 일하면서 매디를 제작하고 개조한

그림 7.10 **마들렌 로봇은 최초의 트랜스피비언(수륙양용 쇄파대 이동체)** 매디는 뭍에서 커다란 지느러미발을 바퀴처럼 한 방향으로 회전시켜 바닷가에서 물속으로 이동한다. 물에 들어가면 지느러미 파닥거리기 모드로 전환한다. 트랜스피비언은 (2008년 넥턴리서치를 인수한) 아이로봇에서 구입할 수 있다. 사진은 브렛 홉슨이 제공했다.

요스 더레이우는 셰필드대학 인지신경과학 교수 토니 프레스콧이 1997년에 캄브리아기 무척추동물의 이동행동에 대한 가설을 검증하기 위해 바퀴 달린 자율로봇을 제작했음을 알려주었다. 자신이 지나온 경로를 탐지할 단순한 지능을 통해 프레스콧의 로봇은, 고대 무척추동물이 먹이를 찾으며 남긴 자국을 만들었을지도 모르는 신경 메커니즘 한 가지를 밝혀냈다(자국은 흔적화석으로 알려진 복잡한 나선형 패턴으로 보존되었다).

로잔연방공과대학 생물로봇공학연구소 소장 아우커 에이스페이르트 부교수와 동료들은 수생 척추동물이 육상동물로 진화하는 데 관여한 신경제어 메커니즘을 탐구하기 위해 2007년 헤엄치고 걷는

도롱뇽 로봇을 만들었다.[35] 이 로봇은 중앙 패턴 발생기의 신경사슬을 이용해 몸통과 다리의 국지적 모터를 율동성 있게 활성화하여 걷고 헤엄치도록 프로그래밍되었다. 인공 신경계의 자극을 단순히 선형적으로 증가시키면 로봇은 정지 체파동$^{body\ wave}$에서 이동 체파동으로 전환하며 뭍과 물을 순조롭게 넘나들었다. 도롱뇽 로봇의 행동 일치와 메커니즘적 정확성은 이동과 신경 활성화 두 측면에서 모두 높기 때문에 이 ET는 척추동물 보행에서 신경제어 진화에 대한 그럴듯한 모형을 제공한다.

초기 척추동물과 척추골의 진화를 이해하려고 우리가 온갖 노력을 다한 것을 생각해보면 배서대학에서 우리가 ET 프로젝트를 진행하고 있다는 것은 놀랄 일이 아니다. 척추골 개수의 형태공간을 탐색하기 위해 우리는 맘트^{MARMT}(역학 검사를 위한 이동형 자율로봇$^{Mobile\ Autonomous\ Robot\ for\ Mechanical\ Testing}$)라는 유영 로봇을 제작하여 생체모방 척추를 갖춘 추진용 꼬리를 달았다.

맘트 역시 공동 프로젝트로서 존 히로카와, 소니아 로버츠, 니콜 크레니츠키, 커리나 프라이어스, 요스 더레이우, 매리앤 포터가 이 진화 트레커 제작에 중요하게 기여했다. 우리는 진화가 변이형을 만들게 하지 않고 척추골 개수만을 0에서 11까지 변화시키되 꼬리 폭을 비롯한 나머지는 모두 똑같이 두었다. 그 다음 맘트가 여러 진동수의 꼬리치기를 이용하여 일정한 속도로 헤엄치거나 도망치도록 프로그래밍했다. 맘트는 척추골 개수가 많을 때보다 꼬리가 뻣뻣할 때 더 빨리 가속하고 헤엄친다.[36]

진화 트레커를 통해 우리는 형태공간에서 ●현생 종이 더는 점

273

유하지 않는 지역 ●종이 점유한 적이 없는 지역 ●진화하는 로봇이 방문하지 않은 지역에서 행동이 어떻게 달라지는지 알 수 있다. 어딜 가든 거기 있어야 한다!

CHAPTER **8**

안녕히, 그리고 로봇 물고기는 고마웠어요[1]

나는 미래를 보았다. 물고기가 가득했다. 물론 진짜 물고기는 아니다. 진짜 물고기는 대부분 먹었다. 내가 말하는 건 로봇 물고기다. 로봇 물고기는 진짜 물고기를 대체하고 있다. 2005년 런던수족관에서는 보석처럼 생긴 로봇 물고기 세 마리가 헤엄쳤다. 에식스 대학의 훼성 후 교수 연구진이 제작한 것이다. 미쓰비시중공업에서 제작한 헤엄치는 실러캔스는 2001년 후쿠이 현 아쿠아톰에서 헤엄쳐 다녀 뉴스거리가 되었다.[2] 프랑스 회사 로봇스윔에서 제작한 자율로봇 물고기 제시코^{Jessiko}는 수영장이나 수족관에 넣거나 탐사 및 해양감시 임무에 투입할 수 있다.[3] 뉴욕종합기술대학 공학과 교수인 마우리치오 포르피리는 진짜 물고기를 위험에서 건져내는 로봇 물고기를 만들고 있다.[4] 뉴욕대학의 동료 파르샤드 코라미 교수는 파르코 테크놀로지스라는 회사를 설립해 산업용 및 군사용 생체모방 로봇 물고기를 만들고 있다.[5]

로봇 물고기가 이토록 시끌벅적한 이유는 무엇일까? 로봇 물고기는 여러분과 나에게 어떤 매력이 있을까? 로봇 물고기가 여러분의 친구가 되고 여러분의 목숨을 구하고 사악한 독재자를 몰아낼까? 어쩌면 그럴지도 모른다. 분명한 사실은 우리가 평상시에는 할 수 없는 일을 로봇 물고기 덕분에 할 수 있다는 것이다. 바로 물에 들어가는 것 말이다. 로봇 물고기는 우리의 손과 눈의 연장이 되어 우리 영장류가 깊은 물속을 탐사할 수 있도록 하는 체화된뇌 도구다. 이 책에서 보았듯 로봇 물고기는 진짜 물고기의 여러 성질을 표상하도록 제작되며, 여러분이 열성적인 생물인지과학자라면 물고기에 대해 더 많은 것을 알게 해줄 것이고 여러분이 임무를 맡은 공학자라면 더 나은 기계를 만들게 해줄 것이다.

우리는 MIT에서 박사학위를 딴 호미니드보다 자연선택에 의한 진화가 더 훌륭한 공학자라는 통념에 사로잡혀 있다. 공학자로서의 자연이라는 이 낭만적 관점에 내포된 토대는 진화가 완벽을 가져다 준다는 생각이다.

"진화는 설계를 완벽하게 다듬어 경쟁적 환경에 처한 생명체에게 자연적 이점을 선사하는, 느리지만 분명한 과정입니다."[6]

스티브 보겔은 《고양이 발과 새총 Cats' Paws and Catapults》에서 이 완벽주의 편견을 멋들어지게 논박한다.

"자연은 자신이 하는 일을 매우 잘한다. 하지만 (여기 문제가 있는데) 자연이 가능한 한 최선의 방식으로 그렇게 해야 할 이유가 무엇인가?"[7]

정말 그렇다.

프레이로를 생각해보자. 진화봇 개체군이 역학적으로 최적인 꼬리경직도를 진화시켰다고 해서 5.7의 평균 경직도가 언제 어디서나 완벽한 해결책인 것은 아니다. 이것은 적응경관의 바로 그 시점과 장소에서만 (개체군 내의 다른 개체에 대해 상대적으로) 최적의 해결책이다. 7장에서 설명했듯 적응공간에는 대개 봉우리가 많다. 이런 울퉁불퉁한 지형을 맞닥뜨렸을 때 진화가 바랄 수 있는 최선은 가장 가까운 봉우리(수학자들의 산악용어로는 극댓값$^{local\ maximum}$)를 찾는 것이다. 자연선택에 의한 진화가 온전한 언덕오르기 모드로 진행되더라도, 무작위적 요인으로 길에서 벗어나고 개체군의 유전적 내력이라는 역사적 제약 때문에 나아가지 못할 수 있다.

진화는 완벽을 추구하지 않는다. 적절한 해법을 내놓더라도 시기를 놓치거나 아예 완전한 실패로 끝나기도 한다(이를테면 멸종이 있다). 물론 해법을 얻을 수 있으면 좋은 일이지만 말이다. 선택, 즉 개체의 끊임없고 무의식적인 상호작용이 이루어지며 판단 없이 판단하는 환경은 다음 세대를 낳는 번식자를 선발하는 데 중요한 역할을 한다. 하지만 다음 세대가 무대에 등장할 즈음에 세상이 달라지는 바람에 예전의 선택환경에서는 예상하지 못한 새로운 적응경관이 생겨날지도 모른다. 생명경기 규정집 어디에도 경기장이 평평해야 한다거나 (심지어) 늘 같아야 한다는 말은 없다. 사실 해저심해대 같은 특이한 장소를 제외하면 어떤 개체군에 대해서든 적응경관은 (데이비드 메릴이 동명의 책에서 제안했듯) 적응해경$^{adaptive\ seascape}$으로 여기는 게 낫다.

적응해경의 이 모든 복잡성과 우발성을 감안할 때 현재의 세상이 모든 공학적 문제를 해결했으리라, 그것도 완벽하게 해결했으리라 기대할 수 있다는 가정이 정말로 우리가 바라는 바일까?

아니, 그렇지 않다. 하지만 우리는 자연에서 배울 것이 아무것도 없는 척하고 싶지도 않다. 공학자들은 이것을 알고 있으며, 우리가 주변의 구성된 세계를 만들 때 사용한 뻣뻣한 철, 나긋나긋한 플라스틱, 눌리는 콘크리트, 탄성 있는 고무와 같은 물건들 이상의 것이 들어 있는 연장통이 필요하다는 사실도 안다.

카네기멜론대학 기계공학 부교수 필 리덕은 나노공학자인데, 살아 있는 세포 내 단백질을 조작하여 한 단백질의 역학적 행동을 다른 단백질의 생물학적 기능과 연결한 생체모방 나노공장을 설계하고자 한다. 공학 교수이자 브라운대학 유체역학연구소 소장인 케네스 브로이어는 브라운대학 생물학 교수 샤론 스위츠와 협력하여 비행하는 박쥐(와 엄청나게 나긋나긋한 날개)의 복잡한 해부구조와 행동을 연구한다. 이 연구는 미 공군연구소를 위해 박쥐모방 초소형 항공기를 만드는 미시간대학 공학자들의 거대 프로젝트의 일환이다. 시카고대학 개체생물학·해부학 부교수이자 로봇 물고기를 연구하는 어류 전문가 멜리나 헤일은 이런 탁견을 제시한다.

"로봇을 설계하고 제작하는 데 막대한 노력을 쏟아부었지만 물고기만큼 훌륭하게 기능하는 로봇을 만들려면 아직 멀었어요."[8]

어느 생체모방 프로젝트나 마찬가지다.

전세계의 로봇 물고기들

물고기가 하는 것 중에서 우리 로봇이 하지 못하는 것은 무엇이 있을까? 거의 모든 것이다. 에스토니아 탈린기술대학 생물로봇공학 교수 마리아 크루스마에 따르면 물고기는 어떤 로봇도 못 하는 방식으로 물속에서 감각하고 항행하고 이동한다.

이탈리아기술연구소, 라트비아 리가기술대학, 이탈리아 베로나 대학, 영국 배스대학의 생물학자와 공학자로 이루어진 마리아의 국제적 연구진은 생체모방 옆줄과 (옆줄의 새로운 감각능력을 활용하는) 로봇 물고기를 설계하고 있다. 우리는 물고기가 밤에 물고기 떼 속에서 헤엄치는 동료의 위치, 접근하는 포식자의 위치와 거리, 자연발생적 물 움직임의 효율 등을 파악하는 능력에 대해 논의했는데, 이 모든 기능은 사람들이 현재 만들고 있는 단일 센서의 범주를 뛰어넘는다. 마리아 연구진은 생체모방 옆줄을 만듦으로써 뭍에 사는 우리가 스스로의 힘으로는 이해할 수 없는 물속 세계의 물리적 구조를 이해할 수 있으리라 기대한다.

나는 2009년 봄에 마리아의 생물로봇공학 연구소를 방문하여 필로세FILOSE(로봇 물고기 이동 및 감각robotic FIsh LOcomotion and SEnsing)라는 야심찬 프로젝트에 깊은 인상을 받았다.[9] 마리아는 자가추진 로봇 물고기(그림 8.1)에 생체모방 옆줄을 달아 신경제어 변수(예를 들어 꼬리치기 진동수)와 몸의 역학적 성질(예를 들어 경직도)을 변화시키면서 유영능력을 제어하려 한다.[10] 로봇 물고기는 몸통 곳곳에 달린 흐름 센서의 패턴이 외부 흐름 패턴 및 수중물체 감지와 어떻게 연관되는지 배워야 할 것이다. 필로세 공학자들은 디지털 시뮬레이션을 통해 이것이 가능함을 밝혔다. 이 연구는 ("'전세계에서 가장 역동적이고 경쟁력 있는 지식기반경제'를 달성하려는 유럽연합 리스본전략"을 추구하는) 유럽연합 제7차 연구개발계획

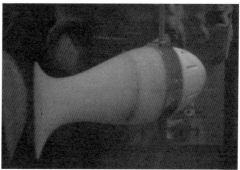

그림 8.1 **탈린기술대학의 필로세 로봇 물고기** 마리아 크루스마 생물로봇공학 교수가 유수流水수조에 들어 있는 필로세 로봇 물고기(오른쪽 사진)를 살펴보고 있다. 초기 개발 단계에 있는 이 로봇 물고기는 수조 위에 달린 외부 모터로 구동하며 금속 샤프트로 동력을 전달받는다. 커다란 꼬리는 키스원칙이 적용된 사례다. 고무조각 하나가 만능 작동기 역할을 하는 동시에 딱딱한 머리의 내부 하중을 상쇄하는 방향타 역할을 한다. 생체모방 옆줄은 필로세 물고기의 가로 방향으로 설치될 예정이다. 필로세는 크루스마 교수가 주도하는 다국적 프로젝트이며, 유럽연합 제7차 연구개발계획에서 자금을 후원한다. 왼쪽 사진은 존 롱이 찍었으며 오른쪽 사진은 마리아 크루스마가 찍었다.

으로부터 자금지원을 받고 있다.[11]

　미국에서는 국립과학재단이 고기동성 잠수기를 제작하는 새로운 방법을 찾아내기 위해 물고기 연구에 자금을 지원하고 있다. 일리노이 노스웨스턴대학 기계공학 교수 맬컴 매키버는 하버드의 조지 로더를 비롯한 공학자 및 생물학자 연구진을 이끌며 블랙고스트 black ghost knife fish의 정밀 기동을 연구한다.[12] 이 물고기의 영어 이름이 칼고기knife fish인 것은 몸통이 뻣뻣하고 뒤로 갈수록 뾰족해지기 때문이다. 블랙고스트는 여느 물고기와 달리 몸통을 휘어 헤엄치는 것이 아니라 배에 줄지어 있는 길고 얇은 지느러미를 흔들어 헤엄친다. 이 지느러미 덕에 위쪽을 바라보지 않고도 수직으로 이동할 수 있다. 맬컴 연구진은 생체모방 로봇을 만들어 이 원리를 밝혔으며 이 기능의 역학적 원리를 이용해 공학자들이, 물고기를 닮지는 않았지만, 잠수기를 만들 수 있음을 보였다.

드렉셀대학 기계공학·기계역학 조교수 제임스 탱고라는 조지, 멜리나와 함께 이른바 생물학 유도 설계$^{biologically\ derived\ design}$라는 과정을 이용하여 로봇 파랑볼우럭을 만든다. 이들은 효율적이고 새로운 추진방식에 관심이 있으며 지느러미와 그 내부구조(가늘고 갈라진 막대기들로, 지느러미살^{ray}이라 불린다)에 집중한다. 파랑볼우럭의 두 가슴지느러미에서는 각각 14개의 지느러미살이 독립적으로 제어되어 지느러미를 휘고 말고 구부린다. 헤엄치는 동안 역동적으로 일어나는 이 구조적 차원의 제어는 공학 시스템에서 유례를 찾을 수 없다.

연구진은 물고기에서 영감을 받아 로봇 구조체를 만드는 과정에서 진짜 물고기 지느러미에 대해 새로운 지식을 얻었다. 물고기는 끝부분이 연결된 두 개의 평행한 지지대를 꺾는 새로운 구조적 메커니즘을 이용해 몸을 휜다.[13] 로봇 물고기 설계에서 앞으로의 과제에 대해 물었더니 멜리나는 지느러미나 꿈틀거리는 몸통처럼 유연하고 움직일 수 있는 구조에서 움직임을 신경적으로 제어하는 것을 꼽았다.

"감각과 감각 처리(감각 입력을 받아들이고 여러 입력을 처리하여 운동 출력을 (어떤 의미에서) 결정하는 것)에 대한 현실적 이해를 접목해야 해요."

필로세 물고기, 로봇 블랙고스트, 로봇 파랑볼우럭 지느러미 등의 프로젝트를 보면 물고기가 공학자들에게 어떻게 영감을 주는지 알 수 있다. 중국, 프랑스, 인도네시아, 일본, 한국, 싱가포르, 영국에서도 공학자들이 로봇 물고기를 만들고 있다.[14] 이중 대부분의 프로젝트에서는 시작할 때 세 가지 접근법 중 하나를 취한다. ●물고기의 기능이나 물고기 내의 기능 중에서 공학적으로 새로우며 역학적 또는 수학적 원리로 환원할 수 있는 것을 찾아낸다. ●물고기의 행동이나 체계 중에서 공학적으로 새로우며 알고리즘으로 환원할 수 있는 것을 찾아낸다. ●물고기의 구조 중에서 공학적으로 새로우며 다른 재료로 복제할 수 있는 것을 찾아낸다. 새로운 응용방법이야말로 로봇 물고기 연구자들이 추구하는 목표다.

7장에서 만난 프랭크 피시는 미 해군연구국의 자금지원을 받아 로봇 쥐가오리를 만드는 공동연구를 이끌고 있는데, 항공 공학자들이 오래전부터 꾸준하게 물고기에 관심을 가지고 있다고 말한다.

"네 단어로 줄이면 속도, 기동성, 효율성, 은닉성이죠."

하지만 이 때문만은 아니다. 로봇 물고기를 만드는 공학자가 왜 이렇게 많으냐고 프랭크에게 물었더니 지체 없이 이렇게 대답했다.

"해군이 자금을 지원하니까요."[15]

전쟁을 위한 생체공학 물고기

미국 해군은 1946년 해군연구국을 창설한 뒤로 물고기와 돌고래 연구에 자금을 지원하여 공학자들이 수중 추진을 이해할 수 있도록 학술연구를 진흥하고 있다.[16] 나는 1990년대에 공동연구를 진행하는 라피엣대학의 수학자 롭 루트와 함께 해군연구국으로부터 연구비 두 건을 지원받았으니 물고기와 로봇 물고기에 대한 해군의 관심 덕을 본 셈이다.

롭과 나는 크레이그 블랜칫, 닉 베티커, 헤이든-윌리엄 코틀랜드, 비넷 홀토프더하이드, 와이엇 코프, 니콜 램, 니콜 리브리치, 맷 맥헨리, 캐런 니퍼, 데이비드 폴, 윌리엄 셰퍼드, 에이먼 투이, 스테퍼니 바거를 비롯한 학생들에게 많은 도움을 받아 헤엄치는 물고기에 대해 실험하고 수학 모형을 만들었다. 공동연구자인 피터 추왈라, 리나 쿠브에먼즈, 톰 쿠브, 척 펠이 도와준 덕에 헤엄치는 물고기에서의 몸통경직도의 중요성에 관한 이론을 발전시킬 수 있었다.

우리의 이론을 한마디로 말하자면, 물고기를 조절할 수 있다는 것이다. 물고기는 경직도를 변화시켜 몸을 조절한다. 경직도는 파동이 이동하거나 진동하는 속도와 비례하기 때문에[17] 근육을 이용해 몸을 뻣뻣하게 하면 물고기의 휨파동 속도를 더 빠르게 할 수 있다. 꿈틀거리는 체파동을 일으키면 몸의 운동량을 물로 전달하는 역학적 일을 하는 셈이며, 몸의 휨파동을 빠르게 하면 힘을 더 많이 발생시킬 수 있다.

우리가 진짜 우럭이 근육을 이용해 몸통경직도를 바꾼다는 증거를 찾자 해군연구국은 우리에게 첫 자가추진 로봇 물고기를 만들 기회를 주었다.[18] 맷 맥헨리와 나는 우리의 연구대상인 호박씨우럭을 본떠 넥터를 만들고 싶었고 넥터의 공동발명자인 척 펠은 자신의 발명품과 재능을 기꺼이 나눠주었다. 척은 죽은 우럭으로 거푸집을 만들어 똑같은 모양의 우럭 넥터 다섯 마리를 제작했다. 각 우럭 모형은 PVC 고무의 조성을 조금씩 달리하여 만들었는데, 이런 과정을 통해 우리가 진짜 우럭에서 측정한 경직도값을 포함해 여러 범위에 걸쳐 모형의 재료경직도를 변화시켰다.

맷과 나는 배서대학 밥 수터 교수의 도움을 얻어 유수流水수조(일종의 물고기용 러닝머신)에서 우럭 모형이 헤엄치도록 하는 방법을 개발했다. 각 우럭 모형은 주어진 고정 진동수에서 상류로 헤엄쳤다(처음에는 유속이 0이었다). 우리는 추력과 항력이 균형을 이루어 우럭 모형이 상류로도 하류로도 움직이지 않고 간신히 제자리에 머물러 있을 때까지 유속을 증가시켰다. 모든 모형과 여러 진동수에서 실험했더니 뻣뻣할수록 유영속도가 빨랐다.[19]

최근 해군의 생물로봇공학 연구에 또 다른 연방기관 다르파(방위고등연구계획국Defense Advanced Research Projects Agency, DARPA)가 합류했다.[20] 다르파의 사명문에서 보듯 국방에서 이곳의 역할은 해군의 기술을 향상시키겠다는 해군연구국 식의 목표보다 범위가 더 넓다.

"다르파의 사명은 미군의 기술적 우위를 유지하고, 기초적 발견과 군사적 사용 사이의 간극을 메우는 혁신적이고 핵심적인 연구를 후원함으로써 타국의 놀라운 기술발전이 국가안보를 저해하지 않도록 하는 것이다."[21]

다르파는 동물에서 착안한 수많은 로봇연구 계획을 지원한다. 그중 하나가 캘리포니아대학 버클리 캠퍼스 통합생물학 교수이자 다지류연구소 소장인 로버트 풀이 주도하는 연구다. 생체역학과 동물이동 분야의 전문가 로버트(6장에서 들어본 기억이 날 것이다)는 보스턴 다이내믹스, 일리노이공과대학, 카네기멜론대학 로봇공학연구소의 공학자들과 공동으로 곤충에서 착안한 여섯 발 로봇을 만들었다. 라이즈^{RiSE}(수직 급경사를 기어오를 수 있는 로봇^{Robots in Scansorial Environments})라고 불리는 이 3.8킬로그램짜리 로봇은 3층 건물의 수직벽을 혼자 힘으로 기어오르는 데 성공했다.[22]

다르파의 후원 아래 성공을 거둔 로봇 프로젝트는 라이즈 말고도 많다. 다르파는 자율 전장^{戰場} 이동체 개발을 진흥하기 위해 다르파 챌린지^{DARPA Challenge}를 개최했다(어떤 팀이나 참가할 수 있다). 2004년에는 스탠퍼드대학과 폭스바겐의 공학자들이 만든 로봇 자동차 스탠리^{Stanley}가 뛰어난 경로 계획, 물체 감지와 회피, 운행기술을 이용해 사막을 가로지르는 222킬로미터 코스를 가장 빨리 주파했다. 3년 뒤에 열린 다르파 어번 챌린지^{DARPA Urban Challenge}에서는 카네기멜론대학의 자율 자동차 보스^{Boss}가 실제 보행자와 사람이 모는 자동차로 가득한 도심을 캘리포니아 도로교통법을 위반하지 않은 채 가장 빨리 주행하여 200만 달러의 상금을 받았다.

자동차가 참가하는 챌린지들이 널리 알려지긴 했지만 다르파는 동물과 생체모방 연구에도 계속해서 자금을 지원하고 있다.[23] 내가 마지막으로 확인한 바로는 생체모방 및 로봇연구 분야에서 다르파에 연구비를 신청할 수 있는 프로그램은 '생물 주도적 운행'(신청번호 DARPA-SN-11-07), '심해작전'(DARPA-BAA-11-24), '전자원 배치 및 운행'(DARPA-BAA-11-14) 등이 있다.[24]

미국에서 국방 관련 생체모방 로봇에 지원되는 연방자금이 이렇게 많은 걸 보면, 다른 나라에서 로봇전쟁 계획을 세우고 있다 해도 놀랄 일이 아닐 것이다. 하지만 이 정도일 줄은 몰랐다. 조지아공과대학 공학 교수이자 저명한 로봇공학자인 론 아킨에 따르면 56개국이 로봇무기를 개발하고 있다고 한다.[25] 불편한 진실을 하나 고백하자면, 아킨이 로봇 전쟁에 대한 자신의 책에서 수중 로봇을 언급하지는 않았지만, 나 또한 적어도 간접적으로는 군을 위해 일하고 있다.[26]

전쟁을 좋아했던 소년

나는 어릴 적에 프리츠 폰 발티에와 칼 폰 발티에 같은 친구들과 시도 때도 없이 전쟁놀이를 하고 전쟁에 대한 책을 읽으면서 어머니 속을 썩였다. 나는 전쟁 관련 책을 손에 잡히는 족족 읽었다. 노스힐스 초등학교 도서관에서 전쟁에 대한 책을 모두 독파했을 때 무척 뿌듯했던 기억이 난다. 때는 소련과의 냉전이 한창이던 1970년대였다. 철두철미한 조사 끝에 열한 살의 존은 핵무기가 전쟁의 즐거움을 없애버렸다고 결론 내려 어머니를 경악케 했다. 탱크와 부대가 늘어서 서로 노려보는 냉전은 따분했다. 아무 일도 일어나지 않았으니까. 패튼 장군이라면 뭐라고 말할지 궁금했다. 아무런 행동도 취하지 않으면서 어떻게 '전쟁 중'이라는 건지 이해할 수 없었다.

베트남 반전시위에 참여했던 우리 어머니는 내가 징집되면 내 발에 총을 쏘겠다고 말씀하셨다. 농담이 아니다. 여러 번 진심으로 그렇게 말씀하셨다. 우리 가족이 나의 '스팍 국면Spock phase'이라고 부른 시기에 나는 어머니의 열성에 맞서 벌컨의 차분한 논리로 싸웠다.* 내가 참전에 관심이 있는 것은 죽고 싶어서가 아니라 나쁜

---

* 당시 저자는 〈스타 트렉〉과 스팍에 푹 빠져 있었다. 〈스타 트렉〉의 등장인물인 스팍은 벌컨 행성 출신으로 감정에 맞서 이성과 논리를 추구한다.

놈들과 싸워 우리나라를 지키고 싶어서라고 담담하게 설명했다. 누군가 우리 배나 행성(우리 '나라'라는 뜻이다)을 공격하면 맞서 싸우는 게 당연하지 않은가. 이유는 모르겠지만 이 논리는 통하지 않았다. 내가 스팍이라면 어머니는 본스였다. 비논리적이라는 얘기다.

제2차 세계대전이 내가 가장 좋아하는 전쟁이라고 어머니에게 말했다. 어머니는 까무러치기 직전이었다. 당신 아들에게 '좋아하는' 전쟁이 있다니 말이다. 내가 이렇게 해명한 기억이 난다.

"엄마, 제2차 세계대전 때는 여러 전선에서 저마다 다른 전략과 전술을 쓴 여러 적들과 작전을 벌였다고요."

제2차 세계대전은 로켓공학, 항공공학, 해양공학에서 눈부신 기술발전을 가져온 현대전이었다. 무엇보다 근사한 것은 태평양 전장의 항공모함과 전략적 전투였다! 나는 항공모함과 항모 전쟁에 대한 책을 샀다. 저녁 밥상에서 내가 누나 앤에게 우리나라 조종사들이 미쓰비시 제로센과 정면으로 맞서기에는 너무 느렸음에도 그러면 F4F 와일드캣을 좋아한 이유는 연료탱크의 자동방루 설비와 방탄 캐노피 때문이라고 설명하는 것을 들은 어머니는 내가 무엇에 푹 빠져 있던 것인지 깨달았다. 그것은 기술이었다. 기술은 남자아이들의 장난감이다. 어머니는 수긍했고, 그 뒤로 다시는 내 발에 총을 쏘겠다고 말하지 않았다.

중학교에 들어가 호르몬이 폭발하자 제2차 세계대전과 스팍은 까맣게 잊었다. 또래 소년들의 주 관심사는 영장류의 사회적 행동과 포유류의 번식 생물학을 연구하는 것이었다. 후자와 관련해서 학교 도서관은 턱없이 미흡했다. 다행히 프리츠와 칼의 부모님은 두 분 다 의사였는데 의학서적들을 집 서재에 보관하고 잠가두지도 않았다. 우리는 의학서적을 닥치는 대로 읽었고 해부학 설명이 그림으로 그려져 있음에 감사했다. 두 분에게는 우리가 안다는 티를 안 내는 것이 최선이라고 생각했다. 우리가 열성적이고 독립적인 학자라는 사실을 알면 뿌듯해하셨을 테지만 말이다.

나의 자랑거리는 운전실력이었다. 수강생 중에서 스틱을 몰 줄 아는 사람은 나뿐이었다. 하지만 강사는 유부녀였기 때문에, 나는 우리 반 여자아이들의 관심을 끌 방법을 강구해야 했다. 스틱 솜씨로는 재미를 보지 못했지만 운전면허와 우리 가족 자동차가 기회를 선사했다. 나는 열여섯 살이 되었고 자동차 열쇠를 받았으며 사랑에 빠졌다.

1년 뒤에도 같은 여자아이와 여전히 사랑하고 있었으며 이제는 1169시시 4단 변속 3도어 해치백 1974년산 혼다 시빅의 주인이었다. 피트 삼촌이 고맙게도 나를 위해 차고에 보관해둔 차였다. 마테오 주점에서 설거지 아르바이트를 하면서 데이트 비용을 벌었다. 그런데 열일곱 살이 되었을 때 놀랍게도 전쟁에 대한 생각이 다시 찾아왔다. 이번에는 진짜였다. 나는 해군 장교가 되고 싶었다. 이유는 간단했다. 아나폴리스에 있는 해군사관학교에 가서 4년제 학위를 따고 USS CVA(N)-65 엔터프라이즈 호에서 그러면 F-14 톰캣을 몰고 싶었다.

어머니는 분통을 터뜨렸다. 나의 말단 사지에 발포하여 나의 군복무에 지장을 초래하겠다는 얘기를 또 꺼냈다(폭력을 막는다며 폭력을 행사하는 역설이라니). 나는 징집되어 끌려가는 게 아니라고 반박했다. 강제징집과 베트남전쟁은 이미 지난 일이라고 항변했다. 해군에 입대해서도 학업을 계속할 수 있고(배에서 빈둥거릴 수도 있지만), 학위를 따고 안정된 직장을 얻고 장교로 20년 복무한 후에는 전역하여 자크 쿠스토처럼 해양생물학 관련 사업을 시작할 수 있을 터였다. A man, a plan, a canal : Panama!*

직장으로서의 군대라는 논리는 어머니에게 통하지 않았다. 어머니의 생각은 한마디로 '전쟁은 사람 죽이는 훈련을 시키기 때문에 나쁘다'라는 것이었다. 나는 전술을 바꿔야 했다. 그래야지, 흠. 목숨을 구하는 훈련을 받을 방법이 없을까? 그래! '군대의 인도주의적 기관'인 해안경비대가 문득 떠올랐다. 해안경비대의 임무는 수색과 구조, 마약 단속, 항행 지원, (내가 좋아하는) 빙하 순찰이다.[27] 어머니도 수긍했다.

해안경비대 활동에는 어느 정도 여유가 있었다. 나는 해군 원자력학교 입학시험에 응시해 합격했고, 미시간공과대학 해군 학군사관 과정에도 지원하여 장학금을 따냈다. 목표를 다 이루었느냐고? 천만의 말씀. 해안경비대와 (특히) 해안경비대 사관학교에 대해 알면 알수록 해군에 대한 동경이 식었다. 내가 원하는 것은 해안경비대였다. 그러나 문제가 하나 있었다. 사관학교에서 떨어진 것이다.

청천벽력 같은 소식이었다. 소년 시절의 꿈과 10대 시절의 야망이 냉혹한 현실 앞에서 무너졌다. 나는 세이렌**의 유혹을 이기지

---

* 파나마 운하 건설 당시에 회자된 회문으로, 거꾸로 읽어도 똑같다.
** 여기서는 바다의 매력을 일컫는다.

못하고 미시간대학 학군사관에 지원하여 해군 장교가 되기로 결심했다. 어머니는 해군을 상대해야 할 터였다.

하지만 그럴 필요는 없었다. 해안경비대 사관학교로부터 내가 정식 합격자가 아니라는 편지를 받은 지 약 4주 뒤 나는 대기자였으며 자리가 났다는 편지를 받았다. 편지는 아직도 '해군의 핵심'에 들어올 의향이 있느냐고 물었다. 맙소사, 내가 사관과 신사가 된다니!

고등학교를 졸업하고 어머니가 모는 크라이슬러 K-car 랜드크루저를 타고 코네티컷 주 뉴런던에 있는 해안경비대 사관학교에 들어갔다. 이튿날 머리를 짧게 깎고 어머니에게 용감하게 작별키스를 건네고는 입교했다. 하지만 오래 걸리지는 않았다. 6주 간의 군사 훈련을 받은 뒤 명예롭게 발을 뺄 방법을 찾았다. 나는 기꺼이 받아들였다. 하지만 여러분이 상상하는 이유 때문은 아니다.

끝없는 팔굽혀펴기가 괴로워서는 아니었다. 해사 훈련을 받고 보트와 선박에서 빈둥거리는 일은 즐거웠다. 왈츠 추는 법을 배워야 하는 것은 싫었지만. (농담이 아니다. 사관과 '신사' 아닌가.) 음식은 괜찮았지만, 쳐다보면 안 됐다. (이것도 농담이 아니다.) 심지어 상급자들의 괴롭힘도 참을 수 있었다. 이를테면 사관후보생 편람에 따르면 우리는 항상 정확한 시각을 알아야 했다. 하지만 편람에는 정확한 시각을 아는 것은 불가능하다고도 쓰여 있었다. 이 역설을 염두에 둔 채 "지금 몇 시인가?"라는 간단한 질문에 유일하게 올바른 대답을 속사포처럼 내뱉는 연습을 해야 했다.

"제가 통제할 수 없는 예기치 못한 상황으로 인하여 제 시계의 내부작동과 메커니즘이 일반적으로 시간의 기준이 되는 별의 움직임과 크게 어긋나 정확한 시각을 말씀드릴 수 없어서 심히 당혹스럽고 부끄럽습니다. 오차가 너무 크리라 우려하지 않고 말씀드릴 수 있는 대략적인 시각은 [시계를 쳐다보고 시각을 군대형식으로 말한다]입니다."

이렇게 재미있는 전쟁놀이를 하던 내가 퇴선한 이유가 무엇이냐고? 로널드 레이건 때문이다. 나는 1982년에 사관후보생 232명 중 한 명으로 사관학교에 입교했다. 내가 속한 1986기수의 정원이 1985기수보다 정확히 100명 감소했다는 사실은 입학선서를 하고 나서야 알게 되었다. 해안경비대는 역사적이고 전략적인 이유로 국방부가 아닌 교통부 소속이었는데(그렇게 군대의 인도주의적 기관이라고 하지 않았던가) 레이거노믹스의 극단적인 예산삭감을 피하지 못했다. 신입생을 대상으로 선호 전공을 묻는 설문조사가 실시되었다. 전공과목 세 가지를 선택해야 했는데, 나는 조선공학, 해양공학, 기계공학, 전기공학, 물리학, 법학부에 관심이 없었기에 2호 연필*로 운명의 작은 네모칸에 세 번 표시했다. 그것은 해양과학이었다. 이튿날 해양과학을 사관학교 전공과목에서 뺀다는 발표가 났다. 명중! 나의 전함이 가라앉았다!

전쟁 공부는 이제 그만

내 속의 어린아이는 흥미진진한 전쟁을 동경했고 내 속의 젊은 어른은 뱃사람을 갈망했지만 중년의 나는 그때의 욕망이 부끄럽

---

* 미국에서 시험 볼 때 쓰는 표준연필.

다. 전쟁의 당사자가 아닐 때 전쟁의 모든 면을 낭만화하는 것은 얼마나 쉬운 일인가. 나는 로마 시인 호라티우스가 전쟁을 예찬한 문구 '둘케 에트 데코룸 에스트 프로 파트리아 모리^{Dulce et decorum est pro patria mori}'(조국을 위해 죽는 것은 달콤하고도 마땅하다)[28]를 암묵적으로 받아들이고 있었는데, 애틀랜틱대학으로 전학한 뒤(이곳에서 학사학위를 받았다) 친구들과 멘토들이 나의 신조에 이의를 제기했다.

그중 한 사람이 워싱턴 국립동물원 동물연구부의 포유류 기능해부학 전문가 테드 그랜드 박사였다. 그의 동료이자 나의 상담교수인 센티엘 '부치^{Butch}' 로멜이 그를 설득하여 나를 인턴으로 채용하도록 했다. 해군 장교 출신으로 선박과 사람의 방향을 인도하는 전문가인 부치는 해안경비대를 떠난 내게 바다로 돌아갈 생각을 불어넣어 내 삶의 방향을 바로잡았다. 부치는 내가 메인 주 마운트 데저트 섬의 물가에서 바다 척추동물의 생체역학을 연구하도록 했다. 부치는 국립동물원에서의 인턴생활이 생물학 수업의 연장이라고 생각했다. 테드는 나의 기능해부학자로서의 기술과 진화적 질문을 정량적 접근법으로 제기하고 대답할 능력을 향상시켜줄 사람이었기 때문이다.

처음에는 부치와 나 둘 다 알아차리지 못했지만, 테드는 내게 동물 해부를 실습시킬 때마다 암묵적 가정을 명시적으로 표현하고 입장을 정당화하도록 여러 차원에서 자극했다. 누영양이었는지 하마였는지 기억은 나지 않지만, 테드는 전쟁에 대한 나의 관심과 해안경비대 경험을 금세 알아차렸다. 나를 여러 헌책방에 데리고 가서 군사 관련 독서력을 넓혀준 것을 보면 내가 낭만적이고 영웅적인 풋내기라는 사실도 알았던 게 틀림없다. 나는 우리 초등학교 독서 목록에 윌프레드 오언 같은 사람들이 들어 있지 않았음을 금세 깨달았다. 영국의 병사이자 시인인 오언은 제1차 세계대전 때 참호에서 시를 썼는데, 그의 보병 전우 한 명이 독일군의 포탄에 목숨을 잃었다.

꿈을 꿀 때마다 나의 무력한 시야 앞에서
그가 내게 거꾸러진다. 흐느적거리다 숨이 막혀 죽고 만다.

어느 가위 눌리는 꿈에서 수레에 전우를 내팽개치고
뒤따라 걸어가다
그의 하얀 눈이 얼굴 위로 뒤틀리는 것을,
죄악에 신물이 난 악마의 얼굴처럼 늘어진 것을 볼 수 있다면,
수레가 뒤뚱거릴 때마다, 부패하여 부글거리는 폐에서
암덩이처럼 역겹고, 무고한 혀의 지독한
불치의 종기에 닿은 토사물처럼 쓰디쓴
피가 꾸르륵거리며 흘러나오는 소리를 들을 수 있다면,
친구여, 그대는 열렬히 외치지 않으리.
'둘케 에트 데코룸 에스트 프로 파트리아 모리'라는 오래된
거짓말을.[29]

(요즘 말로 하면) 종군기자의 관점에서 베트남전쟁을 1인칭으로

서술한 마이클 헤어의 《특파^{Dispatches}》도 읽어보지 못했다.

꽉 짜인 작은 원 밖에서 무슨 소리를 들을 때마다 나만 들은 것이 아니길 간절히 바랐다. 1킬로미터 떨어진 어둠 속에서 두어 차례 포화가 터지면, 코끼리가 가슴에 무릎 꿇고 앉은 듯 나는 숨쉴 곳을 찾아 부츠에 얼굴을 처박았다. 밀림에서 빛이 움직이는 것을 보았는가 싶더니 멈춰선 나에게 이런 속삭임이 들렸다. "아직 준비가 안 됐어. 준비가 안 됐다구."[30]

요즘 들어 테드는, 내가 전쟁을 영웅의 여정으로 여기는 안이한 낭만주의에서 벗어나기는 했지만, 내가 정말로 우려한 것은 전쟁 수행에 필수적인 비밀주의라고 지적한다. 그의 말이 옳을지도 모른다. 나는 비밀을 털어놓거나 간직하기를 싫어한다. 우리 아이들에게 물어보라. 정보를 움켜쥐고 있으면 언제나 누군가 상처를 입게 마련이니까. 이런 부모의 입장은 나의 직업적 삶에도 배어 있다.

1999년 여름 롭과 나는 해군연구국의 요청으로 자율 수중시스템 연구소에서 격년으로 주최하는 무인 무삭식 잠수정 기술^{Unmanned} $^{Untethered Submersible Technology, UUST}$ 회의에 참석했다. 우리 실험실의 엔지니어 피터 추왈라도 동행했는데, 피터는 우리 지도학생 크레이그 블랜칫, 스테퍼니 바거와 함께 주도한 헤엄치는 물고기의 분석 모형을 발표했다. 해군을 위해 일하는 것에 대해 학생들이 도덕적 우려를 제기하면 나는 우리의 연구 모두가 일반에 공개된다고 해명했다.[31] 나는 국방부가 비독점적 물고기 연구를 후원하도록 한 것

이 자랑스럽다고 말했다. 비밀은 전혀 없었다.[32]

롭이 한계로 삼은 것은 무기 제작이었다. 회의가 끝나갈 즈음 프로그램 담당자(해군연구국 생체공학 프로그램을 운영하고 연구비 집행을 감독하는 사람)가 연구비 수령자를 모두 불러모았다. 해군 본부에서 학술적 기초연구의 정당성을 입증하라고 해군연구국에 압력을 가한다는 소문을 이미 들어 알고 있었다. 담당자가 말했다.

"앞으로 해군연구국에 연구제안서를 내실 때는 여러분의 연구가 무기체계 개선에 어떤 도움을 줄 수 있을지 구체적으로 보여주셨으면 좋겠어요."

군을 위한, 진화하는 로봇

하지만 이것이 다가 아니었다. 물고기와 로봇 물고기를 연구하는 한, 연구결과를 공개적으로 발표하더라도 우리는 새로운 군비경쟁에 참여하는 셈이다. 로봇 무기화를 추진하는 나라는 56개국에 이른다.[33] 모두가 전쟁용 로봇을 만들고 있는 지금 '타국의 놀라운 기술발전이 국가안보를 저해하지 않도록 한다'는 다르파의 사명을 염두에 두는 것이 현명할 것이다.

놀라지 않는 한 가지 방법은 명백한 것을 고려하는 것이다. 여기서 '명백한 것'이란 말의 뜻은 특별비밀취급 허가가 없는 여러분과 나는 일반정보밖에 알 수 없지만 이 정보를 다른 관점에서 보면 비밀리에 어떤 일이 일어나고 있는지 추측할 수도 있다는 것이다. 우리는 진화하는 로봇에 대해 새로운 관점에서 정보를 들여다볼 것이다.

내가 아는 군사용 로봇 시스템은 대부분 사람이 제어 루프에 개입하여 원격으로 조종하지만 일부는 반⁺자율적이다. 머지않아 완전 자율로봇이 작전에 투입될 것이다. 이런 로봇은 인간보다 빠르고 정확하게 작동할 수 있기 때문이다.³⁴ 전장에서의 성능 개량은 이 방면에서의 혁신을 이끌 것이다. 전쟁터에서는 속도가 무엇보다 중요하기 때문이다.

그 다음의 논리적 방향은 로봇이 전쟁의 성격에 따라 자신의 행동을 적응시키는 것이다. 행동적응은 장기전에서 오합지졸 반란군을 무찌르기 힘든 이유다. 반란군은 병력과 화력에서 열세일지 모르지만 어느 적이나 약점이 있게 마련이다. 상대방의 약점을 알아내 활용할 수 있다면 기회를 잡을 수 있다. 이를테면 미군은 급조폭발물 공격에 취약하다. 단순하지만 치명적인 이 무기는 이라크에서 차량순찰에, 아프가니스탄에서 연료공급에 지장을 주었다. 가장 신속한 적응방법은 학습이다. 로봇에게 학습이란 성과에 대한 피드백을 받아 내장형 소프트웨어를 변화시키는 것을 뜻한다. 행동적응은 로봇에서 이미 훌륭하게 정착되었으며 학습방법도 여러 가지다. 이런 적응형 학습 알고리즘 중 하나가 '적응형 신경제어 카오스 회로adaptive neural control chaos circuit'다. 이 알고리즘은 독일 괴팅겐대학 물리학 교수 뽀라멧 마눈퐁과 동료들이 변화하는 환경조건에서 신속하고 가역적인 학습을 위해 개발했다.³⁵

하지만 학습하거나 진화하는 소프트웨어만으로 모든 문제가 해결되지는 않는다. 다음 단계는 진화봇 개체군에 선택이 작용하도록 하여 몸, 즉 하드웨어 자체가 적응하도록 해야 한다. 내 학생이었다가 이제는 동료가 된 요스 더레이우는 이렇게 설명했다.

"호드 립슨은 기계적응의 첨단에 서 있어요."

내 생각도 같다. 코넬대학에서 여러 가지(공학, 전산학, 로봇공학)의 부교수인 호드는 기계를 만들 수 있는 기계를 제작하기 위해 생체모방 접근법을 채택했다. 호드의 실험실에서는 디지털방식으로 진화된 시나리오를 이용해 체화된 로봇을 자동으로 설계하고 제작했으며, 동료인 조시 봉가드 버몬트대학 전산학 부교수와 함께 부상을 감지하고 몸과 행동을 변화시켜 반응하는 로봇을 만들었다.[36] 봉가드는 인공 개체발생artificial ontogeny이라는 접근법을 채택하여 로봇이 (진화하는 로봇 개체군에서 개체로 체화된 채) 일생 동안의 학습을 결합하도록 한다.[37]

기계가 기계를 만든다는 아이디어(자신을 복제하거나 새로운 후손을 재생산하거나 다른 사람을 위해 후손을 만드는 것)는 처음에는 터무니없어 보일지도 모른다. 하지만 태드로의 개발자 중 한 명인 애덤 래머트(3장 참고)는 최근 자기복제 기계의 실현 가능성이 1957년에 이미 입증되었음을 지적했다.[38] 런던 유니버시티 칼리지의 라이오넬 펜로즈와 로저 펜로즈는 복제에 필요한 인식체계와 아*단위를 물리적으로 체화된 모형 생물체에 심을 수 있음을 입증했다. 합판으로 만든 이 모형은 '피조물'인데, 손잡이가 달려 있어서 올바른 기계적 서명이 없으면 다른 피조물과 결합할 수 없다. 두 피조물 또는 한 피조물과 아단위가 결합하면 분열이 일어나 두 복제본이 만들어질 수 있다.[39] 오늘날 호드는 소프트웨어 명령으로 거의 모든 크기와 모양의 3차원 부품을 만드는 쾌속성형기를 이용한다.

그리하여 군사로봇 제작의 마지막 단계는 전장에서 진화하며 로봇 자식을 낳도록 하는 것이리라. 로봇은 시시각각 혼란스러운 역동적 상황에 반응하며 뇌와 몸을 진화시켜 장기적 임무를 수행할 것이다. 군사 진화봇 개체군에서는 전투 지휘관이 작성하는 적합도 함수를 이용해 전장환경으로부터 피드백을 받고 이에 따라 진화적 적응이 일어날 것이다. 적합도 함수는 표적 감지율, 표적 적중률, 생존률, 강인함, 손상을 입고도 작전을 계속할 수 있는 능력 등의 성과에 보상할 것이다.

이 적합도 아이디어를 척 펠에게 들려주었더니 그는 반대의견을 냈다.

"전쟁로봇의 기본 원칙은 이래야 해요. 무인일 것, 소모품일 것, 피해를 극대화할 것."

피해 극대화라는 단순한 적합도 함수로는 매우 복잡한 로봇을 진화시킬 여지가 없다고 지적하자 척은 그게 핵심이라고 말했다. 척의 관점에 따르면 복잡한 로봇은 값이 비싼데 그게 문제라는 것이다. 로봇이 비싸면 지휘관들이 로봇을 잃고 싶지 않을 테고 그에 따라 전술을 변경할 터이기 때문이다. 이 문제에 따른 불가피한 결과(이것을 '펠 원칙'이라고 부를 것이다)는 '로봇의 능력은 비용에 비례하며 비용은 소모성에 반비례한다'는 점이다. 펠 원칙의 논리적 결론은 작고 단순한 소모품 로봇을 잔뜩 만들어야 한다는 것이다(그림 8.2). 척이 말했다.

"이 꼬마 로봇들을 전부 막을 수는 없어요. 마이크로헌터 같은 로봇들 말입니다."[40]

그림 8.2 **펠 원칙 상상도** 단순한 소모품 로봇이 더 복잡한 시스템을 압도한다. 어떤 환경에서든 접근전을 벌이고 센서, 모터, 통신을 조작함으로써 단순한 로봇 떼가 승리한다. 이 그림의 로봇 시스템은 개발 중인 실제 시스템을 토대로 삼았다. 생체를 모방한 다양한 설계를 보라. 찰스 펠이 수채화 연필로 그렸다.

마이크로헌터^{MicroHunter}란 태드로 떼와 같은 단안^{單眼} 나선형 굴곡주성 시스템을 이용해 제작한 마이크로 자율잠수기^{microAUV}다(그림 8.3 마이크로헌터는 3장에서 소개했다). 태드로가 수면에서 헤엄치는 데 비해 마이크로헌터는 물속에서 헤엄친다. 올림픽 규격 수영장 어디에 놓든 광원을 향해 나선을 그리며 찾아간다. 마이크로헌터는 척과, 넥턴리서치(7장 참고) 직원이자 듀크대학 교수이던 휴 크렌쇼가 다르파와 계약한 후 자금을 지원받아 제작했는데, 지원 프로그램 담당자의 눈길을 사로잡은 것은 표적 발견율이 100퍼센트를 기록했기 때문이다.[41] 척이 말했다.

"이렇게 뛰어난 건 하나도 없었습니다. 그래서 다르파에서 통계학자와 전직 네이비실 대원을 조사차 보냈죠."

미 해군 특수작전 전문가인 네이비실은 수중작전 능력으로 세계적인 명성을 떨친다.[42] 그래서 척과 휴는 마이크로헌터가 방해를 받지 않을 때 3미터 떨어진 표적을 맞힐 수는 있어도, 느릿느릿 헤엄치는 마이크로헌터 네 마리가 특수작전 스쿠버다이버 한 명을 당해낼 수는 없으리라 예상했다. 테스트 결과 마이크로헌터가 3분 6회의 시기에서 표적의 50퍼센트를 맞혀 네이비실과 무승부를 기록했다. 다들 놀랐고 네이비실 대원은 치욕스러워했다. 단일 센서를 장착하고 모터 출력단에서 자유도가 1도밖에 안 되는 체화된 지능의 성과치고는 대단했다. 이제 마이크로헌터 네 마리가 아니라 50마리를 상대해야 한다고 상상해보라. 유일한 방어책은 진화일 것이다.

이 책에서 진화가 어떻게 작용하는지에 대한 이론과 실제를 충분히 설명했으니 여러분은 내가 무슨 말을 하려는지 짐작할 수 있을 것이다. 우리가 추구하는 방향은 이렇다. 전장에서 로봇을 진화시키는 군부는 모두 아래 원칙을 적용할 것이다.

- 원칙 1: 로봇은 소모품이다. 펠 원칙(299쪽 참고)에 따르면 전장에 로봇을 대량으로 투입하는 유일한 방법은 소모품으로 제작하는 것

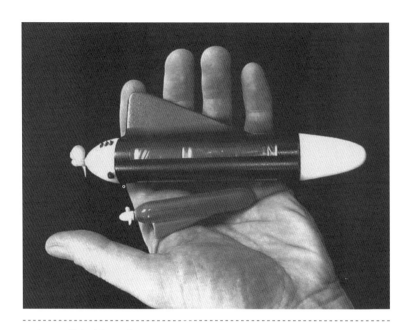

그림 8.3 **완전 자율 초소형 수중로봇 마이크로헌터** 마이크로헌터의 가동부품은 프로펠러 하나뿐이다. 사진의 마이크로헌터는 7그램짜리와 70그램짜리며, 넥턴리서치와 듀크대학의 연구자와 공학자들이 다르파 마이크로시스템 기술부의 분산형 로봇 연구지원금으로 개발했다. 사진은 찰스 펠이 찍었다.

이다. 그러면 값이 싸진다. 수가 많으면 선택이 개체군에 작용하기에 충분한 변이가 일어난다. 단순한 자율행위자 무리가 적을 압도하는 것에서 보듯 수적 우위는 전술적 우위로 직결된다.

- 원칙 2: 로봇은 단순하다. 이것도 펠 원칙에서 비롯한다. 로봇을 소모품으로 제작하는 방법은 단순하게 만드는 것이다. 단순하면 제작비용이 저렴해지고 생산기간이 단축된다. 설계에 키스원칙을 적용하라. 개체군을 유포하는 데 필요한 최소한의 뇌, 몸, 행동을 찾아라. 어느 형질을 진화시킬지 선택하라.

- 원칙 3: 로봇은 빨리 진화한다. 세대시간은 진화속도를 제약하는 요인이므로 짧아야 한다. 세대시간이 짧으면 전장의 변화와 로봇 개체군의 행동 및 하드웨어의 변화 사이의 반응시간이 최소화된다.
- 원칙 4: 로봇은 작은 코호트 cohorts(작고 유전적으로 고립된 아종개체군)에서 진화한다. 진화적 변화는 작고 고립된 개체군에서 빨리 일어나므로 하나의 대규모 로봇 대대를 만들기보다는 소규모 중대를 많이 만들어라. 개체군이 너무 작으면 무작위 효과가 우세해짐을 명심하라. 이 원칙은 언뜻 보기에는 로봇을 다량으로 투입하라는 원칙 1과 어긋나는 것 같지만, 여러 개체군이나 중대를 한꺼번에 작전에 투입하는 방법이 있다.
- 원칙 5: 로봇은 세대시간이 지날 때마다 다양화된다. 진화적 변화는 원칙 3과 원칙 4에서 빨리 일어나므로 로봇 중대들이 저마다 다른 진화궤적을 따라 진화하도록, 즉 종분화를 하도록 하라. 종을 다양화하면 더 많고 다양한 적응이 동시에 일어날 수 있으므로 환경 변화를 추적하고 주어진 시간과 장소에서 최적의 해결책을 찾을 가능성이 커진다.

이 원칙들은 군사 진화봇을 공격의 측면에서 본 것이다. 방어는 어떨까? 진화하는 로봇으로 이루어진 육군, 해군, 공군을 어떻게 막아야 할까? 진화봇이 나의 휘하에 있더라도 이들을 제한하고 제어할 방법이 필요함을 명심하라. 로봇이 창조자의 족쇄를 부수고 봉기하여 세상을 점령한다는 얘기는 숱한 소설과 영화의 도입부다. 우리가 영화를 찍는 것은 아니지만 어쨌든 이 줄거리를 따라가보

자. 군사적 패배나 로봇 반란을 피하는 방법은 다음과 같다.

- 방법 1: 전투에 앞선 최초 생산을 제한하라. 로봇의 수와 유형을 통제하라. 원재료를 제한하라. 에너지원을 제약하거나 감소시키거나 없애라. 만일 개체군이 아군의 것이라면, 적이 개체군을 차지하지 못하도록 하드웨어 생산이나 실행 제약을 설계해도 좋다.
- 방법 2: 전장에서의 재생산을 제한하라. 재생산은 진화과정의 핵심이며 짝을 찾거나 자식을 낳는 순간에 취약해질 수 있으므로 이런 상황을 공략해야 한다. 또한 기계를 만드는 기계를 공략하라. 세대시간을 짧게 하려면 이 기계들이 전장에 있을 것이다. 생산의 제한(1번 참고)은 공급선을 끊는 형태로 전장에서도 활용할 수 있다.
- 방법 3: 전장에서의 수리를 제한하라. 손상은 또 다른 취약상황을 낳는다. 로봇이 자가수리를 하는 동안은 기능이 온전하지 않을 것이다. 성능이 저하된 행위자를 우선적으로 포획하라. 손상된 로봇을 다른 행위자들이 수리하고 있으면 수리 팀을 공략하라.
- 방법 4: 포식자 로봇을 진화시켜라. 아군이나 적군이 펠 원칙을 적용한다면 로봇 떼를 포획하거나 파괴할 준비가 되어 있어야 한다. 처음에는 진화하는 포식자에게 수염고래 같은 여과섭식동물의 능력을 부여해야 할 것이다. 포식자의 행동적응을 우선 고려해야 하는 이유는 먹잇감의 세대시간이 더 짧아서 포식자의 하드웨어가 진화할 기회가 제한되기 때문이다.
- 방법 5: 복잡한 로봇을 만들라. 진짜다. 자신의 로봇을 제어하고 싶은가? 복잡하게 만들라. 복잡한 로봇은 대체로 비싸기 때문에

몇 대 보유하지 못할 것이다. 적이 예측했듯 로봇을 위험에 빠뜨리는 일도 주저할 것이다. 게다가 복잡한 로봇은 결코 반란을 일으키지 않을 것이다. 확률법칙이 사실상 실패를 보장하기 때문이다. 주어진 임무에서 모든 부품의 가동성공률이 (이를테면) 99퍼센트라면 꽤 높은 것처럼 들릴 것이다. 하지만 여러분의 로봇에 이런 부품이 두 개 있다고 생각해보라. 독립확률의 법칙에 따르면 두 확률의 곱은 0.99x0.99=0.98이다. 나쁘지 않다. 이런 부품 두 개로 이루어진 시스템의 가동 성공률은 98퍼센트다. 이제 시스템이 부품 2,000개로 이루어졌다고 가정해보자. 정교한 물고기 로봇 중에는 이런 경우가 없지 않다. 그러면 확률의 곱은 $0.99^{2000}=0.0000000002$다. 가능성은 전무하다. 로봇은 실패할 것이다! 항공기나 우주왕복선 같은 복잡한 기계를 계속 작동하게 하는 방법은 고장률이 낮은 부품(0.99999)을 만들고, 중요 시스템에 여분을 두고, 부품이 고장나기 전에 검사하여 교체하는 것이다. 한마디로 말해 진화봇을 확실히 통제하려면 부실한 부품을 많이 써서 제작하라.

로봇에 지휘의도를 심을 수 있을까?

전장에서 진화하는 로봇에 대한 나의 할리우드식 기우杞憂를 듣다 보면 이 모든 전쟁이야기가 그저 허황된 헛소리라는 생각이 들지도 모른다. 그 생각이 옳을 수도 있다. 하지만 여러분이 해군 제독이고 군사용 진화봇이 헛소리인지 타당한지 선택해야 한다고 가정해보자. 다른 나라 군대가 전투에 진화봇을 내보내 우리를 놀라게 할까? 이것이 중요한 이유는 제독인 여러분이 장기적으로 영향을 미치는 현실적 결정을 내려야 하기 때문이다. 한정된 자원을 공격형 진화봇 개발에 투입할 것인가, 아니면 진화봇 방어대책에 투입할 것인가? 진화봇에 자원을 쓰면 다른 전술체계의 예산을 깎아야 한다는 점을 명심하라. 진화봇이 심각한 위협을 가할 것인지, 개발 또는 방어 대책에 비용을 들일 만한 가치가 있는지 어떻게 확신할 수 있을까?

한 가지 방법은 다르파의 방식을 채택하여 실현 가능성을 따져보는 것이다. 이를테면 진화하는 로봇 물고기 함대가 등장했다는 얘기를 들으면 여러분은 어느 전투에서나 가장 중요한 측면, 즉 통신을 평가하고자 할 것이다. 물속 로봇 무리와 통신하고 전투가 시작되었을 때 계획을 조정할 방법을 아무도 생각해내지 못한다면 격정할 것은 별로 없다.

전투 이전과 중간의 통신이 무엇보다 중요한 이유는, 30년간 프로이센 육군 참모총장을 지낸 대☆헬무트 폰 몰트케의 말을 빌리자면 "어떤 계획도 적을 만나면 소용없기" 때문이다. 모든 전장은 혼돈의 집단지성이 작용하는 곳이다. 전투 계획이 적응할 수 있으려면 각 행위자는 임무의 목적을 알고, 자신의 역할을 이해하고, 전장에서 통신하면서 적에 대한 전술지식을 갱신하고, 다른 행위자 및 인접 부대와 위치 및 배치를 조율하고, 정보가 낡아지고 변화가 가속화되는 와중에 신속한 결정을 내려야 한다.

전장에서의 통신과 의사결정에 내포된 첫 번째 요소는 참전 이전부터 존재하는데, 이것을 '지휘의도'라고 한다.

지휘의도는 바람직한 최종상태를 묘사한다. 지휘의도는 작전의 목적에 대한 간략한 서술이며 명령권자인 지휘관의 수준 아래로 두 단계에까지 이해되어야 한다. 지휘의도는 임무의 목적을 명확히 서술해야 한다. 지휘의도는 모든 하위요소를 통합하는 단일 초점이다. 지휘의도는 작전개념의 요약이 아니다. 지휘의도의 목적은 계획과 개념이 더는 적용되지 않을 때에도 승리를 달성하기 위해, 또한 그 목표를 위한 노력을 경주하기 위해 필요한 것에 하위요소를 집중하는 것이다.[43]

최선의 상황은 지휘의도를 모든 수병 또는 병사가 숙지하고 이해하여 전투시 계획이 무산되었을 때 개개인이 적응적 행동을 시행하여 임무를 추진하는 것이다. 척은 이렇게 주장한다.

"지휘의도는 전투원에게 체화되고 내포되어야 합니다."

이 말은 군사용 진화봇의 설계 단계에 이미 명령과 통제가 담겨야 한다는 뜻이다. 이 책에서 보았듯 지능과 의도는 프로그래밍 가능한 신경계의 일부일 뿐 아니라 센서, 모터, 동체의 유형, 배열, 품질의 일부이기도 하기 때문이다.

척과 이야기를 나누다 보니 지휘의도 자체가 군사용 진화봇의 적합도 함수로 쓰일 수 있지 않을까 하는 생각이 들었다. 지휘의도가 무엇이든, 다시 말해 표적 X에 최대한의 피해를 입히는 것이든 Y 소함대를 수호하는 것이든 Z 함대를 구출하는 것이든 간에 이와 비교하여 개별 진화봇의 실적을 실시간으로 판단할 수 있다. 각 개체의 실적을 개체군 내의 다른 개체와 비교하기 때문에 무엇이 효과가 있는지에 대한 피드백이 자동으로 관련성을 가진다. 여러분은 몰랐겠지만 미군을 위해 일하는 공학자들은, 지휘의도를 적합도 함수로 이용한다는 아이디어를 이미 디지털 시뮬레이션으로 시도한 적이 있다.

"진화는 시스템이 임무에 대한 지휘의도를 달성하는 고성능 계획의 최종 개체군을 생산할 때까지 지속된다."[44]

전술 계획은 그 자체로 매우 복잡한데, 지휘의도를 적합도 함수로 이용하는 유전 알고리즘을 이용하면 이를 진화시킬 수 있다.

전장에서의 통신이 처한 근본적인 문제는 소규모 집단과 고립된 개인이 지휘관의 승인 없이 결정을 내려야 한다는 점이다. 웨스트포인트 미국 육군사관학교 행동·과학·지도력 담당교수인 로런스 G. 섀턱 중령이 썼듯 전장에서는 사건이 급작스럽게 벌어지기 때문에 통신채널이 열려 있더라도 상급자와 직접 연락할 수 없는 경우가 많다.[45] 섀턱에 따르면 어떤 이유로든 통신이 중단될 때 병사들이 결정의 얼개를 짜고 지휘관의 머릿속에 들어가서 그러면 어떤 결정을 내릴지 알 수 있으려면 지휘의도를 알아야 한다.

진화봇은 양심이 필요하다

핵심적인 기술적 과제는 자율로봇이 인간의 도움 없이 일하고 통신하고 자가수리하고 재생산하고 진화하도록 하는 것이다. 이 장에서 설명한 과제들 이외의 중심과제는 다음과 같다.

- 자유로이 돌아다니는 진화봇 개체군에 어떻게 적합도 함수를 내장

할 것인가?

- 인간이 부여한 적합도 함수가 진화봇이 작동하는 세상의 자율적 일부가 되도록 하려면 어떻게 해야 할 것인가?
- 아니면 적합도 함수를 지정하지 않고 로봇의 생존에서 도출되도록 할 것인가?
- 이상의 시나리오에서 진화봇을 야생상태에서 어떻게 감시하고 제어할 것인가?

이 문제들을 해결할 수 있다면 이 장에서 언급한 모든 상상을 실현할 수 있다.

하지만 여기서 잠깐. 무언가를 할 수 있다고 해서 그것을 하고 싶다거나 해야 할까? 로널드 아킨이 미군연구소의 의뢰로 이 주제를 연구하면서 제시한 주된 윤리적 과제는 자율로봇이 '전쟁법률과 참전규칙에서 규정한 테두리 안에서' 행동하도록 하는 것이다.[46] 아킨은 이렇게 주장한다.

"여느 신기술과 마찬가지로 자율로봇공학의 전장 도입은 '전쟁수행 조건Jus in Bello'과 관계가 있다. 즉 군사적인 필요 아래 분쟁기간 동안 이 시스템의 윤리적 이용요건을 정의해야 한다."[47]

아킨의 (내가 진심으로 지지하는) 목표는 군사용 로봇이 윤리성 면에서 인간 병사를 능가하도록 하는 것이다. 진화하는 로봇에게는 양심이 필요하다.

닫는말과 여는말-복고미래주의

미래를 예측하는 것은 과거를 이해하는 것보다 훨씬 쉽다. 이것은 로이드 던이 창시하여 복고미래주의Retrofuturism로 알려진 예술운동의 기본 신조(1번 신조)다(그림 8.4). 이 장에서 보았듯 나는 우리가 새로운 종류의 군사적 군비경쟁에 들어섰다는 시나리오를, 내 주장을 뒷받침하는 데이터가 사실상 전혀 없이 예견할 수 있었다. 나는 진화하는 로봇이 전쟁 수행과 방어의 방식을 바꾸리라고 주장한다. 한편 복고미래주의적 완결성을 기하려면, 진화하는 로봇이 성장하는 로봇공학 분야에서 사소한 막간극에 불과하며 전쟁의 미래에 대해 알려주는 것이 거의 없으리라는 정반대(2번 신조)의 예측을 해야 한다.

두 번째 예측이 참이라고 진심으로 생각하지는 않는다. 그건 너무 서글프지 않은가. 진지하게 말하건대 이 장은 실망스러웠다. 그렇지 않은가? 첫 번째 척추동물의 진화에 대한 연구 이야기를 해도 되는데 전쟁과 자율적 살인기계에 대해 이야기하고 싶은 사람이 누가 있겠는가? 나는 아니다. 하지만 진화하는 로봇이 학문적·산업적·군사적 목적으로 제작되고 있으며 앞으로도 제작될 것임은 엄연한 현실이다. 따라서 진화하는 로봇이든, 진화하지 않는 자율로봇이든, 반자율 원격조종 군사로봇이든 우리 모두는 로봇을 연구해야 한다. 로봇을 이해해야 신중하고 사려 깊게 나아갈 수 있다. 비밀은 없다. 놀랄 일도 없다.

이제 사과할 때다. 이 책에서 다룬 '진화하는 로봇'은 로봇공학 세계의 티끌에 불과하다. 그조차도 공정을 기하지 않았다. 사과한다. 이를테면 나는 나 자신과 공동연구자들이 했던 연구를 주로 거론했으며, 우리에게 영감을 준 위대한 연구자들인 행동 기반 로봇공학을 통합하고 로봇윤리학 분야를 창시하고 있는 로널드 아킨, 생물로봇공학을 창시한 바버라 웨브, 진화로봇공학을 창시한 스테파노 놀피와 다리오 플로레아노, 이 모든 분야의 기폭제가 된 행동 기반 로봇공학 분야를 공동창시한 발렌티노 브라이텐버그와 로드니 브룩스는 간간이 피상적으로만 언급했을 뿐이다. 이 대가들을 홀대했다는 죄책감을 씻기 위해 이들 모두가 자신들의 주제에 대해 대단한 책을 썼으며 꼭 읽어보라고 말하고 싶다.

진화생물학계에도 똑같은 사과를 해야겠다. 진화생물학은 로봇공학보다 100년 넘게 먼저 출범했기에 내가 어떤 이름들을 빼먹었

그림 8.4 **레트로 퓨처리즘** 가능한 경로는 너무 많은데 복고미래주의적 시간은 너무 짧다. 필자가 진화생물로봇공학 분야의 나아갈 (개념적) 방향을 가리키고 있다. 그는 늘 정확하다.

는지 알기 힘들다. 내가 진화발생생물학의 매혹적 세계, 개체발생의 진화, 발달계가 자신이 구성하는 종에 부여하는 제약과 잠재력을 대체로 간과한 것은 분명하다. 이 분야는 숀 캐럴부터 읽기를 권한다. 데이비드 라프, 스티븐 스탠리, 로버트 캐럴, 마이클 벤턴 같은 척추고생물학자는 빼어난 교과서로 횃불을 밝혔으니 나의 무시에 모욕감을 느끼는 것이 마땅하다. 위대한 생체역학자 맥닐 알렉산더, 톰 대니얼, 존 고슬린, 마크 데니, 폴 웨브, 앤디 비브너도 전혀 언급되지 않았다. 책을 쓸 때는 많은 것을 빠뜨릴 수밖에 없다.

마지막으로, 가장 중요하면서도 가장 오해받는 개념을 짚고 넘어가고자 한다. 이 책에서는 '진화'라는 단어를 정향적이고 진보적이고 최적화하는 설계라는 인과적 일상용법이 아니라 학술적 의미로 썼다. 즉 주어진 환경에서 선택(개별 행위자가 물리적 환경 안에서 또한 물리적 환경과 상호작용함으로써 이루어진다)과 무작위 유전과정이 결합함으로써 세대시간에 걸쳐 일어나는 행위자 개체군의 변화를 일컫는다.

우리는 ●유전과 선택압을 가진 개체군을 형성했을 때 우리가 확실히 예측할 수 없는 변화를 나타내는 진화봇과 ●멸종했거나 존재하지 않는 생물이 임의의 환경에서 어떻게 행동했을지 이해하기 위해 특정한 형태로 창조한 진화 트레커 ET, 이렇게 두 유형의 로봇이 나타내는 행동을 논의하고 설계하고 실험하고 분석했다. 진화봇과 ET 둘 다 과정으로서의 진화(어떻게 진화가 일어날 수 있는가)나 구체적인 진화사건(선택압), 구체적인 진화상황(지느러미발이 네 개 달린 대형 동물)에 대한 아이디어를 검증하기 위해 제작된

312

다. 이 책에서는 물고기와 수생 척추동물에 초점을 맞췄지만 어떤 생물이라도 진화봇과 ET로 모형화할 수 있다.

안녕히, 그리고 로봇 물고기는 고마웠어요.

이 책은 끝내주는 전문가 세 명의 창의성과 노고와 감각 덕분에 탄생했다. 배서대학 언론홍보관 제프 코스마커, 파인프린트 문학 매니지먼트의 담당 저작권 대리인 로라 우드, 베이직북스의 담당 편집자 T. J. 켈러허가 그 주인공이다.

제프는 AP통신의 마이크 힐을 섭외하여 우리의 진화하는 로봇에 대한 보도를 내보내도록 했다. 로라는 마이크의 기사를 읽고 책을 구상하고는 내게 집필을 권하고 베이직북스라는 멋진 출판사와 연결해주었다. T. J.는 내가 자유롭게 글을 쓰도록 한 뒤 원고를 솜씨 좋게 매만져 책으로 탈바꿈시켰다. 이 삼총사에게 무한한 존경과 감사를 보낸다.

귀중한 지원을 베푼 베이직북스 편집진(책임편집자 샌드라 베리스, 교열 담당자 조지핀 머라이어, 부편집자 티스 다카기, 홍보담당 부사장 미셸 제이컵, 홍보 담당자 앤드리아 버셀)에게 감사한다.

내가 성과를 거둔 것은 집과 일터, 두 장소 덕이다. 메그, 이저

벨, 아델, 마들렌, 태머신, 캐퍼케일리, 쿠카부라는 우리 가족의 삶에 활력을 선사했다. 카라바당바라카^{Karabadangbaraka}!* 배서대학 생물학과의 너그럽고 영감 넘치는 동료 제리 캘빈, 린 크리스턴슨, 테비 콜린스, 폴린 콘텔모, 에리카 크레스피, 제러미 데이비스, 켈리 던컨, 데이비드 에스테반, 딕 헤미스, 바버라 홀로웨이, 데이비드 제미올로, 제이슨 존스, 제니 커넬, 벳시 케첨, 수 러너, 앤 메허피, 리덤 메허피, 보니 밀니, 수 페인터, 마셜 프레그놀, 마크 슐레스먼, 빌 스트로스, 케이트 서스먼, 밥 수터, 낸시 포크리프카, 조디 슈워츠, 리나 스팰런, 줄리 윌리엄스, 케리 밴캠프와 함께한 것은 행운이었다.

인지과학과정의 잰 앤드루스, 그웬 브루드, 캐럴 크리스턴슨, 캐슬린 하트, 켄 리빙스턴, 캐럴린 파머는 나와 공동강의를 진행하면서 거대 학제간 분야인 인지과학을 내게 가르쳐줄 만큼 모험심이 넘쳤다.

이 책의 연구는 로라가 '재미를 추구하며 근사한 것을 배우고 싶어 하는 너드'라고 부른, 똑똑하고 행복한 공동연구자들과 즐겁게 협력한 결과물이다. 지난 10~12년 동안 나와 꾸준히 일할 만큼 명청했던 여섯 명은 톰 쿠브(미메드엑스 그룹사), 춘와이 리우(라피엣대학), 켄 리빙스턴(배서대학), 맷 맥헨리(캘리포니아대학 어바인 캠퍼스), 찰스 펠(피션트), 로버트 루트(라피엣대학)다.

---

* 아서 랜섬의 책에 나오는 감탄사로 뱀장어가 주인공 아이들의 마스코트여서 인용했다고 한다.

그밖에도 자신의 전문분야에서 내게 도움을 줄 만큼 판단력이 흐린 연구자로는 칼 버트시, 피터 추왈라, 래리 도, 톰 엘먼, 루크 헌스버거, 바버라 홀로웨이, 벳시 케첨, 제이슨 존스, 요스 더레이우, 릭 리빙스턴, 매리앤 포터, 브래들리 리처즈, 밥 수터, 존 밴덜리(이상 배서대학), 멀리나 헤일, 마크 웨스트니트(이상 시카고대학과 필드박물관), 앤 패브스트, 빌 매클렐런(이상 노스캐롤라이나대학 윌밍턴 캠퍼스), 매슈 켐프, 브렛 홉슨(넥턴리서치), 파르샤드 코라미, 프라샨트 크리슈나무르티(파르코 테크놀로지스와 뉴욕대학), 미리엄 애슐리로스(웨이크포리스트대학), 바버라 블록(스탠퍼드대학), 휴 크렌쇼(피션트), 셸리 에트니어(버틀러대학), 랜디 유얼트(일리노이대학 어배너-샘페인 캠퍼스), 프랭크 피시(웨스트 체스터대학), 앨리스 깁(노던애리조나대학), 신드레 그로트몰(베르겐대학), 메리 헤브랭크(듀크대학과 노스캐롤라이나 주립대학), 리나 쿠브에먼즈(마운트 데저트 섬 생물학 연구소), 더그 프링글(미메드엑스 그룹), 프레드 섀싯(듀크대학), 저스틴 섀퍼(캘리포니아대학 로스앤젤레스 캠퍼스), 윌리엄 '바트' 셰퍼드(스타인하트 수족관), 짐 스트로더(캘리포니아대학 어바인 캠퍼스), 애덤 서머스(워싱턴대학), 필 와츠(어플라이드 플루이드 엔지니어링)가 있다.

　　커트 밴틸런, 닉 베티커, 크레이그 블랜칫, 사샤 캐버너, 애너베스 캐럴, 키언 콤비, 헤이든-윌리엄 코틀런드, 팸 쿠스, 메건 커민스, 칸디도 디아스, 니콜 도를리, 기기 엥겔, 커리나 프라이어스, 안드레스 구티에레스, 조너선 히로가와, 키라 어빙, 매켄지 존슨, 와이엇 코프, 니콜 크레니츠키, 니콜 램, 애덤 래머트, 지애나 맥아더,

캐런 니퍼, 데이비드 폴, 소니아 로버츠, 그레그 로드보, 오렌 로젠버그, 해나 로젠블럼, 하산 사크타, 조너선 세클로, 조 슈마허, 에이버리 시칠리아노, 벤 신웰, 엘리스 스티클스, 애디나 서스, 조슈아 스텀, 에이먼 투이, 스테퍼니 바거 등 학생들은 BARK Biomechanics Advanced Research Kitchen, IRRL Interdisciplinary Robotics Research Laboratory, 어비스Abyss(Biorobotics and Biomechanics Laboratory), 펠라기아 해적 공화국에서 내 조수이자 공저자로 고생했다.

나의 영웅은 나를 가르친 교수들이다. 듀크대학 동물학과에서는 비교생체역학의 아버지 스티브 웨인라이트 교수와 스티브 보겔 교수가 내게 기본을 가르쳤다. 교수 프레드 니하우트, 존 런드버그, 스티브 노비츠키, 루이즈 로스, 캐슬린 스미스, 밴스 터커, 또한 생체역학과 생리학 분야의 선배 대학원생 바버라 블록, 휴 크렌쇼, 올러프 엘러스, 맷 힐리, 앤 무어, 리사 오턴, 패브스트도 한몫했다. 센티엘 '부치' 로멜(애틀랜틱대학)과 테드 그랜드(스미스소니언 국립동물원)가 아니었다면 나는 듀크대학에 들어가지 못했을 것이다. 두 사람은 어떤 과목에서든 깊고 순수한 열정이 마음속에서 불꽃을 일으킨다는 사실을 가르쳐주었다.

친구와 가족 폴 캘러기와 캐럴린 파머, 메리 앤 커닝엄과 톰 핑클, 더그 이턴, 키스 파델리치와 리사 파델리치, 케이트 조던과 바이런 조던, 존 켈러, 대니얼 록하트와 켄 록하트, 데일 롱, 젭 롱, 케이트 니메티, 마티 론샤임, 조디 론샤임과 폴 론샤임, 에이미 스펜서와 로이드 스펜서, 앤 스태튼과 제프 스태튼, 샤론 스워츠, 트레이시 트로이와 조 트로이는 격려와 편집에 관련해 조언을 해주었다. 제프 스태튼은 1장에서 정곡을 찌르는 탁견을 제시했고, 애덤 래머트는 5장의 얼개를 짜는 데 큰 도움을 주었으며, 찰스 펠과 테드 그랜드는 8장에 중요한 기여를 했다.

책에 실린 일부 자료는 국립과학재단에서 지원한 연구(지원번호 IOS-0922605, DBI-0442269, BCS-0320764, IOS-9817134)를 바탕으로 삼았다. 이 책에 표현된 의견, 발견, 결론, 조언은 모두 저자의 것이며 국립과학재단의 견해와 반드시 일치하지는 않는다.

책에 실린 일부 자료는 미 해군연구국에서 지원한 연구(지원번호 N00014097-1-0292, N00014-93-1-0594)를 바탕으로 삼았다. 이 책에 표현된 의견, 발견, 결론, 조언은 모두 저자의 것이며 해군연구국의 견해와 반드시 일치하지는 않는다.

2장

1 주의: 여기서 나는 여러 면에서 섣부른 판단을 내리고 있다. 첫째 이 문단에 나열된 행동은 척추동물 위주다. 둘째 척추동물 개체가 생애 중에 행동을 바꿀 가능성은 많지 않다. 행동전략의 중대한 변화는 세대시간에 걸쳐 일어난다.

2 친척의 양육을 도와 점수를 얻는 것을 공식적으로는 '포괄 적합도'라고 한다.

3 처음에는 정신 나간 얘기로 들릴 수도 있겠지만, 나는 진화하는 로봇이 살아 있지 않다고 확신하지 못하겠다. 과학에서 '생명'으로 간주하는 특징에는 자립적 존재가 ●자신과 비슷한 형태를 추가로 만들고 ●에너지를 모으고 ●모은 에너지를 변환하고 이용하여 화학적·기계적 일(이를테면 자신을 만들거나 수리하고 에너지를 더 모으고 자신의 복제본을 만드는 것)을 하고 ●국지적으로 또한 일시적으로 엔트로피(무질서)를 감소시키는 능력이 포함된다. 이 개념은 물리학자 에르빈 슈뢰딩거가 더블린고등과학연구소의 후원으로 1943년 2월에 했던 강연을 바탕으로 집필하고 1944년에 출간한 《생명이란 무엇인가》에서 부분적으로 영향을 받았다. 인지과학을 참고한다면, 자립적 존재가 ●번식하고 에너지를 모으겠다는 목표를 가지고 총체적 에너지 배치 패턴의 변화에 반응하는 능력을 포함시킬 것이다. 여러분은 어떻게 생각하시는지?

4 이 자연선택 정의는 교과서에 실린 정의와 약간 다르다. Mark Ridley의 뛰어난 교과서 *Evolution*, *3rd ed*. (Malden, MA: Blackwell Science, 2004)에서는 자연선택을 위한 다윈의 필요충분조건 네 가지를 나열한다.

그 조건이란 ●번식 ●유전, 구체적으로는 자식이 부모를 닮는 것 ●개체군 구성원 간의 개별적 형질변이 ●개체에 대한 번식결과의 변이가 형질변이와 연관될 것을 들 수 있다. 여기서 개체군 개념이 부차적임에 유의하라. 내가 개체군을 1차적 개념으로 취급한 것은 개체와 세상의 상호작용이라는 개념이 개체가 누구와 함께 있는가와 어디에 있는가에 따라 정의된다는 것을 강조하기 위해서다.

5   이 여정을 따라가려면 Jonathan Weiner의 책 *The Beak of the Finch: A Story of Evolution in Our Time* (New York: Alfred A. Knopf, 1994)를 읽기 바란다(한국어판은《핀치의 부리》(이끌리오, 2002)).

6   우리 눈앞에서 일어나는 느리고 작은 변화가 오랜 기간에 걸쳐 대규모의 극적인 변화를 일으키기에 충분하다는 통찰은 모든 종류의 진화적 변화를 설명하는 바탕이다. 우리는 로봇을 가지고 세대시간에 걸쳐 일어난 변화를 측정한 진화적 시뮬레이션 결과를 발표할 때마다, 수백만 년에 걸쳐 일어나면서 새로운 형질과 종의 탄생에 이바지한 진화과정에 대해 무언가 배우고 있다고 주장한다.

7   '케테리스 파리부스'라는 인과관계 추론방법을 만들어낸 사람은 존 스튜어트 밀이다. 밀의 방법과 그 밖의 추론기법을 쉽게 설명한 책으로는 David Kelley의 *The Art of Reasoning, 3rd ed.* (New York: W. W. Norton & Company, 1998)이 있다.

8   Robert Brandon, *Adaptation and Environment* (Princeton, NJ: Princeton University Press, 1990).

9   Barbara Webb, "Can Robots Make Good Models of Biological Behaviour?" *Behavioral and Brain Sciences* 24, no. 6 (2001): 1033–1055.

3장

1   노벨 물리학상 수상자 리처드 파인만이 비슷한 말을 했다. "만들지 못하는 것은 이해하지 못한 것이다."

2 비밀코드의 진짜 쓰임새는, 무언가를 만들지 못하면 그것이 무엇이든지 간에 실제로는 이해하지 못했음을 시사하는 것이다. 이것은 사람들이 '존재증명'이라고 부르는 물리적 증명의 궁극('존재하면 존재할 수 있다')에 대해 생각하는 또 다른 방법이다.

3 표상을 깊이 들여다본 책으로는 Tim Crane의 *Mechanical Mind: A Philosophical Introduction to Minds, Machines, and Mental Representation, 2nd ed.* (London, New York : Routledge, 2003)을 참고하라.

4 말하자면 계획을 세우라는 것. 명확한 계획을 조사하고 수립했다면(여섯 가지 설계질문에 대한 답에서 출발하는 것은 좋은 방법이다) 드와이트 아이젠하워 장군의 말을 명심하라.
"전투를 준비할 때마다 깨닫는 교훈은, 계획은 쓸모없지만 계획 수립은 반드시 필요하다는 점이다."

5 이 문제에 흥미가 있다면 급성장하는 분야인 계통발생학, 계통유전체학, 진화발달생물학을 참고하라.

6 2000년대 중엽에 진화관계에 대한 지식 변화가 대학 교과서에 널리 반영되었다. 빼어난 예로는 Michael J. Benton의 *Vertebrate Paleontology, 3rd ed.* (Malden, MA : Blackwell Science, 2005) 1장 참고. 또한 Frèdèric Delsuc, Henner Brinkmann, Daniel Chourrout, and Hervé Philippe, "Tunicates and Not Cephalochordates Are the Closest Living Relatives of Vertebrates," *Nature* 439, no. 7079 (2006) : 965-968. 당시에 급진적이던 이 견해는 잠정적으로, 특히 두삭동물cephalochordate 유전체에 대한 새로운 정보를 바탕으로 수용되었다(하지만 새로운 데이터가 산출되면 수정될 수 있다). Peter W. H. Holland, "From Genomes to Morphology : A View from Amphioxus," *Acta Zoologica* 91, no. 1 (2010) : 81-86 참고.

7 피낭동물(ascidian이나 urochordate라고도 한다)은 연관된 종의 집단인 척삭동물문(척추동물과 창고기류를 포함한다)에 속한다. 창고기류는 amphioxus(종명은 Branchiostoma)로도 불리며 두삭동물에 속한다. 척추동물의 기원과 관련하여 두 집단을 비교한 뛰어난 연구로는 M. Schubert, H. Escriva, J. Xavier-Neto, and V. Laudet, "Amphioxus and Tunicates as Evolutionary Model Systems," *Trends in Ecology and Evolution* 21, no. 5 (2006): 269-277 참고.

8 '물이 가득찬 못생긴 주머니^{ugly bags of mostly water}'라는 구절은 〈Star Trek: The Next Generation〉의 "Home Soil" (season 1) 편에서 결정질 생명체가 휴머노이드를 처음 보고서 묘사한 표현이다. 이 결정질 생명체가 피낭동물 성체와 휴머노이드를 한꺼번에 보았다면 전자를 주머니라고 부르고 후자를 (더 정확하게는) 튜브나 갈라진 원통이라고 불렀을 듯하다.

9 Walter Garstang, "The Morphology of the Tunicata, and Its Bearing on the Phylogeny of the Chordata," *Quarterly Journal of Microscopical Science* 62 (1928): 51-187. 1951년에 유작으로 출간된 *Larval Forms and Other Zoological Verses* (Oxford: Blackwell)에서는 그의 과학적 아이디어가 시의 형태로 영원히 남았다. 이는 과학과 예술의 아름답고 우연적인 결합이다.

10 태드로1에 대해서는 J. H. Long Jr., C. Lammert, C. A. Pell, M. Kemp, J. Strother, H. C. Crenshaw, and M. J. McHenry, "A Navigational Primitive: Biorobotic Implementation of Cycloptic Helical Klinotaxis in Planar Motion," *IEEE Journal of Oceanic Engineering* 29, no. 3 (2004): 795-806에서 읽을 수 있다.

11 J. H. Long Jr., T. J. Koob, K. Irving, K. Combie, V. Engel, N. Livingston, A. Lammert, and J. Schumacher, "Biomimetic Evolutionary Analysis: Testing the Adaptive Value of Vertebrate Tail Stiffness in Autonomous Swimming Robots," *Journal of Experimental Biology* 209, no. 23 (2006): 4732-4746.

12 화석의 원래 그림은 D.-G. Shu, S. Conway Morris, J. Han, Z.-F. Zhang, K. Yasui, P. Janvier, L. Chen, X.-L. Zhang, J.-N. Liu, Y. Li, and H.-Q. Lui, "Head and Backbone of the Early Cambrian Vertebrate *Haikouichthys*," *Nature* 421, no. 6922 (January 2003): 526-529에서 볼 수 있다.

13 Sindre Grotmol, Harald Hryvi, Roger Keynes, Christel Krossøy, Kari Nordvik, and Geir K. Totland, "Stepwise Enforcement of the Notochord and Its Intersection with the Myoseptum: An Evolutionary Path Leading to Development of the Vertebra?" *Journal of Anatomy* 209, no. 3 (2006): 339-357.

14 '경직도' 자체는 모호한 용어다. 경직도에는 여러 종류가 있다. 공통점은 가해진 힘이나 변형력, 돌림힘과 그로 인한 (각각의) 길이, 변형률, 곡률 변화 사이의 비례상수라는 점이다. 휨경직도는 돌림힘과 그로 인한 곡률 사이의 비례상수로 정의된다. 휨경직도에서는 내가 휘는 구조체 길이 전체에서 이 관계가 같다고 가정한다. 전체 구조체의 경직도를 서술하려는 경우 물리학자는 '용수철 상수'나 '용수철 경직도'를 언급할 것이다. 나는 '구조경직도'를 선호한다. 끝에 중량물이 달린 외팔보의 경우 구조경직도는 보 길이의 세제곱에 대한 휨경직도의 비다. 이 말은 길이를 달리하면 보의 휨경직도가 일정하면서도 구조경직도는 다르게 할 수 있다는 뜻이다.

15 뼈대와 부분적 척추골의 재구성에 대해서는 J. A. Long and M. S. Gordon, "The Greatest Step in Vertebrate History: A Paleobiological Review of the Fish-Tetrapod Transition," *Physiological and Biochemical Zoology* 77, no. 5 (2004): 700-719 참고.

16 '생체모방[biomimetic]'이라는 용어는 공학, 생체공학, 생체의공학에서 각각 다르게 쓰인다. 여기서는 생물학적 대상과 최대한 비슷하게 만든 계를 뜻한다.

17 Rolf Pfeifer, and Christian Scheier, *Understanding Intelligence* (Cambridge, MA: MIT Press, 1999).

18 Hou Xian-Guang, Richard J. Aldridge, Jan Bergstron, David J. Siveter, Derek J. Siveter, and Feng Xiang-Hong, *The Cambrian Fossils of Chengjiang, China: The Flowering of Early Animal Life* (Malden, MA: Wiley-Blackwell, 2007).

19 이 문구는 CBS의 텔레비전 프로그램 〈생존자[Survivor]〉에서 땄다. 이 프로그램의 구호는 'Outwit, outplay, outlast'다. 그렇다고 해서 번식이 이 프로그램의 일부거나 일부여야 한다는 취지는 결코 아니다.

20 Cameron K. Ghalambor, Jeffrey A. Walker, and David N. Reznick,

"Multi-trait Selection, Adaptation, and Constraints on the Evolution of Burst Swimming Performance," *Integrative and Comparative Biology* 43, no. 3 (2003): 431-438. 또한 R. B. Langerhans, "Predicting Evolution with Generalized Models of Divergent Selection: A Case Study with Poeciliid Fish," *Integrative and Comparative Biology* 50, no. 6 (2010): 1167-1184 참고.

21 Barbara Webb, "Can Robots Make Good Models of Biological Behaviour?" *Behavioural and Brain Sciences* 24, no. 6 (2001): 1033-1050. 또한 Webb, "Validating Biorobotic Models," *Journal of Neural Engineering* 3, no. 3 (September 2006): R25-R35 참고. 나는 논문 "Biomimetic Robotics: Self-Propelled Physical Models Test Hypotheses about the Mechanics and Evolution of Swimming Vertebrates," *Proceedings of the Institution of Mechanical Engineers, Part C, Journal of Mechanical Engineering Science* 221, no. 10 (2007): 1193-1200에서 웨브의 차원을 다르게 표현하여 썼다.

4장

1 표절 경보: 루이스 캐럴에게 감사한다(루이스 캐럴,《이상한 나라의 앨리스》(열린책들, 2014)에서 왕이 "죽 읽다가 끝이 나오면 멈춰라"라고 말한다-옮긴이).

2 섭이행동을 측정하는 이 단일 숫자는 3장에서 구축한 적합도 함수에서 합성한 숫자다. 우리는 주어진 세대에서 한 개체의, 그 세대의 다른 개체들과 비교한 '상대 적합도'를 유영속도 증가, 조명 표적에 도달하는 시간 감소, 전체 실험에 걸쳐 조명 표적과의 거리 감소, 움직일 때 갈팡질팡 감소 등에 대한 조정된 값의 합으로 정의했다. 이 상대 적합도 값은 세대 내에서 같은 시간과 장소에서 경쟁하는 다른 경쟁 개체와 비교할 때만 의미가 있다. 세대에 걸쳐 비교할 수는 없다. 그림 4.1을 위해 세대 간 비교를 할 수 있도록 우리는 각 개체의 성적을 총 열 세대에 걸친 모든 개체의 평

균(특정 하위행동, 속도, 시간, 거리, 갈팡질팡의 표준편차로 조정했다)과 비교했다. 통계용어로 표현하자면, 각 개체에 대해 각 하위행동의 z점수를 합산했다.

3 통계학에서 상황에 따라 값이 달라지는 표준편차는 숫자의 집단에서 대부분의 숫자가 속하는 평균에서 측정값이 얼마나 멀리 떨어져 있는가를 나타낸다. 표준편차가 작다는 것은 집단의 숫자 대부분이 집단 평균과 가깝다는 뜻이다.

4 우리가 사용한 짝짓기의 수학은 태드로3의 진화에 대한 우리 논문에 자세히 나와 있다. J. H. Long Jr., T. J. Koob, K. Irving, K. Combie, V. Engel, N. Livingston, A. Lammert, and J. Schumacher, "Biomimetic Evolutionary Analysis: Testing the Adaptive Value of Vertebrate Tail Stiffness in Autonomous Swimming Robots," *Journal of Experimental Biology* 209, no. 23 (December 2006): 4732-4746.

5 John Gillespie의 *Population Genetics: A Concise Guide, 2nd ed.* (Baltimore: Johns Hopkins University Press, 2004)에서는 소규모 무작위성의 원천으로 '개체군 통계학적 확률성demographic stochasticity'을 언급한다. 두 번째 원천으로는 서로 다른 부모 대립유전자가 별개의 생식세포로 분리되는 것을 든다. 길레스피는 두 원천을 통틀어 '유전자 부동'이라고 부른다. 우리의 로봇 시뮬레이션에서 분리가 요인으로 작용하지 않는 이유는 양적 형질이 설계에 의해 두 염색체에 고루 나뉘어 있기 때문이다.

6 진화 이론을 공부하고 연구하는 사람들은 금세 한마디 거들 것이다. 성선택, 유전자 흐름, 유전자 부동, 상위성, 짝짓기, 발달과정은 진화 메커니즘이 아니냐고 물을 것이다. 맞다. 그것들은 진화적 변화에 대한 또 다른, 식별할 수 있는 메커니즘이다. 내가 여기서 받아들이고 있고, 렌스키가 말하는 요점은 어떤 메커니즘이든 결정론적인 범주와 무작위 범주 둘 중 하나에 속한다는 것이다. 자연선택은 브랜든의 정보를 모두 알아내면(2장 참고) 진화적 결과를 예측할 수 있다는 점에서 결정론적이다. 이에 반해 돌연변이나 동류 교배 같은 무작위 요인으로 인한 결과는 예측할 수 없다. 이 매혹적이고 배울 것 많은 논문 M. Travisano, J. A. Mongold, F. Bennett, and R. E. Lenski, "Experimental Tests of the

Roles of Adaptation, Chance, and History in Evolution," *Science* 267, no. 5194 (1995): 87-90은 지금까지도 내게 영향을 미치고 있다. 분자 진화의 중립진화이론[Neutral Theory]도 흥미로울 것이다. 이 이론의 바탕은 무작위 유전자 부동이 대부분 선택에 아무 영향을 미치지 않는다는 아이디어다. 이 아이디어는 유전체 데이터가 산출되면서 급속히 변모하고 있다. Matthew W. Hahn, "Toward a Selection Theory of Molecular Evolution," *Evolution* 62, no. 2 (2007): 255-265.

7 완벽을 기하기 위해 변수 I(단위는 m⁴)가 '면적의 이차 모멘트'라고 불린다는 사실을 언급해야겠다. 면적의 2차 모멘트는 구조체의 재료가 단면(이 경우는 우리가 변수 L을 측정하는 보의 장축에 대해 수직인 면)에 어떻게 배열되고 뭉쳐 있는지 나타내는 기하학적 성질이다.

8 우리의 심적 모형화에 대한 증거를 훌륭하게 소개한 책으로는 Read Montague, *Your Brain Is (Almost) Perfect: How We Make Decisions* (New York: Plume, 2006)이 있다.

9 과학철학자 칼 포퍼는 다른 철학자들이 '귀납문제'라고 부르는 것(몇 가지 관찰로부터 세계 일반을 일반화하는 것)을 피하기 위해 '가설연역법'을 정립했다. 과학에서의 통계적 가설 검증은 대부분 '귀무가설'을 반박하거나 기각하도록 짜여 있다. 이 접근법의 위험은 귀무가설을 기각했을 때 대안 가설이 '참'이라고 생각할 위험이 있다는 것이다. 실은 새로운 귀무가설을 검증해야 하는데도 말이다. 이 종류의 신중한 추론에 대한 뛰어난 입문서로는 포퍼가 직접 쓴 Karl R. Popper, *The Logic of Scientific Discovery* (New York: Basic Books, 1959)가 있다.

10 말이 나왔으니 말인데(헛기침) 에너지를 본 사람도 아무도 없다. 사실 물리학자들은 에너지가 무엇인지도 모른다. 노벨 물리학상 수상자 리처드 파인만은 *The Feynman Lectures on Physics*, *vol. 1* (Reading, MA: Addison-Wesley, 1964), 4-2에서 공저자 로버트 레이턴과 매슈 샌즈와 함께 이 점을 명쾌하게 지적한다.

11 여기서 논리실증주의 대 포퍼의 가설연역법의 흥미로운 철학 논쟁을 깊이 파고 들지는 않았다. 둘의 차이는 한마디로 '전건긍정식' 대 '후건부정식'이다.

12 우리가 오류를 찾기 위해 어떤 일을 했는지 궁금할까 봐 예를 들어보겠다. 우리는 구조경직도의 최초 측정값에 어떤 이유에선지 오류가 있을까 봐 전전긍긍했다. 우리는 주어진 양의 젤라틴과 교차결합 시간에 대해 재료경직도값 E를 부여하는 표준곡선을 만들고는 이것이 정확한지 확인하기 위해 공식을 재검증했다. 게다가 생체모방 척삭을 만들고 측정하는 방법이 매우 가변적이라면 이 또한 무작위 변이와 잡음의 원인일 터였다. 이를 검증하기 위해 우리는 세 팀으로 나뉘어 모든 꼬리를 완전히 새로 만든 뒤에 재료 테스트 장비로 구조경직도를 확인했다. 우리는 세 팀의 평가자 신뢰도(우리의 평가가 일치하는 정도)를 비교했다. 최악의 경우 팀 간 경직도 측정값의 상관관계는 1.0에 0.91이었다.

13 통계학 용어로 말하자면 최소제곱법 선형회귀는 각 경우에 $p < 0.01$로, 모두 '매우 유의미하'다. 검증 전에 모든 데이터를 정규분포에 맞게 변형했다. 20퍼센트는 '결정계수'(또는 'r 제곱값'), 즉 최적선이 변수와 독립변수의 관계를 얼마나 잘 나타내는지 나타내는 0부터 1까지의 숫자를 일컫는다.

14 경고: '상위성'에는 다른 뜻이 있다. 이를테면 *Population Genetics*에서 길레스피는 유전적 상위성을 세 가지로 정의한다. 여기서는 적합도에 영향을 미치는 유전자 사이의 상호작용('기능적 상위성'과 유사)이라는 가장 폭넓은 관점을 채택했다. 나는 표현형에 매개되는 유전자·적합도 매핑에 관심이 있다. 태드로3에서는 갈팡질팡과 속도가 상호작용한다. 둘 다 경직도와 상관관계가 있고 경직도는 유전적으로 부호화되므로 갈팡질팡과 속도에 대한 선택은 개체군의 유전적 구성을 변화시킨다. 상위성 네트워크가 적응할 수 있음은 시뮬레이션으로 밝혀졌다. Roman Yukelevich, Joseph Lachance, Fumio Aoki, and John R. True, "Long-Term Adaptation of Epistatic Genetic Networks," *Evolution* 62, no. 9 (2008): 2215–2235.

15 비문법적 문장을 쓴 것은 나의 잘못을 강조하는 농담이다.

16 Cameron K. Ghalambor, Jeffrey A. Walker, and David N. Reznick, "Selection, Adaptation and Constraints on the Evolution of Burst Swimming Performance," *Integrative and Comparative Biology* 43, no. 3 (2003): 431–438.

17 Rowan D. H. Barrett, Sean M. Rogers, and Dolph Schluter, "Natural Selection on a Major Armor Gene in Threespine Stickleback," *Science* 322, no. 5899 (2008): 255–257.

18 Richard W. Blob, Sandy M. Kawino, Kristine N. Moody, William C. Bridges, Takashi Maie, Margaret B. Ptacek, Matthew L. Julius, and Heiko L. Schoenfuss, "Morphological Selection and the Evaluation of Potential Tradeoffs Between Escape from Predators and the Climbing of Waterfalls in the Hawaiian Stream Goby *Sicyopterus Stimpsoni*," *Integrative and Comparative Biology* 50, no. 6 (2010): 1185–1199, doi:10.1093/icb/icq070.

5장

1 유기체든 인공물이든, 다른 행위자가 마음을 가지고 있는지 '아는' 또는 추론하는 능력은 '다른 마음의 문제The Problem of Other Minds'라는 흥미진진한 철학적·과학적 연구 분야다. 여기서 나는 '마음'과 '지능'을 뭉뚱그려 쓴다. 둘은 종종 호환되는 개념으로 취급된다. 인간의 마음은 정의상 지적知的이라고 간주된다. 혹자는, 따라서 지능은 인간의 마음에서만 발견된다고 주장한다.

2 인간과 (잠재적) 인공지능의 상호작용은 튜링이 말하는 '흉내 놀이imitation game'의 토대다. Alan Turing, "Computing Machinery and Intelligence," *Mind* 59, no. 1 (1950): 433–460.

3 뢰브너상 공식 웹사이트는 www.loebner.net/Prizef/loebnerprize.html 이다.

4 Stevan Harnad, "The Turing Test Is Not a Trick: Turing Indistinguishability Is a Scientific Criterion," *SIGART Bulletin* 3, no. 4 (October 1992): 9–10.

5 우리가 인간 수준으로 생각할 때 T3는 불가능한 것처럼 보이지만, 나는

T3가 다른 종에 있어서는, 심지어 뢰브너상 금메달감으로 시험을 통과했다고 주장한다. 바로 바퀴벌레다. 자율 바퀴벌레 로봇은 진짜 바퀴벌레를 보기 좋게 속여 진짜 바퀴벌레가 정상적으로는 하지 않는 행동(이를테면 밝은 곳에서 무리를 짓는 것: 바퀴벌레는 어두운 곳을 좋아한다)을 하도록 유도할 수 있었다. J. Halloy et al., "Social Integration of Robots into Groups of Cockroaches to Control Self-Organized Choices," *Science* 318, no. 5853 (November 2007): 1155-1158는 훌륭한 논문이다.

6 이 논문은 설의 고전적 '중국어 방$^{Chinese room}$' 사고실험을 근사하게 묘사한다. John Searle "Is the Brain's Mind a Computer Program?" *Scientific American* 202, no. 1 (1990): 26-31.

7 돌고래의 자기인식에 대한 실험적 증거는 이 논문에서 찾을 수 있다. D. Reise and L. Marino, "Mirror Self-Recognition in the Bottle-Nose Dolphin: A Case of Cognitive Convergence," *Proceedings of the National Academy of Sciences* 98, no. 10 (2001): 5937-5942.

8 H. M. Gray, K. Gray, and D. M. Wegner, "Dimensions of Mind Perception," *Science* 315 (2007): 619.

9 1982년 배서대학은 인지과학을 학부 전공으로 인정한 세계 최초의 교육기관이 되었다. 햄프셔대학은 배서대학의 '최초' 주장을 반박한다. 햄프셔대학 인지과학 대학원 웹사이트(www.hampshire.edu/cs/)에서 그들의 주장을 볼 수 있다.

10 체화된 지능을 탐구한 근사한 연구로는 Louise Barrett's *Beyond the Brain: How Body and Environment Shape Animal and Human Minds* (Princeton, NJ: Princeton University Press, 2011)가 있다.

11 우리가 태드로2부터 태드로4까지 이용한 마이크로컨트롤러는 MIT의 프레드 마틴이 발명한 핸디보드^{HandyBoard}다(멋진 사진과 유용한 설명은 https://en.wikipedia.org/wiki/Handyboard 참고). 오리지널 태드로1의 뇌는 완전 아날로그 식이었다.

12 핸디보드를 작동시키는 소프트웨어인 인터랙티브 C는 본디 레고 로봇 경진대회를 위해 개발되었다. 인터랙티브 C는 두 버전이 있는데, 하나는 뉴턴랩스(www.newtonlabs.com/ic/)에서, 또 하나는 키스연구소(www.

botball.org/ic)에서 구할 수 있다.

13 Alva Noë, *Action in Perception* (Cambridge, MA: MIT Press, 2004).

14 플로레아노와 동료들의 연구에 대한 개관은 Mototaka Suzuki and Dario Floreano, "Enactive Robot Vision," *Adaptive Behavior* 16, nos. 2-3 (2008): 122-128 참고. 수행적 지각은 수행적 경험을 바탕으로 물체를 분류한 휴머노이드 로봇 AMAR-III를 훈련시키는 데에도 요긴하게 쓰였다(http://spectrum.ieee.org/robotics/artificialintelligence/a-robots-body-of-knowledge).

15 George Lakoff and Mark Johnson, *Philosophy in the Flesh: The Embodied Mind and Its Challenge to Western Thought* (New York: Basic Books, 1999). 한국어판은《몸의 철학》(박이정, 2002).

16 생태심리학은 J. J. 깁슨이 창시했다. 훌륭한 입문자료로는 J. J. Gibson, "Visually Controlled Locomotion and Visual Orientation in Animals," *British Journal of Psychology* 49, no. 3 (1958): 182-194가 있다..

17 Lawrence W. Barsalou, "Grounded Cognition," *Annual Review of Psychology* 59 (2008): 617-645.

18 파이퍼와 샤이어의 걸작 *Understanding Intelligence*를 다시 추천한다.

19 피니어스 게이지에 대해 들어본 적이 있더라도 이 매혹적인 논문은 꼭 읽어보시길. H. Damasio, T. Grabowski, R. Frank, A. M. Galaburda, and A. R. Damasio, "The Return of Phineas Gage: Clues about the Brain from the Skull of a Famous Patient," *Science* 264, no. 5162 (1994): 1102-1105.

20 NOVA, "Musical Minds," www.pbs.org/wgbh/nova/musicminds/. 색스의 뇌가 음악을 듣는 fMRI 영상은 www.pbs.org/wgbh/nova/musicminds/extra.html에서 볼 수 있다.

21 J. M. Fuster, "Upper Processing Stages of the Perception-Action Cycle," *Trends in Cognitive Science* 8, no. 4 (2004): 143-145.

22 E. Tytell, C-Y. Hsui, T. L. Williams, A. V. Cohen, and L. Fauci, "Interactions Between Internal Forces, Body Stiffness and Fluid Environment in a Neuromechanical Model of Lamprey Swimming,"

Proceedings of the National Academy of Sciences 107, no. 46 (2010):
19832-19837.

23 Alan Mathison Turing, "Computing Machinery and Intelligence," *Mind*
59, no. 236 (1950): 433-460.

24 Dedre Gentner and B. Bowdle "Metaphor as Structure-Mapping," in *The
Cambridge Handbook of Metaphor and Thought*, edited by Raymond
W. Gibbs Jr., 109-128 (New York: Cambridge University Press, 2008).

25 David Kelley, *The Art of Reasoning*, *3rd ed*. (New York: W. W.
Norton & Company, 1998).

26 기능주의와 그 밖의 심리철학 주제에 대한 훌륭한 입문서로는 K. T.
Maslin, *An Introduction to the Philosophy of Mind*, *2nd ed*. (Malden,
MA: Polity Press, 2007)가 있다.

27 기능주의는 성격이 여러 가지다. 이를테면 '인공지능'에서의 기능주의
는 척추동물, 컴퓨터, 로봇에서 같은 종류의 지능을 만들어내고자 한다.
'생물학적 기능주의'는 독립적 진화사건들이 같은 기능적 설계로 수렴되
는 것을 일컫는다. 이를테면 새의 뇌와 포유류의 뇌는 가설적 공통 조상
과 비교하여 각 부위가 매우 다르게 진화했다. 하지만 까마귀와 앵무 같
은 일부 조류는 도구와 언어를 사용할 수 있다. 이런 수렴진화 능력으로
보건대 일부 조류와 포유류는 같은 종류의 지능(=비슷한 기능)이 다른
구조에 의해 만들어졌음을 알 수 있다. 조류와 포유류의 기능적 유사성
과 구조적 상이성을 검토한 훌륭한 문헌으로는 다음을 추천한다. Ann B.
Butler and Rodney M. J. Cotterill, "Mammalian and Avian Neuroanatomy
and the Question of Consciousness in Birds" *Biological Bulletin* 211,
no. 2 (2006): 106-127.

28 Robert M. Pirsig, *Zen and the Art of Motorcycle Maintenance: An
Inquiry into Values* (New York: William Morrow, 1974).

29 이것은 1장에서 말했듯 노버트 위너가 모형화의 문제('고양이에 대한 최
상의 모형은 고양이다')를 지적하면서 사용한 바로 그 관념적 고양이다.
여기서 위너의 고양이가 고양이 자체의 연구에 대한 경고로 대두된다는
것이 흥미롭지 않은가? 고양이에게는 위너의 혀가 있다.

30 Robert C. Brusca and Gary J. Brusca, *Invertebrates*, *2nd ed.* (Sunderland, MA: Sinauer Associates, 2003).

31 Georg F. Striedter, *Principles of Brain Evolution* (Sunderland, MA: Sinauer Associates, 2005).

32 Howard Gardner, I*ntelligence Reframed: Multiple Intelligences for the 21st Century* (New York: Basic Books, 1999). 한국어판은《다중지능: 인간 지능의 새로운 이해》(김영사, 2001).

33 인지과학 개론 수업에서 신경과학을 배우는 것은 이 때문이다! 인지과학 개론에서는 철학도 배운다. 철학은 마음, 뇌, 행동, 지능 같은 단어와 개념을 사용할 때 우리가 세상의 무엇에 대해 이야기하는지 합리적으로 정의하고 이해하려는 중요한 시도이기 때문이다.

34 훌륭한 입문서로는 Patricia Churchland, *Brain-Wise: Studies in Neurophilosophy* (Cambridge, MA: MIT Press, 2002)가 있다. 한국어판은《뇌처럼 현명하게: 신경철학 연구》(철학과현실사, 2015).

35 지능이 있는 기계를 만들고 싶다면 이 책을 반드시 읽어야 한다. Jeff Hawkins and Sandra Blakeslee, *On Intelligence: How a New Understanding of the Brain Will Lead to the Creation of Truly Intelligent Machines* (New York: Times Books, 2004). 한국어판은《생각하는 뇌, 생각하는 기계》(멘토르, 2010).

36 Steven Vogel and Stephen A. Wainwright, *A Functional Bestiary: Laboratory Studies about Living Systems* (Reading, MA: Addison-Wesley, 1969), 93.

37 데카르트는 곧잘 인지과학의 아버지로 간주된다. 합리적이고 과학적으로 심신문제에 접근했기 때문이다. 과학이론으로서의 실체이원론은 금세(심지어 그의 시대에) 기각되었지만, 인지과학에서 실체이원론을 논하는 이유는 마음, 영혼, 유령, 천국에 대한 직관의 확고한 바탕을 이루기 때문이다. 이원론에 대한 소개로는 스탠퍼드 철학백과사전(https://plato.stanford.edu/entries/dualism/#SubDua)을 방문하거나 Maslin, *An Introduction to the Philosophy of Mind* 1장과 2장을 추천한다.

38 이 논문은 신경회로와 그 기능을 훌륭하게 설명한다. D. W. Tank, "What

Details of Neural Circuits Matter?" *Seminars in the Neurosciences* 1 (1989): 67-79.

39 회로에 대한 논의와 신경회로 및 행동의 인과적 관계를 나타내는 필요충분조건에 대한 논의는 이 책에서 주로 원용했다. 적극 추천한다. Thomas J. Carew, *Behavioral Neurobiology: The Cellular Organization of Natural Behavior* (Sunderland, MA: Sinaur and Associates, 2000).

40 같은 책.

41 이런 문맥에서 '단순한'이라는 단어를 쓰는 것은 정말 싫다. 인간중심주의적 뉘앙스를 강하게 띄기 때문이다. 그중 하나는 우리 인간이 모든 면에서 가장 '복잡한' 유기체라는 가정이다. 하지만 단세포생물을 생각해보라. 우리 인간은 먹고 움직이고 번식하려면 다세포 신체가 있어야 하지만 단세포생물은 이런 기본 기능이 세포 하나에 전부 담겼다. 뒤에서 태드로 3를 '단순하다'라고 일컫는 것은 센서·모터 시스템을 구체적으로 가리킨다. 나는 비교 대상을 명시적으로 밝혔기 때문에 이것은 괜찮다. 암묵적 '단순성'은 말로 표현되지 않는 수많은 것을 뜻한다.

42 Lakoff and Johnson, *Philosophy in the Flesh*.

43 George Lakoff, "The Neural Theory of Metaphor," in Gibbs, *The Cambridge Handbook of Metaphor and Thought*, 17-38.

44 Louise Barrett, *Beyond the Brain: How Body and Environment Shape Human Minds* (Princeton, NJ: Princeton University Press, 2011).

45 헤엄치는 척추동물의 신경 계산 모형화(외리안 에케베리의 뒤를 이어 아우케 이스페르트가 진행했다)에서는 똑같은 기능을 산출하는 회로구조가 수없이 많이 있음을 밝혔다(기능주의 만세!) 따라서 여기 있는 두 T3 회로만이 가능하다고 생각해서는 안 된다. Örjan Ekeberg, "A Combined Neuronal and Mechanical Model of Fish Swimming," *Biological Cybernetics* 69, nos. 5-6 (1993): 363-374. Auke Jan Ijspeert, John Hallam, and David Willshaw, "Evolving Swimming Controllers for a Simulated Lamprey with Inspiration from Neurobiology," *Adaptive Behavior* 7, pt. 2 (1999): 151-172.

46 Valentino Braitenberg, *Vehicles: Experiments in Synthetic Psychology*

(Cambridge, MA: MIT Press, 1984), 20.

47 같은 책.

48 브룩스는 이 혁명의 연대기를 기록했다. Rodney A. Brooks, *Flesh and Machines: How Robots Will Change Us* (New York: Pantheon Books, 2002).

49 조상과 후손을 비롯하여 브룩스의 칭기즈에 대해 더 알고 싶으면 MIT 전산학·인공지능연구소 웹사이트를 들여다보라(www.csail.mit.edu/).

50 학문 분야로서의 행동 기반 로봇공학은 로널드 아킨 교수의 기념비적 교과서 *Behavior-Based Robotics* (Cambridge, MA: MIT Press, 1998)에서 체계화했다. 행동 기반 로봇공학은 생물학에서 영감을 얻은 인공지능이 일반 분야로 침투하는 데 성공한 첫 사례로 여겨진다. 자세한 내용은 Dario Floreano and Claudio Mattiussi, *Bio-Inspired Artificial Intelligence: Theories, Methods, and Technologies* (Cambridge, MA: MIT Press, 2008) 참고.

51 Rodney Brooks, "A Robust Layered Control System for a Mobile Robot," A. I. Memo 864, MIT Artificial Intelligence Laboratory, 1985. 이는 R. Brooks, "A Robust Layered Control System for a Mobile Robot," *IEEE Journal of Robotics and Automation* 2, no. 1 (1986): 14-23로 출간.

52 맷 맥헨리(태드로1 발명자)와 그의 박사과정생 윌리엄 스튜어트는 얼룩말다니오에 대한 실험과 모형을 결합하여 포식자가 피식자 주위의 흐름에 어떤 영향을 미칠 수 있는지 살펴보았다. W. J. Stewart, and M. J. McHenry, "Sensing the Strike of a Predatory Fish Depends on the Specific Gravity of a Prey Fish," *The Journal of Experimental Biology* 213, pt. 22 (November 2010): 3769-3777.

53 포식자·피식자 상황에서의 급출발을 검토한 논문으로는 P. Domenici, "Scaling of Locomotor Performance in Predatory-Prey Encounters: From Fish to Killer Whales," *Comparative Biochemistry and Physiology Part A* 131 (2001): 169-182가 있다.

54 이륙시의 수치 3G는 우주 비행사 와카타 고이치에게서 측정했으며 미

항공우주국 웹사이트에서 찾아볼 수 있다(https://spaceflight.nasa.gov/feedback/expert/answer/crew/sts-92/index.html).

55 이 급출발 도피회로의 검토한 훌륭한 논문들은 다음과 같다. S. J. Zottoli and D. S. Faber, "The Mauthner Cell: What Has It Taught Us?" *The Neuroscientist* 6, no. 1 (2000): 26-38; R. C. Eaton, R. K. K. Lee, and M. B. Foreman, "The Mauthner Cell and Other Identified Neurons of the Brainstem Escape Response Network," *Progress in Neurobiology* 63 (2001): 467-485. 시카고대학 개체생물학·해부학 부교수 멜리나 헤일은 물고기가 도피와 포식을 위해 그물척수회로를 이용하는 다양한 방법에 대해 훌륭한 실험을 진행했다.

56 유영행동의 제어에 대한 페초의 논문 중에서 내가 좋아하는 것은 K. R. Svoboda and J. R. Fetcho, "Interactions Between the Neural Networks for Escape and Swimming in Goldfish," *Journal of Neuroscience* 16, no. 2 (1996): 843-852다.

6장

1 《뉴욕 타임스》 기자 Adam Bryant의 인터뷰, "Don't Lose That Start-Up State of Mind," October 16, 2010, http://www.nytimes.com/2010/10/17/business/17corner.html?_r=1&ref=adam_bryant에서 발췌.

2 풀의 근사한 웹사이트에 들어가보길 권한다. http://polypedal.berkeley.edu/cgi-bin/twiki/view/PolyPEDAL/WebHome.

3 〈Star Trek: The Next Generation(first season)〉 'The Battle' 편에 등장하는 페렝기 일등항해사 카자코의 에피소드.

4 나는 이 관점의 비판을 더 자세히 언급하기 위해 태드로와 태드로 진화체계를 웨브체계의 명시적 맥락에 놓고자 했다. J. H. Long, "Biomimetic Robotics: Building Autonomous, Physical Models to Test Biological Hypotheses," *Proceedings of the Institution of Mechanical Engineers, Part C, Journal of Mechanical Engineering Science* 221

(2007): 1193-1200.

5 엄밀히 말하자면 롭의 주장은 '이 뒤에 따라서 이 때문에post hoc ergo proctor
hoc'라는 오류에 바탕을 둔 논리 추론이다. 이 경우 세 쌍의 감각기관이
척추골보다 먼저 진화했기 때문에 척추골의 진화는 이 감각기관과, 감각
기관이 척추동물에 부여하는 기능적 능력에 부수적이어야 한다. 우리는
새로운 태드로4 시스템으로 이 주장을 검증할 수 있다. 이런 검증 없이는
주장이 스스로의 논리로 인해 허물어진다. 척추동물에서는 감각기관의
변화 말고도 많은 변화가 일어났기 때문이다.

6 강체역학 시뮬레이션에 이용할 수 있는 오픈소스 물리 엔진으로는 ODE
가 있다(www.ode.org/). 아쉽게도 이 물리 엔진은 여느 물리 엔진과 마
찬가지로 연체軟體와 유체의 상호작용을 모형화하지는 않는다. 이것은 물
리현상이 매우 복잡하기 때문이다. 그래서 우리는 나름의 물리 엔진을 만
들고 개조했다.

7 톰의 접근법에 관심이 있다면 다음 논문을 읽어보라. Thomas Ellman,
Ryan Deak, and Jason Fotinatos, "Automated Synthesis of Numerical
Programs for Simulation of Rigid Mechanical Systems in Physics-Based
Animation," *Automated Software Engineering* 10, no. 4 (2003): 367-
398.

8 우리가 태드로3의 형질 변이를 허용한 것처럼 공학자가 변이를 허용하는
변이가 설계공간을 정의한다. 그렇다면 언덕은 다른 조합에 비해 최선의
성적을 올리는 형질 조합이다. 공학자들은 가능한 모든 형질 조합을 전수
탐색 하지 않고 유전 알고리즘을 이용한다. 고려할 형질이나 특질이 많다
면 유전 알고리즘을 이용하여 언덕을 더 빨리 찾을 수 있다. 최적점(최적
점은 다차원에서의 위치로 정의된다. 이를테면 최적 설계는 특정한 무게,
항력계수, 변속비가 있다)을 찾을 때 직관에 의존하지 않기 때문이다.

9 디지태드3 시뮬레이션의 자세한 내용은 이 논문에서 볼 수 있다. J. H.
Long Jr., M. E. Porter, C. W. Liew, and R. G. Root, "Go Reconfigure:
How Fish Change Shape as They Swim and Evolve," *Integrative and
Comparative Biology* 50, no. 6 (2010): 1120-1139.

10 이 구절은 영화 〈베이비 길들이기Bringing Up Baby〉에서 미스 밴스(캐서린

헵번 분)가 하이힐 한 짝을 잃고 엉거주춤 걸으면서 한 말이다. 그렇다고 해서 태드로3가 절름발이이거나 하이힐을 신었다는 뜻은 아니다.

11 텔레비전 시트콤 〈모크와 민디$^{Mork\ and\ Mindy}$〉에서 외계인 모크(로빈 윌리엄스 분)가 용기容器에 갇힌 달걀을 공중에 풀어주면서 한 말.

12 어쨌든 우리는 동영상 분석을 자동화할 방법을 늘 찾고 있다. 자세한 설명은 생략하겠지만 특징을 추적하는 알고리즘에서 세 가지 문제점, 즉 수면에서 반사된 빛으로 인한 위양성僞陽性, 태드로가 고高 조도 구역을 드나들 때 갑작스러운 명암 변화, 자동처리된 프레임에서 일일이 오류를 점검해야 한다는 문제를 맞닥뜨렸다는 것만 말해둔다. 우리가 기발한 해결책에 가장 가까이 간 것은 각 태드로가 초음파신호를 보내고 고정적으로 배열된 일련의 수신기가 이 신호를 읽도록 한 것이다. 이러느라 자금이 바닥났다.

13 규칙, 규제, 결과에 대해서는 www.worldsolarchallenge.org/ 참고.

14 4장에서 보았듯 갈팡질팡과 속도는 상관관계가 있으므로 이 쌍을 이용하는 것은 비합리적이었다. 또한 우리는 네 가지 섭이측정 기준을 그대로 두고 포식자 회피를 새로 추가하지 않았다. 최종적으로 해석할 때 용이하도록 기준의 개수를 낮추고 싶었기 때문이다. 마지막으로 빛과의 평균 거리는, 논란의 여지는 있지만 실제 빛 획득과 가장 가까운 행동측정 기준이다.

15 이 인용문은 미국 남북전쟁 당시 해군 제독 데이비드 패러것이 한 말로 알려져 있다. 역사가들은 진위 여부를 문제 삼고 있지만, 누가 말했든 끝내주게 멋진 명언이다.

16 흥미롭게도 고립은 진화에서도 같은 식으로 작용한다. 갈라파고스 제도나 하와이 제도 같은 고립된 섬에서는 급속한 진화적 변화가 관찰된다. 섬에서의 급속한 진화와 진화과정 일반에 대한 근사한 입문서로는 Jonathan Weiner, *The Beak of the Finch: A Story of Evolution in Our Time* (New York: Alfred A. Knopf, 1994)을 추천한다. 한국어판은《핀치의 부리》(이끌리오, 2002).

17 어류의 척주는 꼬리 부위와 꼬리 앞 부위로 나뉜다. 우리 오만한 포유류는 꼬리 앞 부위를 '복부'라고 부르고픈 유혹을 느낀다. 각 척추골이 갈비

뼈 및 아래의 복강과 연계되어 있기 때문이다. 꼬리 부위는 꼬리 앞 부위의 뒤에 오며 경골어류에서는 꼬리지느러미에서 끝난다. 하지만 상어류, 홍어류, 가오리류에서는 척주가 꼬리지느러미 상엽上葉 끝까지 이어진다. 따라서 이 연골어류에서는 '꼬리' 척추골이 어디서 끝나는지 애매하다. 꼬리지느러미의 앞쪽 가장자리일까? 뒤쪽 가장자리일까? 이것은 대다수 독자에게 매혹적인 주제일 테지만, 이쯤에서 끝내야 한다. 이 책에서 '꼬리'라는 말은 마지막 꼬리 앞 척추골에서 꼬리지느러미 앞쪽 가장자리까지를 일컫는다.

18 커트와 키언은 통합·비교생물학회 연례대회에서 생체모방 척주 연구를 발표했다. K. Bantilan, K. Combie, J. Schaeffer, D. Pringle, J. H. Long Jr., and T. Koob, "Building Biomimetic Backbones: Modeling Axial Skeleton Morphospace," *Integrative and Comparative Biology* 46, suppl. 1 (2006): e8.

19 록그룹 메탈리카의 음반 〈메탈리카〉에 실린 'Enter Sandman'의 가사. 록은 멈추지 않는다!

20 모델 3과 모델 1의 자세한 비교는 다음 논문 참고. J. H. Long Jr., T. Koob, J. Schaefer, A. Summers, K. Bantilan, S. Grotmol, and M. E. Porter, "Inspired by Sharks: A Biomimetic Skeleton for the Flapping, Propulsive Tail of an Aquatic Robot," *Marine Technology Society Journal* 45, no. 4 (2011): 119-129.

21 옆줄의 존재 여부는 논란거리지만, 드레파나스피스의 여러 표본을 살펴봤더니 작은 안길에 신경간神經幹세포가 들어 있을 수 있음이 확인되었다. D. K. Elliot and E. Mark-Kurik, "A Review of the Lateral Line Sensory System in Psammosteid Heterostracans," *Revista Brasileira de Paleontologia* 8, no. 2 (2005): 99-108 참고.

22 C. E. Brett and S. E. Walker, "Predators and Predation in Paleozoic Marine Environments," in *The Fossil Record of Predation*, edited by M. Kowalewski and P. H. Kelley, *Paleontological Society Special Papers* 8 (2002): 93-118.

23 물고기 섭이의 생체역학에 대한 전문가 웨스트니트는 입이 쩍 벌어

질 분석을 내놓았다. P. S. L. Anderson and M. W. Westneat, "Feeding Mechanics and Bite Force Modeling of the Skull of *Dunkleosteus terrelli*, an Ancient Apex Predator," *Biology Letters* 3, no. 1 (2007): 77-80.

24 여러분이 자신의 진화봇에서 이 시스템을 시험해보고 싶다면 여기서 염두에 두어야 할 중요한 요점은 태드로가 수면에서 헤엄치기 때문에 흘수선 위에 설치된 적외선 센서가 공기 중에서 작동한다는 사실이다.

25 뒷북을 치자면 상관진화는 동조적일 수도 있고 모자이크적일 수도 있음을 명심하라. 그렇더라도 이 형질진화 접근법을 살펴보는 일을 단념해서는 안 된다. 이 논문에서 시작하면 좋다. Michael I. Coates and Martin J. Cohn, "Developmental and Evolutionary Perspectives on Major Transformation in Body Organization-Vertebrate Axial and Appendicular Patterning: The Early Development of Paired Appendages," *American Zoologist* 39, no. 3 (1999): 676-685. 또한 Robert A. Barton and Paul H. Harvey, "Mosaic Evolution of Brain Structure in Mammals," *Nature* 405, no. 6790 (2000): 1055-1058.

26 D.-G. Shu, S. Conway Morris, J. Han, Z.-F. Zhang, K. Yasui, P. Janvier, L. Chen, X.-L. Zhang, J.-N. Liu, Y. Li, and H.-Q. Lui, "Head and Backbone of the Early Cambrian Vertebrate *Haikouichthys*," *Nature* 421, no. 6922 (2003): 526-529.

27 '쿠타 조건'이라는 용어는 룽게·쿠타의 비점성 유체 정리에서 뒷전의 물리적 상황을 서술한다. 룽게·쿠타는 이른바 분리점separation point과 정체점stagnation point을 비롯한 몸 주위의 흐름 패턴을 대략적으로 파악하는 데 쓰인다. 물고기 몸 주위의 흐름 패턴은 물고기가 몸을 꿈틀거림에 따라 끊임없이 변하며, 꼬리지느러미는 몸과 상호작용한 물이 뒤쪽으로 뿜어져 물자취를 만들어내는 곳이다. 물자취는 물고기가 (뉴턴 제3법칙 덕분에) 몸을 앞으로 밀어내기 위해 몸에서 전달한 운동량의 증거로 생각할 수 있다.

28 6세대 포식자·피식자 시기를 시작했을 때 학생들은 로봇의 행동 변화를 목격했다. 알고 보니 이것은 서보 모터가 고장났기 때문이었다. 이

상을 알아차릴 수 있었던 이유 중 하나는 매 세대를 시작할 때마다 프레이로와 태디에이터에 대해 양성 대조^{positive control}를 시행했기 때문이다. 이들은 고정된 '대조군 꼬리'를 이용하여 하드웨어 손상을 평가했다. 일반적으로는 이런 고장을 대비하여 똑같은 부품을 예비로 보유하지만 때마침 서보가 바닥났고 공급업체도 마찬가지였다. 진화 활동이 중단된 김에 우리는 첫 시기를 분석하여 논문으로 발표했다. N. Doorly, K. Irving, G. McArthur, K. Combie, V. Engel, H. Sakhtah, E. Stickles, H. Rosenblum, A. Gutierrez, R. Root, C.-W. Liew, and J. H. Long Jr., "Biomimetic Evolutionary Analysis : Robotically-Simulated Vertebrates in a Predator-Prey Ecology," *Proceedings of the 2009 IEEE Symposium on Artificial Life* (2009) : 147-154.

29 영화 〈사랑은 비를 타고〉에서 돈 록우드(진 켈리 분)가 과거의 촌스러운 보드빌 경력을 지금의 할리우드 페르소나 색깔로 다시 칠하려 시도하면서 한 말이다.

30 여기서는 '동조'라는 말을 다소 허술하게 썼다. 그러니 상관관계가 동조진화의 증거 중에서 첫 번째 조각에 불과하다는 사실을 명심하기 바란다. 우리는 동조진화를 인과에 기반을 둔 것으로 정의했으므로 이 경우 프레이로의 척추골 개수가 가속능력을 어떻게 개선하는지도 밝히고 싶다. 다음 장에서는 태드로를 바탕으로 한 맘트 시스템으로 몇 가지 실험을 진행하여 이러한 증거를 제시할 것이다.

7장

1 이 첫 문장은 영화 〈카우보이 본자이의 8차원 모험^{The Adventures of Buckaroo Bonzai Across the Eighth Dimension}〉(1984)에서 인용했다.

2 2장에서 진화론에 대해 자세히 설명했지만 이걸로는 충분하지 않을 것이다(아니면 기억을 상기시켜야 할지도 모르겠다). 'Understanding Evolution' 웹사이트에서 시작할 것을 고려해보시라. evolution.berkeley.edu/evolibrary/home.php.

3 2장에서 과학적 추론을 논의할 때 여러분이 이 문제를 알아차렸을지도 모르겠다. 우리는 이해하고자 하는 모든 현상 중에서 제한된 개수의 사례만 관찰한다. 몇 개만 목격하고서 모든 가능한 사례의 속성을 추론했다면 나머지 사례에 대해 걱정이 들 수밖에 없다. 못 본 사례 하나 때문에 체계의 작동방식에 대한 나의 아이디어가 반박되면 어떡하나? 지극히 현실적인 이 우려를 품고서 우리는 또 다른 검증을 수행하고, 모든 가능한 사례를 가장 잘 대표하는 사례를 뽑고, 반복된 시도에도 반박되지 않음을 보여 '입증'한다.

4 혹자는 이 물음이 진화생물학의 중요한 동기라고 주장한다. 이 물음을 파고든 사람은 슈얼 라이트다. 그는 20세기 전반부에 개체유전학을 개체군유전학으로 확장했으며 그럼으로써 진화론의 근대적 종합에 박차를 가했다. 그의 '적응경관' 개념도 이에 포함된다. 적응경관 내에서 개체군의 진화경로를 결정하는 것은, 여러분이 예상한 대로 내력, 선택, 무작위 유전적 효과다. 그의 논문을 읽어보라. Sewall Wright, "The Roles of Mutation, Inbreeding, Crossbreeding and Selection in Evolution," *Proceedings of the Sixth International Congress of Genetics* 1 (1932): 356-366. 적응경관 이론은 변경되긴 했지만 현재도, 이를테면 분자진화의 경로를 연구하는 데 쓰인다. F. J. Poelwijk, D. J. Kiviet, D. M. Weinreich, and S. J. Tans, "Empirical Fitness Landscapes Reveal Accessible Evolutionary Paths," *Nature* 445, no. 7126 (2007): 383-386.

5 이 물음은 역사적 우연의 중요성에 대한 스티븐 J. 굴드의 논지에서 비롯한다. 굴드는 생명이 우연적 사건을 겪기 때문에 종이 두 번째 기회에서도 같은 경로로 진화할 가능성은 희박하다고 주장한다. Steven J. Gould, *Wonderful Life: The Burgess Shale and the Nature of History* (New York: W. W. Norton, 1989). 한국어판은 《생명, 그 경이로움에 대하여》(경문사, 2004). 어떤 이들은 우연의 역할이 작으며 일부 형태는 재진화할 확률이 높다고 주장한다. 발달체계의 유전적 조건이 그런 가능성을 강요할지도 모른다. 이 주제에 대한 훌륭한 입문서로는 Sean B. Carroll, *Endless Forms Most Beautiful: The New Science of Evo Devo and the Making of the Animal Kingdom* (New York: W. W. Norton, 2005)가

있다. 한국어판은《이보디보: 생명의 블랙박스를 열다》(지호, 2007).

6 이 물음은 다음 물음을 변형한 것이다. 형태공간은 왜 군데군데 뭉쳐 있을까? 생물다양성에는 왜 한계가 있을까? 물리적으로 가능한 생명의 형태는 어떤 종류일까? 유전적으로 가능한 것은?

7 우리는 선택 벡터를 다음과 같이 계산한다. 첫째 적합도 점수는 누가 짝짓기할 것인가를 결정한다. 프레이로는 여섯 마리 중 최상위 세 마리가 짝짓기를 하며 1등, 2등, 3등이 짝짓기 집합에 생식세포를 각각 여섯 개, 네 개, 두 개 공급한다. 둘째 생식세포를 돌연변이시키거나 자식을 만들도록 합치기 전에 돌연변이 전 형질과 짝짓기 전 형질에 대해 평균값을 계산한다. 셋째 이 형질 평균은 선택 벡터 화살표의 머리가 있는 위치이며 벡터의 꼬리는 부모 개체군의 평균에 닿아 있다.

8 경고: 나는 이 지도의 봉우리들을 직관적이고 정성적으로 배치했다. 말하자면, 추측했다는 뜻이다. 어림짐작보다야 조금 낫겠지만, 데이터가 하도 적어서 별 차이가 없다. 선택 벡터가 오르막을 가리킨다는 것을 알기에 나는 적어도 일부 봉우리나 산등성이가 어디에 있어야 하는지 알았다. 나의 추론은 다음과 같다. 나는 1세대와 2세대의 선택 벡터가 산등성이를 가리켰다고 가정했다. 별개의 두 봉우리를 가리켰다고 가정할 수도 있었지만 그러지 않은 이유는 1세대는 남남동 방향, 2세대는 남동 방향으로 비슷했기 때문에 이것이 같은 적응구조를 가리킨다고 해석했기 때문이다. 이 추론은 포괄적 적응경관을 만들고자 할 때 데이터가 얼마나 많이 필요한지 보여준다.

9 C. W. Liew and M. Lahiri, "Exploration or Convergence? Another MetaControl Mechanism for GAs," in *Proceedings of the 18th International Florida Artificial Intelligence Research Society Conference*, 251–257 (Clearwater Beach, FL: AAAI Press, 2005).

10 디즈니의 1992년 작 영화 〈알라딘〉에서 지니는 "우주를 움직일 힘을 갖고도 램프에 갇혀 사는 것Phenomenal cosmic power! Itty-bitty living space!"이라고 말한다.

11 찰스 디킨스에게 감사한다.

12 프랜시스 포드 코폴라의 1979년 작 영화 〈지옥의 묵시록〉에서 커츠 대령

(말런 브랜도 분)이 한 말.

13 Barbara Webb, "Can Robots Make Good Models of Behaviour?" *Behavioral and Brain Sciences* 24, no. 6 (2001): 1048.

14 같은 책, 1049.

15 Marcel Proust, *Á la recherche du temps perdu*, translated by C. K. Scott Moncreiff and Terence Kilmartin as *Remembrance of Things Past* (New York: Vintage Books, 1982). 한국어판은 《잃어버린 시간을 찾아서》(민음사, 2012).

16 Christopher McGowan, *The Dragon Seekers: How an Extraordinary Circle of Fossilists Discovered the Dinosaurs and Paved the Way for Darwin* (New York: Basic Books, 2001).

17 H. T. de la Beche and W. D. Conybeare, "Notice of the Discovery of a New Animal, Forming a Link Between the *Ichthyosauru* s and Crocodile, Together with General Remarks on the Osteology of *Ichthyosaurus*," *Transactions Geological Society London* 5 (1821): 559–594.

18 리처드 포러스트는 플레시오사우루스에 대한 근사한 웹사이트를 만들어 운영한다. 꼭 방문해보시길. plesiosaur.com/. 애덤 스튜어트 박사도 훌륭한 웹사이트에서 자신의 연구를 소개한다. www.plesiosauria.com/index.html.

19 '플레시오사우루스[plesiosaur]'라는 용어는 오해의 소지가 있다. 이를테면 플레시오사우리아목[Plesiosauria]에는 짧은목 플리오사우로이데아목[Pliosauroidea]과 긴목 플레시오사우로이데아목[Plesiosauroidea]이 있다. 여기서 말하는 플레시오사우루스는 애덤 스튜어드 스미스(www.plesiosauria.com/classification.html)가 규정한 것처럼 플레시오사우리아목을 전부 포함한다. 혹자는 긴목 플레시오사우로이데아목을 '참 플레시오사우루스'라고 부르고 플리오사우루스를 배제한다는 사실을 유념하라.

20 Carl Zimmer, *At the Water's Edge: Fish with Fingers, Whales with Legs, and How Life Came Ashore but Then Went Back to Sea* (New York: Touchstone, 1998).

21 J. Lindgren, M. W. Caldwell, T. Konishi, and L. M. Chiappe, "Convergent

Evolution in Aquatic Tetrapods: Insights from an Exceptional Fossil Mosasaur," *PLoS One* 5, no. 8 (2010): e11998, doi:10.1371/journal. pone.0011998.

22 프랭크의 논문 두 편부터 읽기 바란다. "Transitions from Drag-Based to Lift-Based Propulsion in Mammalian Aquatic Swimming," *American Zoologist* 36, no. 5 (1996): 628-641, and "Biomechanical Perspective on the Origin of Cetacean Flukes," in *The Emergence of Whales: Evolutionary Patterns in the Origin of Cetacea*, edited by J. G. M. Thewissen, 303-324 (New York: Plenum Press, 1998).

23 '넥터'라고도 하는 지느러미발은 그 자체로 생체모방 장치다. 찰스 펠은 스티브 웨인라이트 교수와 함께 만든 바이오디자인 연구소에서 듀크대 학 대학원생과 함께 물고기를 닮은 고무를 막대기에 올리고 엄지손가락 과 집게손가락으로 물고기의 동작을 본떠 막대기를 흔들면 추력이 발생 한다는 사실을 알아냈다. 펠, 당시 나의 지도학생이던 맷 맥헨리, 그리 고 나는 넥터를 파랑볼우럭의 모형 표상으로 삼아 유영할 때의 추진력을 분석했다. M. J. McHenry, C. A. Pell, and J. H. Long Jr., "Mechanical Control of Swimming Speed: Stiffness and Axial Wave Form in an Undulatory Fish Model," *Journal of Experimental Biology* 198 (1995): 2293-2305. 펠과 웨인라이트는 넥터 시스템에 특허를 출원했다. C. A. Pell, and S. A. Wainwright, "Swimming Aquatic Creature Simulator," US Patent 6179683, 2001년 1월 30일에 Nekton Technologies, Inc.(지금은 iRobot 사 해양부 소속)에 등록되었다.

24 중요한 사실은 마들렌 빵이 가리비를 모형화했다는 점이다! 마들렌 틀을 사면 반죽을 붓는 곳이 유선형이고 세로줄이 파여 있음을 알 수 있다. 가 리비에서 근사한 점은 두껍질조개(껍데기가 둘인 연체동물)이고 실제로 헤엄을 친다는 것이다. 따라서 헤엄치는 유선형 생물로봇에 이름을 빌려 준 유선형 빵은 헤엄치는 가리비를 모형으로 삼았다. 이보다 더 재미있을 수 있을까?

25 공학적 언어로 설명하는 것을 양해해달라. 매디의 지느러미발(넥터)은 자유도가 1도인 작동기다. 회전형 모터와 나란히 배열된 샤프트가 지느

러미발을 움직인다. 지느러미발은 부속지의 형태와 두께를 이루는 나긋나긋한 재료로 만들었으며 샤프트에 접착되어 특정 각속도로 회전한다. 지느러미발의 방향은 앞쪽 가장자리가 축 주위로 회전하도록 되어 있다. 이 피칭 회전은 지느러미발을 파닥거려 각운동량을 주변 물에 전달한다. 피칭 회전으로 인해 각속도 방향이 사인함수에서처럼 주기적으로 달라지면 지느러미발에서 물에 전달되는 운동량을 제트(가는 구멍에서 가스, 물 따위가 연속적으로 뿜어져나오는 일. 또는 그 분출물―옮긴이)처럼 집중적으로 분출할 수 있다. 이 제트는 흔들리는 지느러미발에 (뉴턴 제3법칙에 따라) 순추력을 발생시킨다.

26 배서대학 수영 코치 리슬 프레이터리, 톰 올브라이트, 예수프 샤트코프스키는 마들렌 로봇이 수영장에서 훈련하고 실험하도록 너그럽게 허락해주었다.

27 이 실험의 자세한 내용은 다음 논문에서 모두 확인할 수 있다. J. H. Long Jr., J. Schumacher, N. Livingston, and M. Kemp, "Four Flippers or Two? Tetrapodal Swimming with an Aquatic Robot," *Bioinspiration & Biomimetics* (Institute of Physics) 1 (2006): 20–29. 마들렌 로봇을 처음 소개한 논문은 M. Kemp, B. Hobson, and J. H. Long Jr., "Madeleine: An Agile AUV Propelled by Flexible Fins," in *Proceedings of the 14th International Symposium on Unmanned Untethered Submersible Technology* (*UUST*), Autonomous Undersea Systems Institute, Lee, NH, 2005다.

28 F. E. Fish, J. Hurle, and D. P. Costa, "Maneuverability by the Sea Lion *Zalophus californianus*: Turning Performance of an Unstable Body Design," *The Journal of Experimental Biology* 206, pt. 4 (February 2003): 667–674.

29 포식자 X는 노르웨이 북극 지방에서 발굴된 미기재 종 플리오사우루스의 예명이다. 히스토리 채널에서는 포식자 X를 다룬 동명의 특집방송을 내보냈으며 다음 웹사이트에서 일부 영상을 볼 수 있다(www.history.com/videos/predator-x-revealed#predator-x-revealed). 마들렌 로봇도 출연했다!

30 22~27미터 길이의 흰긴수염고래의 가속은 야생에서 측정된 적 있다. J. A. Goldbogen, J. Calambodkidis, E. Oleson, J. Potvin, N. D. Pyenson, G. Schorr, and R. E. Shadwick, "Mechanics, Hydrodynamics and Energetics of Blue Whale Lunge Feeding: Efficiency Dependence on Krill Density," *The Journal of Experimental Biology* 214, no. 1 (2011): 131–146.

31 마들렌 로봇은 태드로처럼 버전이 여러 가지다. 매디1.0은 자가추진을 하고 사람이 원격으로 조종했다. 매디2.0은 전력량계와 가속도계 같은 내장형 센서를 모두 갖춰 스스로 데이터를 수집했다. 이 책에서 언급하고 논문에 실은 버전은 매디2.0이다. 매디3.0은 매슈 켐프가 두 계층 포섭체계를 채택한 완전 자율로봇으로 프로그래밍했으며(5장 참고) 임의의 깊이와 방향을 선택하여 음파탐지기로 물체를 감지하거나 제한시간(30초)이 지날 때까지 그 방향으로 이동했다. 안타깝게도 매디3.0은 다큐멘터리 〈포식자 X〉를 찍다가 물이 새어 누전이 일어나는 바람에 망가졌다. 그 뒤로 우리는 배서대학에서 매디3.0을 매디4.0으로 개조하려고 했으나 지금은 자금이 모자라서 작업을 끝내지 못하고 있다.

32 아이로봇 웹사이트에서 트랜스피비언을 볼 수 있다. www.irobot.com/gi/maritime/Transphibian/.

33 B. W. Hobson, M. Kemp, R. Moody, C. A. Pell, and F. Vosburgh, "Amphibious Robot Devices and Related Methods," US Patent 6,974,356, 2005.

34 2006년 8월 9일에 방송되었다.

35 Auke Jan Ijspeert, Alessandro Crespi, Dimitri Ryczko, and Jean-Marie Cabelguen, "From Swimming to Walking: Is a Salamander Robot Driven by a Spinal Cord Model?" *Science* 315, no. 5817 (2007): 1416–1420.

36 맘트에 대한 자세한 내용은 J. H. Long Jr., N. Krenitsky, S. Roberts, J. Hirokawa, J. de Leeuw, and M. E. Porter, "Testing Biomimetic Structures in Bioinspired Robots: How Vertebrae Control the Stiffness of the Body and the Behavior of Fish-like Swimmers," *Integrative and Comparative Biology* 51, no. 1 (2011): 158–175, doi:10.1093/icb/icr020에서 읽을 수 있다.

8장

1 더글러스 애덤스가 없었다면 지금의 우리가 있을 수 있을까? 장 제목은 그의 *Hitchhiker's Guide to the Galaxy* 시리즈 중 4부 *So Long, and Thanks for All the Fish* (New York: Harmony Books, 1985)에 대한 오마주다. 한국어판은《은하수를 여행하는 히치하이커를 위한 안내서 4: 안녕히, 그리고 물고기는 고마웠어요》(책세상, 2005).

2 미쓰비시중공업의 최초 보도자료는 다음에서 확인할 수 있다. www.mhi. co.jp/en/news/sec1/e_0898.html.

3 이 회사의 자세한 계획은 www.robotswim.com에서 확인할 수 있다.

4 《허핑턴 포스트》 2010년 7월 16일 보도. 2010년 7월 15일에 공개된 로이터[Reuters] 동영상을 바탕으로 작성. 포르피리 박사의 웹페이지에서 실제 작업내용을 확인할 수 있다(faculty.poly.edu/~mporfiri/index.htm).

5 폭로: 나는 파르샤드 및 파르코테크놀로지스와 협력했으며 지금도 협력하고 있다. 하지만 파르코테크놀로지스(www.farcotech.com/)와 금전적 이해관계는 전혀 없다.

6 P. R. Bandyopadhyay, "Swimming and Flying in Nature-The Route Toward Applications: The Freeman Scholar Lecture," *Journal of Fluids Engineering* 131, no. 3 (March 2009): 0318011-0318029.

7 Steven Vogel, *Cats' Paws and Catapults: Mechanical Worlds of Nature and People* (New York: W. W. Norton, 1998), 10.

8 멜리나 헤일이 2011년 1월 7일에 보낸 이메일.

9 폭로: 나는 유럽연합 필로세 계획(제7차 연구개발계획의 일환으로 유럽연합에서 자금을 지원한다) 외부 전문가 평가자로 고용되어 있다.

10 필로세 물고기에 대한 최신정보는 이 논문을 참고. M. Kruusmaa, T. Salumae, G. Toming, A. Ernits, and J. Ježov, "Swimming Speed Control and On-board Flow Sensing of an Artificial Trout," *Proceedings of the IEEE International Conference of Robotics and Automation* (IEEE ICRA 2011), Shanghai, China, May 9-13, 2011.

11 사명문 전문은 cordis.europa.eu/fp7/understand_en.html에 있다.

12 물고기와 생체모방 로봇에 대한 연구는 다음 논문에서 설명한다. O. M. Curet, N. A. Patankar, G. V. Lauder, and M. A. MacIver, "Aquatic Manoeuvering with Counter-Propagating Waves: A Novel Locomotive Strategy," *Journal of the Royal Society Interface* 8, no. 60 (July 2011), 1041-1050, doi:10.1098/rsif.2010.0493.

13 이 로봇 물고기에 대한 자세한 내용은 Chris Phelan, James Tangorra, George Lauder, and Melina Hale, "A Biorobotic Model of the Sunfish Pectoral Fin for Investigations of Fin Sensorimotor Control," *Bioinspiration & Biomimetics* 5, no. 3 (2010); James Louis Tangorra, S. Naomi Davidson, Ian W. Hunter, Peter G. A. Madden, George V. Lauder, Dong Haibo, Meliha Bozkurttas, and Rajat Mittal, "The Development of a Biologically Inspired Propulsor for Unmanned Underwater Vehicles," *IEEE Journal of Oceanic Engineering* 32, no. 3 (2007): 533-550 참고.

14 물고기에게서 영감을 받은 그 밖의 로봇에 관심이 있다면 *Encyclopedia of Fish Physiology: From Genome to Environment*, vol. 1, edited by A. P. Farrell, 603-612 (San Diego: Academic Press, 2011)에서 내가 이 분야를 검토한 "Biomimetics: Robotics Based on Fish Swimming" 참고.

15 2011년 1월 4일 통합·비교생물학회 연례대회에서 나눈 대화.

16 1946년이라는 연도는 트루먼 대통령이 "미래 해군력의 유지와 국방력 보전과 관련하여 과학연구가 무엇보다 중요함을 인식하여 이를 계획하고 진흥하고 장려"하기 위해 해군연구국을 창설한 해다. 하지만 해군은 해군연구국이 그 전인 1923년에 해군연구소로 출범했다고 여긴다. 해군연구국 연혁은 www.onr.navy.mil/About-ONR/History-ONR-Timeline.aspx에서 볼 수 있다.

17 진동역학에서 구조체의 자연진동수는 경직도의 제곱근에 비례한다. 질량과 감쇄 같은 요인도 구조체의 움직임에서 큰 역할을 하기 때문에 간과해서는 안 된다.

18 이 예측을 도출한 원래 실험의 자세한 내용은 다음 논문에서 볼 수 있다. J. H. Long Jr., M. J. McHenry, and N. C. Boetticher, "Undulatory

Swimming: How Traveling Waves Are Produced and Modulated in Sunfish *(Lepomis gibbosus)*," *Journal of Experimental Biology* 192 (1994): 129-145.

19 이 초기 로봇 물고기에 대한 자세한 내용은 다음 논문에서 읽을 수 있다. M. J. McHenry, C. A. Pell, and J. H. Long Jr. "Mechanical Control of Swimming Speed: Stiffness and Axial Wave Form in an Undulatory Fish Model," *Journal of Experimental Biology* 198 (1995): 2293-2305.

20 해군연구국의 2005년 생물로봇공학 프로그램에 대한 개관은 P. R. Bandyopadhya, "Trends in Biorobotic Autonomous Undersea Vehicles," *IEEE Journal of Oceanic Engineering* 30, no. 1 (2005): 109-139 참고.

21 다르파 사명문은 www.darpa.mil/mission.html에서 볼 수 있다.

22 라이즈의 설계와 성능에 대한 자세한 내용은 M. J. Spenko, G. C. Haynes, J. A. Saunders, M. R. Cutkosky, A. A. Rizzi, R. J. Full, and D. E. Koditschek, "Biologically Inspired Climbing with a Hexapedal Robot," *Journal of Field Robotics* 25, no. 4 (2008): 223-242 참고.

23 이를테면 DARPA CBS-ONR-ARL US Navy Marine Mammal Program, Biosonar Program Office, SPAWAR Systems Center, San Diego, CA, 2002 참고. 또한 Frank E. Fish, "Review of Natural Underwater Modes of Propulsion," DARPA, 2000 참고. 더 최근의 계획들로는 생체모방 수중 감지와 강·지류에서의 자율 수중 항행 등이 있다. 다르파의 활동에 대한 자세한 내용을 알고 싶다면 Michael Belfiore, *The Department of Mad Scientists: How DARPA Is Remaking our World, from the Internet to Artificial Limbs* (Washington, DC: Smithsonian Books, 2009)를 추천한다.

24 2011년 1월 8일 다르파의 공식 요청서에서 확인했다. www.darpa.mil/openclosedsolicitations.html.

25 John Markoff, "War Machines: Recruiting Robots for Combat," *New York Times*, 2010년 11월 27일 보도.

26 아킨의 책은 시의적절하며 중요한 논의를 제안한다. Ronald C. Arkin, *Governing Lethal Behavior in Autonomous Robots* (Boca Raton, FL:

Chapman & Hall/CRC, 2009).

27 현재 미국 해안경비대의 임무는 열한 가지다. www.uscg.mil/top/ missions/.

28 이것은 길버트가 자신의 포괄적 저서에 실은 번역문이다. Martin Gilbert, *The First World War: A Complete History* (New York: Henry Holt, 1994), 352. 호라티우스의 문구는 '조국을 위해 죽는 것은 달콤하고도 옳다'로 번역되기도 한다.

29 이 글은 오언의 시 〈Dulce et Decorum Est〉 발췌문이다. 전쟁시[War Poetry] 웹사이트에서 전문과 주를 볼 수 있다. www.warpoetry.co.uk/owen1.html.

30 Michael Herr, *Dispatches* (New York: Alfred A. Knopf, 1977).

31 피터와 크레이그의 모형은 다음 글에서 확인할 수 있다. P. J. Czwala, C. Blanchette, S. Varga, R. G. Root, and J. H. Long Jr., "A Mechanical Model for the Rapid Body Flexures of Fast-Starting Fish," in *Proceedings of the 11th International Symposium on Unmanned Untethered Submersible Technology (UUST)*, 415-426 (Lee, NH: Autonomous Undersea Systems Institute, 1999). 같은 학회에서 롭은 이 논문을 발표했다. R. G. Root, H-W. Courtland, C. A. Pell, B. Hobson, E. J. Twohig, R. J. Suter, W. R. Shepherd, III, N. Boetticher, and J. H. Long Jr., "Swimming Fish and Fish-like Models: The Harmonic Structure of Undulatory Waves Suggests That Fish Actively Tune Their Bodies," in *Proceedings of the 11th International Symposium on Unmanned Untethered Submersible Technology (UUST)*, 378-388 (Lee, NH: Autonomous Undersea Systems Institute, 1999).

32 역설적인 것은 내가 기업들과 일하고 자문할 때 기밀이 강화된다는 것이다. 재계와 군부는 경쟁자나 적에 대한 우위를 유지하기 위해 기밀을 이용한다. 공식적으로 밝혀두자면 나는 기업의 업무상 기밀을 누설하지 않겠다는 모든 계약을 존중한다.

33 경쟁은 지금도 치열하게 벌어지고 있다. E. Bumiller and T. Shanker, "War Evolves with Drones, Some Tiny as Bugs," *New York Times*, 2011년 6월 19일 보도.

34 전쟁에서의 자율로봇 활용에 대한 최신정보는 L. G. Weiss, "Autonomous Robots in the Fog of War," *IEEE Spectrum* 48, no. 8 (2011): 30–57.

35 Silke Steingrube, Marc Timme, Florentin Worgotter, and Poramate Manoonpong, "Self-Organized Adaptation of a Simple Neural Circuit Enables Complex Robot Behaviour," *Nature Physics* 6, no. 3 (2010): 224–230.

36 립슨의 혁신적 논문 두 편을 꼭 읽어보기 바란다. H. Lipson and J. B. Pollack, "Automatic Design and Manufacture of Artificial Lifeforms," *Nature* 406, no. 6799 (2000): 974–978; and J. Bongard, V. Zykov, and H. Lipson, "Resilient Machines Through Continuous Self-Modeling," *Science* 314, no. 5802 (November 2006): 1118–1121.

37 봉가드는 자신의 접근법을 웹페이지에서 설명한다. www.cs.uvm.edu/~jbongard/research.html.

38 대 펜로즈는 다음 글에서 자신의 연구를 요약했다. L. S. Penrose, "Self-Reproducing Machines," *Scientific American* 200, no. 6 (June 1959): 105–114.

39 펜로즈 기계가 복제한 광경은 1961년에 제작된 다음 영상에서 볼 수 있다. http://vimeo.com/10298933.

40 마이크로헌터는 척 펠, 휴 크렌쇼, 제이슨 재닛, 매슈 켐프가 발명했으며 넥턴테크놀로지스에 특허등록되었다(특허번호: US Patent 6,378,801). C. Pell, H. Crenshaw, J. Janet, and M. Kemp, "Devices and Methods for Orienting and Steering in Three-Dimensional Space," 2002. 마이크로헌터에 대한 훌륭한 입문자료로는 J. Wakefield, "Mimicking Mother Nature," *Scientific American* 286, no. 1 (January 2002): 26–27가 있다.

41 마이크로헌터에 대한 자세한 내용은 M. Kemp, H. Crenshaw, B. Hobson, J. Janet, R. Moody, C. Pell, H. Pinnix, and B. Schulz, "Micro-AUVs I: Platform Design and Multiagent System Development," in *Proceedings of the 12th International Symposium on Unmanned Untethered Submersible Technology* (*UUST*), 2001 참고.

42 네이비실에 대한 자세한 내용은 웹사이트 참고. www.navyseal.com/

navy_seal/.

43 US Army Field Manual (FM) 100-105, *Operations* (Washington, DC: Government Printing Office [GPO], 1993), 6.

44 R. H. Kewley and M. J. Embrechts, "Computational Military Tactical Planning System," *IEEE Transactions on Systems, Man, and Cybernetics, Part C: Applications and Reviews* 32, no. 2 (2002): 161-171.

45 L. G. Shattuck, "Communicating Intent and Imparting Presence," *Military Review* 80, pt. 2 (March-April 2000): 66-72.

46 전문 로봇공학자 로널드 아킨은 전쟁에서의 로봇 이용과 관련한 윤리의 현실적·철학적 측면을 주도적으로 성찰한다. 이 주제를 다룬 그의 첫 논문부터 읽으면 좋다. "Governing Lethal Behavior: Embedding Ethics in a Hybrid Deliberative/Reactive Robot Architecture-Part 1: Motivation and Philosophy," *Proceedings of Human-Robot Interaction 2008*, Amsterdam, Netherlands, 2008.

47 Ronald Arkin, *Governing Lethal Behavior in Autonomous Robots* (Boca Raton, FL: Chapman & Hall/CRC, 2009), 2.

다원의 물고기

진화생물학과 로봇공학을 넘나드는
로봇 물고기 태드로의 모험

1판 1쇄 인쇄 | 2017년 11월 21일
1판 1쇄 발행 | 2017년 11월 28일

지은이 | 존 롱
옮긴이 | 노승영

펴낸이 | 박남주
펴낸곳 | 플루토
출판등록 | 2014년 9월 11일 제2014-61호

주소 | 04035 서울특별시 마포구 서강로 133(노고산동 57-39) 병우빌딩 934호
전화 | 070-4234-5134
팩스 | 0303-3441-5134
전자우편 | theplutobooker@gmail.com

ISBN 979-11-88569-01-4 93550

* 이 책은 한국출판문화산업진흥원의 출판콘텐츠 창작지원금을 지원받아 제작되었습니다.
* 책값은 뒤표지에 있습니다.
* 잘못된 책은 구입하신 곳에서 교환해드립니다.
* 이 책 내용의 전부 또는 일부를 재사용하려면 반드시 저작권자와 플루토 양측의 동의를
  받아야 합니다.

이 도서의 국립중앙도서관 출판시도서목록(CIP)은 서지정보유통지원시스템 홈페이지(http://
seoji.nl.go.kr)와 국가자료공동목록시스템(http://www.nl.go.kr/kolisnet)에서 이용하실 수
있습니다.(CIP제어번호: CIP2017029847)

공대생도 잘 모르는 재미있는
공학 이야기

관찰, 측정, 계산, 상상, 응용, 공학한다는 것의 모든 것!

살피고 재고 맛보고 :: 수와 식으로 그린 자연 ::
자연의 법칙이 생활 속으로 :: 공학자의 생각

★ 한국출판문화산업진흥원 청소년권장도서
★ 과학기술부 인증 우수과학도서

한화택 지음 | 312쪽 | 16,500원

공대생이 아니어도 쓸데있는
공학 이야기

재미 넘치는 공대 교수님의 공학 이야기 두 번째!

관찰하고 측정하고, 지식을 향한 길목에서 :: 차원이 없는 세상, 흐르는 일상 속에서 :: 이렇게 생각하고, 저렇게 생각하고, 다르게 보이는 세상 속에서

공학, 세상의 모든 쓸모를 궁리하는 과학

한화택 지음 | 284쪽 | 16,000원

아인슈타인의 주사위와 슈뢰딩거의 고양이

상대성이론과 파동방정식 그 후, 통일이론을 위한 두 거장의 평생에 걸친 지적 투쟁

★ 2017 과학기술정보통신부 인증 우수과학도서
★ 국립중앙도서관 추천 '휴가철에 읽기 좋은 책'
★ 국립중앙도서관 사서추천도서
★ 인디고서원 이달의 추천도서
★ 《뉴 사이언티스트》 선정 2015년 올해의 과학책

양자세계의 우연을 거부하고, 우주의 모든 힘을
통일하려 한 두 과학자의 모험은 성공했을까?

폴 핼펀 지음 | 이강영 감수
김성훈 옮김 | 500쪽 | 22,000원

스페이스 미션

우리의 과거와 미래를 찾아 떠난 무인우주탐사선들의 흥미진진한 이야기

★ 세계적인 천문학자 크리스 임피와 NASA의
  무인우주탐사 역사 기록 프로젝트!

우주탐사에 담긴 인류의 과학과 기술, 사회와 역사,
예술과 문화, 그리고 꿈과 통찰!

크리스 임피·홀리 헨리 지음 | 김학영 옮김 | 724쪽 | 28,000원

우주의 여행자

소행성과 혜성, 지구와의 조우

★ NASA 행성과학자가 안내하는 소행성과 혜성의 여행

그들이 우리를 찾기 전에 우리가 먼저
그들을 찾아야 한다!

도널드 여맨스 지음 | 문홍규 감수 | 전이주 옮김 | 256쪽 | 15,000원